版式设计技术与应用案例解析

马玉荣　编著

清華大學出版社
北　京

内 容 简 介

本书以理论为基础，以案例为引导，全面系统地讲解了版式设计的方法与技巧。书中用通俗易懂的语言、图文并茂的形式对InDesign在版式设计中的应用进行了全面细致的剖析。

本书共9章，遵循由浅入深、从基础知识到案例进阶的学习原则，对版式设计基础、视图页面的辅助调整、图形的绘制与填充、文本的创建与编辑、表格的创建与编辑、对象的调整与变换、位图的应用编辑以及页面的输出与设置等内容进行了逐一讲解，最后介绍了图像处理辅助协同软件——Photoshop。

本书结构合理，内容丰富，易学易懂，既有鲜明的基础性，也有很强的实用性。本书既可作为高等院校相关专业学生的教学用书，又可作为培训机构以及图形设计爱好者的参考书。

图书在版编目（CIP）数据

版式设计技术与应用案例解析 / 马玉荣编著. —北京：清华大学出版社，2023.9
ISBN 978-7-302-64542-9

Ⅰ.①版…　Ⅱ.①马…　Ⅲ.①版式－设计－案例　Ⅳ.①TS881

中国国家版本馆CIP数据核字（2023）第167139号

责任编辑： 李玉茹
封面设计： 杨玉兰
责任校对： 翟维维
责任印制： 沈　露

出版发行： 清华大学出版社
网　　址： http://www.tup.com.cn，http://www.wqbook.com
地　　址： 北京清华大学学研大厦A座　　**邮　　编：** 100084
社 总 机： 010-83470000　　**邮　　购：** 010-62786544
投稿与读者服务： 010-62776969，c-service@tup.tsinghua.edu.cn
质 量 反 馈： 010-62772015，zhiliang@tup.tsinghua.edu.cn
课 件 下 载： http://www.tup.com.cn，010-62791865
印 装 者： 三河市人民印务有限公司
经　　销： 全国新华书店
开　　本： 185mm×260mm　　**印　　张：** 15.5　　**字　　数：** 377千字
版　　次： 2023年10月第1版　　**印　　次：** 2023年10月第1次印刷
定　　价： 79.00元

产品编号：102729-01

前言

版式设计是平面设计中的一大分支，即对版面内的文字、图像图形、线条、表格、色块等要素，按照一定的要求进行编排，并以视觉方式艺术地表达出来。InDesign是适用于印刷及数字出版的专业页面排版应用软件，使用该软件不仅可以进行书籍的排版，还可以进行画册、海报、广告、包装、网页等视觉设计类作品的制作。其界面简洁、功能强大、易于上手，深受广大排版设计人员的喜爱。

InDesign软件除了在版式设计方面展现出强大的功能外，在软件协作方面也体现出了优势。根据设计者的需求，可将设计好的矢量图形导入Photoshop、Illustrator等设计软件进行完善和加工。同时，也可将PNG、JPG等格式的文件导入InDesign软件进行编辑，从而节省制图的时间，提高设计效率。

随着软件版本的不断升级，目前InDesign技术已逐步向智能化、人性化、实用化方向发展，旨在让设计师将更多的精力和时间都用在创造性工作上，以便给大家呈现出更完美的设计作品。

内容概述

本书从读者的实际需求出发，以浅显易懂的语言和与时俱进的图示来进行说明，理论与实践并重，注重职业能力的培养。

党的二十大精神贯穿“素养、知识、技能”三位一体的教学目标，从“爱国情怀、社会责任、法治思维、职业素养”等维度落实课程思政；提高学生的创新意识、合作意识和效率意识，培养学生精益求精的工匠精神，弘扬社会主义核心价值观。

全书共分9章，各章节内容如下。

章　节	内容导读	难点指数
第1章	主要介绍版式设计基础知识、版式构图的相关知识以及版式设计辅助软件	★☆☆
第2章	主要介绍InDesign基础操作、视图辅助调整、页面的显示调整	★★☆
第3章	主要介绍绘制路径形状、编辑路径形状、颜色与描边的应用以及渐变编辑应用	★★★
第4章	主要介绍文本的创建、文本的编辑、字符和段落样式的编辑应用以及文本框架和框架网格的应用	★★★
第5章	主要介绍表格的创建、选择和编辑表、表选项的设置以及单元格选项的设置	★★☆
第6章	主要介绍对象的选择、对象的显示调整、对象的变换调整	★★★
第7章	主要介绍位图的置入与编辑、效果的应用以及文本绕排的设置方法	★★★
第8章	主要介绍页面和跨页、主页的创建与编辑、页面项目的收集与置入以及印前与输出的设置	★★☆
第9章	主要介绍Photoshop软件处理图像的基础知识、图像的抠取与合成、色彩调整以及特效应用	★★★

本书特色

本书采用案例解析 + 理论讲解 + 课堂实战 + 课后练习 + 拓展赏析的结构进行编写，内容由浅入深，循序渐进。让读者带着疑问去学习知识，并在实战应用中激发学习兴趣。

（1）专业性强，知识覆盖面广

本书主要围绕版式设计的相关知识点展开讲解，并对不同类型的案例制作进行解析，让读者了解并掌握该行业的一些设计原则与绘图要点。

（2）带着疑问学习，提升学习效率

本书首先对案例进行解析，然后针对案例中的重点工具进行深入讲解。让读者带着问题去学习相关的理论知识，从而有效提升学习效率。此外，本书所有的案例都经过精心的设计，读者可将这些案例应用到实际工作中。

（3）行业拓展，以更高的视角看行业发展

本书在每章结尾部分安排了"拓展赏析"板块，旨在让读者掌握该章相关技能后，还可了解到行业中一些有意思的设计方案及设计技巧，从而开拓思维。

（4）多软件协同，呈现完美作品

优秀的设计作品，通常是由多个软件共同协作完成的，图形设计也不例外。在创作本书时，增加了Photoshop软件协作章节，让读者在完成图形元素的初步设计后，能够结合Photoshop软件制作出更精致的设计效果图。

读者对象

- 从事版面设计的工作人员
- 高等院校相关专业的师生
- 培训机构学习版面设计的学员
- 对平面设计有兴趣的爱好者
- 想通过知识改变命运的有志青年
- 想掌握更多技能的办公室人员

本书由马玉荣编写，在编写过程中力求严谨细致，但由于时间与精力有限，疏漏之处在所难免，望广大读者批评指正。

编　者

第1章

第2章

第3章

第4章

第5章

第6章

第7章

第8章

第9章

索取课件二维码

目 录

第1章 零基础学版式设计

视图页面的辅助调整

第3章 图形的绘制与填充

文本的创建与编辑

第5章 表格的创建与编辑

对象的调整与变换

第7章 图文混排

版式设计

第8章 页面设置与输出

第9章 软件协同之Photoshop图像处理

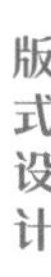

第1章

零基础学版式设计

内容导读

本章将针对零基础的读者，讲解关于版式设计的知识。通过学习本章内容，使读者可以了解版式设计的实操术语、色彩模式、色彩搭配、图像文件格式等，熟悉版式设计的三大元素和四大原则，并能了解版式设计的辅助软件。

思维导图

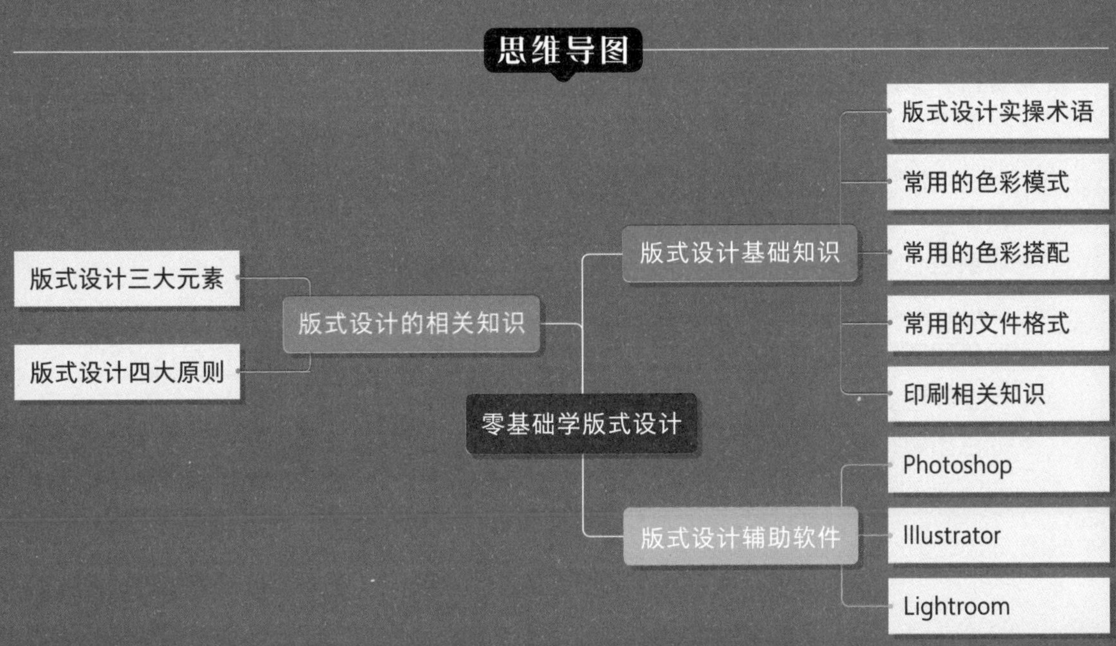

1.1 版式设计基础知识

版式设计涉及书刊、报纸、产品样本、挂历、展架、海报、招贴画、网页页面等平面设计的各个领域。在学习版式设计之前，首先要了解一些版式设计的基础知识。

1.1.1 版式设计实操术语

下面介绍版式设计中用到的部分专业术语。

- **开本：** 开本指书刊幅面的规格，即一张全开的印刷用纸裁切的张数。常见的有32开（多用于一般书籍）、16开（多用于杂志）、64开（多用于中小型字典、连环画）。
- **版面：** 书籍报刊每一页的整面，包括版心及其四周空白部分。
- **版心：** 页面主要内容所在区域。
- **书眉：** 排在版心上方的文字及符号统称为书眉，包括页码、文字和书眉线。一般用于检索篇章。
- **天头：** 版心上方的留白。
- **地脚：** 版心下方的留白。
- **封面：** 封面是对订联成册后的书芯在其外面包粘上的外衣称呼，封面也称书封、封皮、外封等，又分封一、封二（属前封）和封三、封四（属后封）。一般书刊封一印有书名、出版者和作者等，封四印有版权信息等。
- **书芯：** 将折好的书帖（或单页），按其顺序装配成册并订联起来的称呼，也称毛书，即不包封面的光本书。
- **扉页：** 指在书籍封面或衬页之后、正文之前的一页。扉页上一般印有书名、出版者和作者等。
- **书脊：** 书脊是指连接封面和封底的部分，相当于书芯的厚度。书脊上一般印有书名、期号和其他信息。
- **插页：** 书刊中插入的印有图片的单页，一般为1～2张。
- **订口：** 靠近书籍装订处的空白叫订口，另一边叫切口。
- **转曲（轮廓化）：** 将文件中文本格式的文字、符号等转为矢量格式的图形称为转曲，或称轮廓化，转曲后文字不可编辑。
- **出血线：** 避免印刷时裁切到页面内容而设置的标识线，常规尺寸为3mm。
- **印刷色：** 就是由不同的C（青）、M（洋红）、Y（黄）和K（黑）的百分比组成的颜色，通常称为印刷四原色。
- **四色印刷：** 是指用红、绿、蓝三原色和黑色色料（油墨或染料）按减色混合原理实现全彩色复制的平版印刷方法。
- **专色印刷：** 是指采用黄、品红、青和黑墨四色墨以外的其他色油墨来复制原稿颜色的印刷工艺。

1.1.2 常用的色彩模式

色彩模式是数字世界中表示颜色的一种算法，也可以理解为记录图像颜色的一种方式。常用的模式包括RGB模式、CMYK模式、Lab模式、位图模式、灰度模式和索引模式等。各种色彩模式之间存在一定的通性，可以相互转换，它们之间又具有各自的特性，不同的色彩模式对颜色的组织方式有各自的特点。

1. RGB 模式

RGB模式是一种加色模式，是最基本、使用最广泛的一种色彩模式。绝大多数可视性光谱，都是通过红色、绿色和蓝色这三种色光的不同比例和强度的混合来表示的。在RGB模式中，R（Red）表示红色，G（Green）表示绿色，而B（Blue）则表示蓝色。在这三种颜色的重叠处可以产生青色、洋红、黄色和白色。

2. CMYK 模式

CMYK模式为一种减色模式，也是Illustrator默认的色彩模式。在CMYK模式中，C（Cyan）表示青色，M（Magenta）表示品红色，Y（Yellow）表示黄色，K（Black）表示黑色。CMYK模式通过反射某些颜色的光并吸收其他颜色的光，从而产生各种不同的颜色。

3. HSB 模式

HSB模式是人眼对色彩直觉感知的色彩模式。以人们对颜色的感觉为基础，描述了颜色的三种基本特性，即HSB。其中，H（Hue）表示色相，S（Saturation）表示饱和度，B（Brightness）表示亮度。

4. Lab 模式

Lab模式是最接近真实世界颜色的一种色彩模式。其中，L表示亮度，亮度范围是0~100，a表示由绿色到红色的范围，b表示由蓝色到黄色的范围，a、b的范围是-128～+127。该模式解决了由不同的显示器和打印设备所造成的颜色差异问题，这种模式不依赖于设备，它是一种独立于设备存在的颜色模式，不受任何硬件性能的影响。

1.1.3 常用的色彩搭配

图像处理很大部分是对图像中色彩的处理，在学习图像处理之前，需要先了解色彩的相关知识。

1. 色彩的三原色

三原色是指色彩中不能再分解的三种基本颜色。三原色可细分为色光三原色、颜料三原色以及印刷三原色。

- **色光三原色：** 红、绿、蓝。
- **颜料三原色：** 红、黄、蓝。
- **印刷三原色：** 青、品红、黄。

2. 色彩的三大属性

- **色相：** 色相是指色彩所呈现出来的质地面貌，主要用于区分颜色。在0～360° 的标准色轮上，可按位置度量色相。通常情况下，色相是以颜色的名称来识别的，如红色、黄色、绿色等，如图1-1所示。

图 1-1

- **明度：** 明度是指色彩的明暗程度。通常情况下，明度的变化有两种情况，一是不同色相之间的明度变化，二是相同色相的不同明度变化，如图1-2所示。在有彩色系中，明度最高的是黄色，明度最低的是紫色，红、橙、蓝、绿属于中明度。在无彩色系中，明度最高的是白色，明度最低的是黑色。要提高色彩的明度，可以加入白色，反之加入黑色。

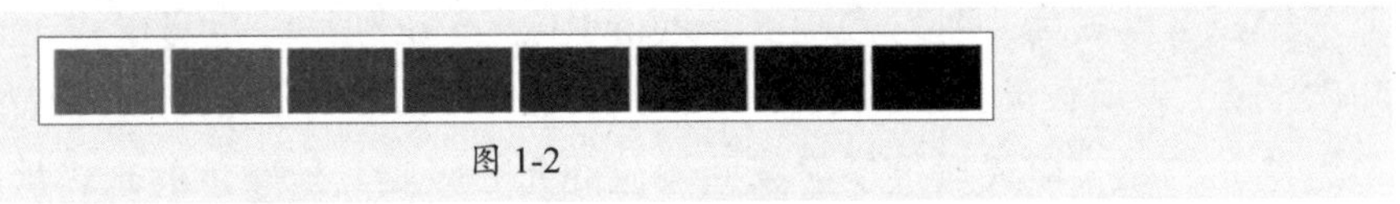

图 1-2

- **纯度：** 纯度是指色彩的鲜艳程度，也称彩度或饱和度。纯度是色彩感觉强弱的标志，其中，红、橙、黄、绿、蓝、紫等的纯度最高。图1-3所示为红色的不同纯度。无彩色系中的黑、白、灰的纯度几乎为零。

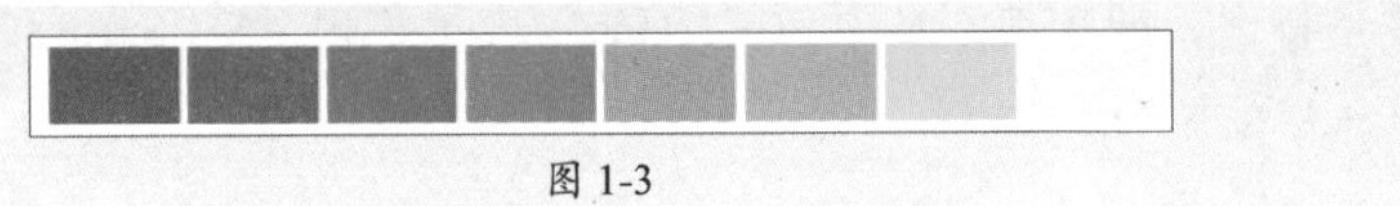

图 1-3

3. 色相环

色相环是以红、黄、蓝三色为基础，经过三原色的混合产生间色、复色，彼此都呈一个等边三角形的状态。色相环有6～72色，以12色相环为例，主要是由原色、间色、复色、类似色、邻近色、互补色、对比色组成。下面进行具体的介绍。

- **原色：** 色彩中最基础的三种颜色，即红、黄、蓝。原色是其他颜色混合不出来的，如图1-4所示。
- **间色：** 又称第二次色，由三原色中的任意两种原色相互混合而成，如图1-5所示，如红+黄=橙，黄+蓝=绿，红+蓝=紫。三种原色混合出的是黑色。

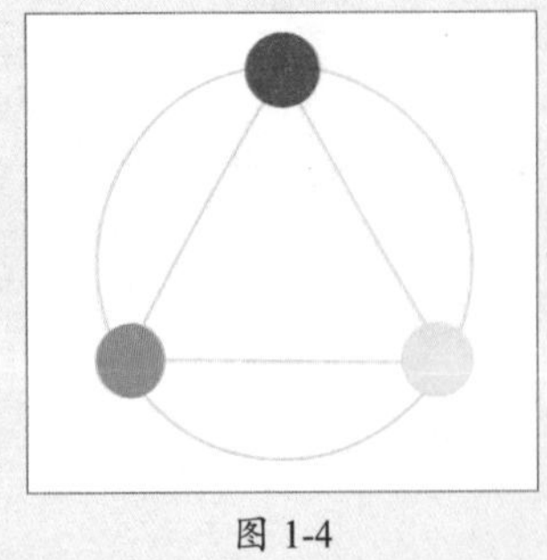

图 1-4

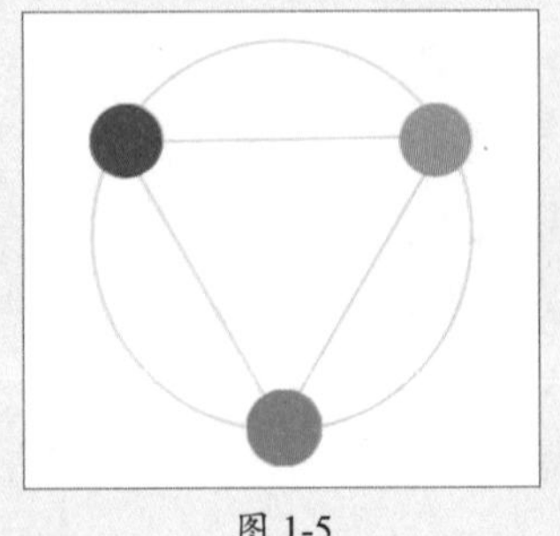

图 1-5

- **复色**：又称第三次色，由原色和间色混合而成，如图1-6所示。复色的名称一般由两种颜色组成，如黄绿、黄橙、蓝紫等。
- **冷暖色**：在色相环中根据感官可分为暖色、冷色与中性色，如图1-7所示。暖色能让人产生热烈、温暖之感，如红、橙、黄；冷色能让人产生距离、寒冷之感，如蓝、蓝绿、蓝紫；中性色是介于冷暖之间的颜色，如紫色和黄绿色。

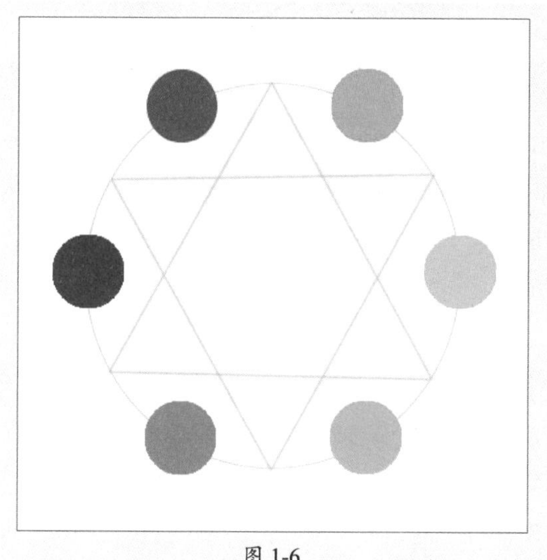

图 1-6

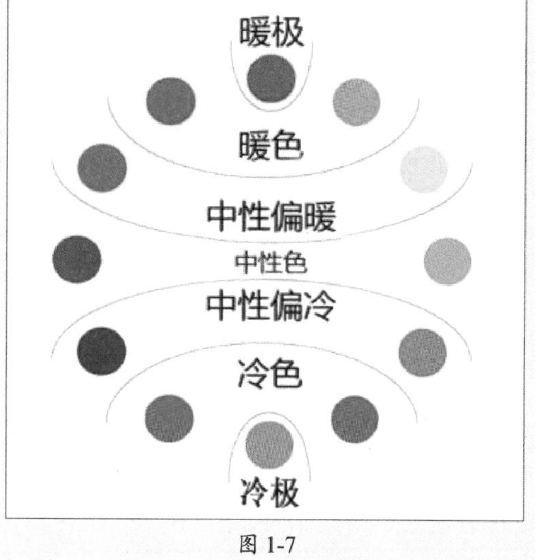

图 1-7

- **类似色**：色相环夹角为60° 以内的色彩为类似色，例如，红橙和黄橙、蓝色和紫色，如图1-8所示。其色相对比差异不大，让人产生统一、稳定的感觉。
- **邻近色**：色相环中夹角为60°～90° 的色彩为邻近色，例如红色和橙色、绿色和蓝色等，如图1-9所示。其色相彼此近似，和谐统一，让人产生舒适、自然的视觉感受。

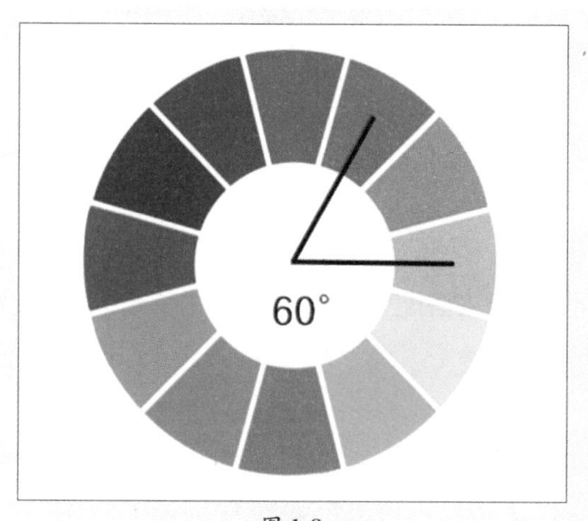

图 1-8

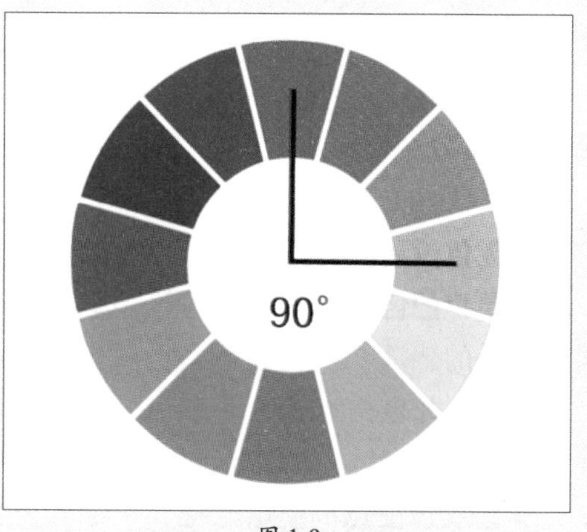

图 1-9

- **对比色**：色相环中夹角为120° 左右的色彩为对比色，例如，紫色和黄橙、红色和黄色等，如图1-10所示。使用对比色可使画面具有矛盾感，矛盾越鲜明，对比越强烈。
- **互补色**：色相环中夹角为180° 的色彩为互补色，例如，红色和绿色、蓝紫色和黄色等，如图1-11所示。互补色有强烈的对比效果。

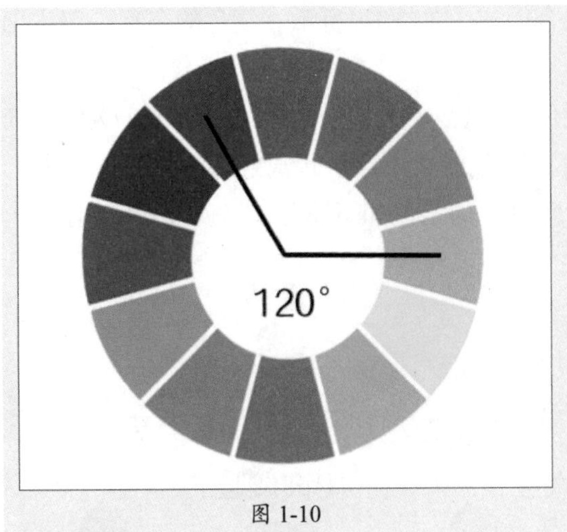

图 1-10

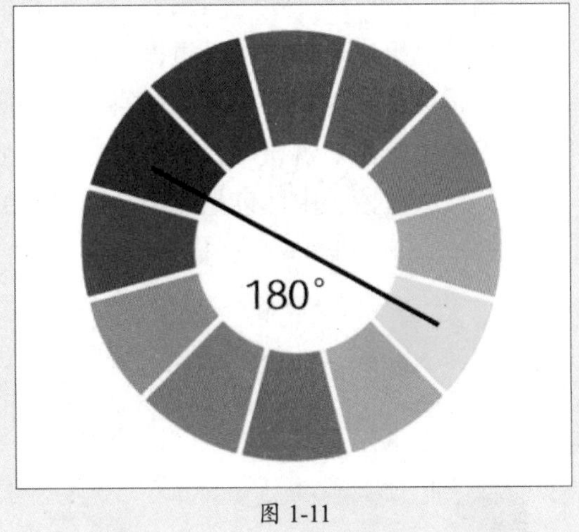

图 1-11

4. 配色原则

在色彩搭配中，占据面积最大和最突出的色彩为主色。主色是整幅画面的基调色，占比为60%～70%；仅次于主色，起到补充作用的是副色，也称辅助色，可使整个画面色彩更加饱满，占比为25%～30%；最后一个为点缀色，点缀色不止一种，可以使用多种颜色，主要起到画龙点睛与引导的作用，占比为5%～10%。图1-12所示为主色、辅助色和点缀色百分比表示的效果图。

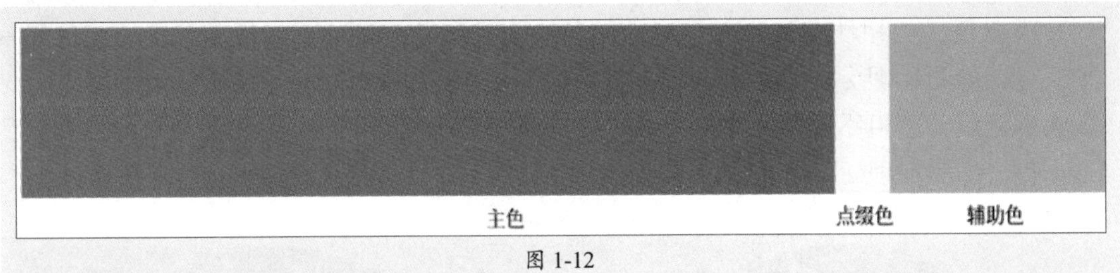

图 1-12

5. 配色技巧

下面介绍几个配色设计的小技巧。

- **无色设计：** 使用黑、白、灰进行搭配。
- **单色配色：** 在同一种色相上进行纯度、明度变化搭配，形成明暗变化，给人协调统一的感觉。
- **原色配色：** 使用红、黄、蓝进行搭配。
- **二次色配色：** 使用绿、紫、橙进行搭配。
- **三次色配色：** 使用红橙、黄绿、蓝紫或者蓝绿、黄橙、红紫两种组合中的任意一种，并且在色相环上每种颜色之间距离相等。
- **中性配色：** 加入一种颜色的补色或黑色，使色彩消失或中性化。
- **类比配色：** 在色相环上任选三种连续的色彩或任一明色和暗色。
- **冲突配色：** 确定一种颜色后和它补色左右两边的色彩搭配使用。
- **分裂补色配色：** 确定一种颜色后和它补色的任意一边搭配使用。

二次色即“间色”，由两种原色配合而成的颜色。三次色即“复色”，由三种原色调配成的色相。

- **互补配色**：使用色相环上的互补色进行搭配。

图1-13～图1-15所示分别为无色设计、单色设计以及冲突设计效果。

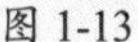
图 1-13

图 1-14

图 1-15

1.1.4 常用的文件格式

InDesign储存图像的文件和Photoshop、Illustrator有所不同。InDesign常见的文件格式主要有Indd、JPEG、PNG、PDF、EPS、EPUB、HTML、FLA、SWF、TXT。

1. Indd 格式

Indd格式是Adobe InDesign软件的专业存储格式。InDesign 是专业的书籍出版软件，可与Adobe Photoshop、Illustrator、Acrobat、InCopy和 Dreamweaver软件完美集成，为创建更丰富、更复杂的文档提供强大的功能，并可将页面可靠地输出到多种媒体中。

2. JPEG 格式

JPEG格式是常见的一种图像格式，文件的扩展名为.jpg或.jpeg。JPEG格式具有调节图像质量的功能，可以用不同的压缩比例对这种文件进行压缩。压缩越大，品质越低；压缩越小，品质越高。在大多情况下，使用“最佳”品质。

3. PNG 格式

PNG格式是一种可以将图像压缩到Web上的文件格式。不同于GIF格式图像的是，它可以保存24位的真彩色图像，并且具有支持透明背景和消除锯齿边缘的功能，可以在不失真的情况下压缩保存图像。

4. PDF 格式

PDF格式是一种可以将文字、字型、格式、颜色及独立于设备和分辨率的图形图像等封装在一个文件中。该格式文件还可以包含超文本链接、声音和动态影像等电子信息，支持特长文件，集成度和安全可靠性都较高。

5. EPS格式

EPS格式是为PostScript打印机输出图像而开发的文件格式，是带有预览图像的文件格式，在排版中经常使用。

6. EPUB格式

EPUB格式是一种电子书的文件格式。使用XHTML或DTBook来展现文字，并以ZIP压缩格式来包裹档案内容。

7. HTML格式

HTML格式即超文本标记语言，是WWW的描述语言。HTML文本是由HTML命令组成的描述性文本，HTML命令可以说明文字、图形、动画、声音、表格、链接等。

8. FLA格式

FLA格式是一种包含原始素材的Flash动画文件格式，可以在Flash认证的软件中进行编辑并且编译生成SWF文件。由于它包含所需要的全部原始信息，所以文件体积较大。

9. SWF格式

SWF格式是一种基于矢量的Flash动画文件格式，一般用Flash软件创作并生成SWF文件格式，也可以通过相应软件将PDF等类型转换为SWF格式。

10. TXT格式

TXT格式是一种常见的文本格式。在InDesign中选中文字，执行“导出”命令，可将文字导出为TXT格式文本。

1.1.5 印刷相关知识

印刷是指将文字、图画、照片等原稿经制版、施墨、加压等工序使油墨转移到纸张、织品、皮革等材料的表面进行批量复制原稿内容的技术。印刷有多种形式，最常见的有传统胶印、丝网印刷和数码印刷等。

1. 印刷流程

印刷主要分为印前、印中、印后三个阶段。

- **印前：**指印刷前期的工作，一般指摄影、设计、制作、排版、输出菲林、打样等。
- **印中：**指印刷中期的工作，通过印刷机印刷出成品的过程。
- **印后：**指印刷后期的工作，一般指印刷品的后加工，包括过胶（覆膜）、压纹、过UV、过油、啤、烫金、击凸、装裱、装订、裁切等，多用于宣传类和包装类印刷品。图1-16、图1-17所示分别为压纹和烫金。

2. 印刷要素

印刷的三大要素分别是纸张、颜色和后加工。

- **纸张：**纸张的选用包括选择种类、规格和质量等级等几个方面，不可只注重某一方面而忽视了其他方面。

- **颜色：** 一般印刷品是用黄、品红、青、黑四色压印，另外还有印刷专色。
- **后加工：** 后加工包括很多工艺，如过胶（覆膜）、过UV、过油、烫金、击凸等，有助于提高印刷品的档次。

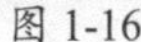

图 1-16

图 1-17

知识点拨

纸张一般分为凸版印刷纸、新闻纸、胶版印刷纸、铜版纸、书皮纸、字典纸、拷贝纸、板纸（白纸）等。

纸张的定量俗称克重，指单位面积纸张的质量，一般以每平方米多少克重表示，单位为g/㎡。

纸张的规格是指纸张制成后，经过修整切边，裁成一定的尺寸。按照纸张幅面的基本面积，把幅面规格分为A系列、B系列和C系列，如图1-18所示为A系列示意图。其中，最常用的尺寸是A4（210mm×297mm），也称为16开。

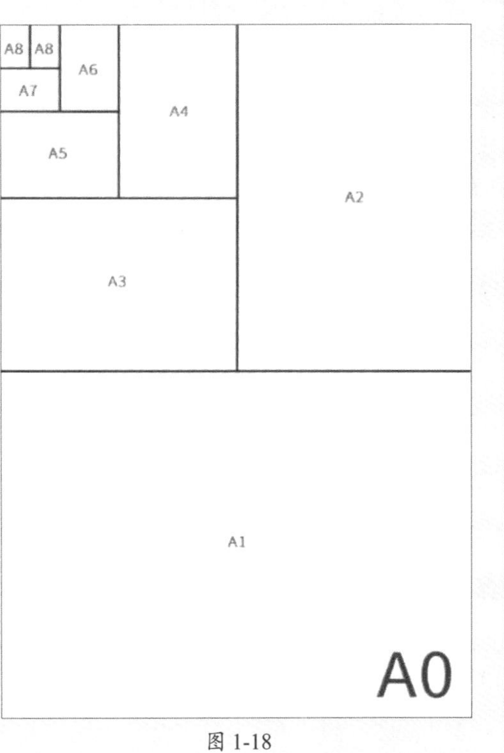

图 1-18

3. 印刷色

印刷色是使用四种标准印刷油墨的组合打印的，C、M、Y、K就是通常采用的印刷四原色，即青色（C）、品红色（M）、黄色（Y）和黑色（K）。当作业需要的颜色较多而导致使用单独的专色油墨成本很高或者不可行时（如印刷彩色照片时）就需要使用印刷色。在印刷原色时，这四种颜色都有自己的色板，在色板上记录了这种颜色的网点，这些网点是由半色调网屏生成的，把四种色板合到一起就形成了所定义的原色。调整色板上网点的大小和间距就能形成其他的原色。

指定印刷色时，需要记住下列原则。

（1）要使高品质的印刷文档呈现最佳效果，可参考四色色谱中的CMYK值来设定颜色。

（2）由于印刷色的最终颜色值是它的CMYK值，因此，如果使用RGB（InDesign中为Lab）指定印刷色，在进行分色打印时，系统会将这些颜色值转换为CMYK值。根据颜色管理设置和文档配置文件，这些转换会有所不同。

（3）除非确定已正确设置了颜色管理系统，并且了解它在颜色预览方面的限制，否则，不要根据显示器上的显示来指定印刷色。

（4）因为CMYK的色域比普通显示器的色域小，所以应避免在只供联机查看的文档中使用印刷色。

（5）在InDesign中，可以将印刷色指定为全局色或非全局色。为对象应用色板时，会自动将该色板作为全局印刷色进行应用。非全局色板是未命名的颜色，可以在“颜色”面板中对其进行编辑。

4. 分色

印刷时的颜色必须是四色文件（C、M、Y、K），其他颜色模式的文件不能用于印刷输出，这时就需要进行分色。分色是指将原稿上的各种颜色分解为黄、品红、青、黑四种原色颜色。在电脑印刷设计或平面设计图像类软件中，分色工作就是将扫描图像或其他来源的图像的色彩模式转换为CMYK模式。在制作用于印刷的电子文件时，建议使用CMYK模式，避免使用其他颜色模式，以免在分色转换时造成颜色偏差。

5. 专色印刷

专色印刷是指采用C、M、Y、K以外的其他色油墨来复制原稿颜色的印刷工艺。专色印刷所调配出的油墨是按照色料减色法混合原理获得颜色的，其颜色明度较低，饱和度较高：墨色均匀的专色块通常采用实地印刷，并要适当地加大墨量，当版面墨层厚度较大时，墨层厚度的改变对色彩变化的灵敏程度会降低，所以更容易得到墨色均匀、厚实的印刷效果。包装印刷中经常采用专色印刷工艺印刷大面积底色。

6. 四色印刷

四色印刷是用C、M、Y、K四种颜色进行印刷。四色印刷得到的是网点的减色法吸收和加色法混合的综合效果，色块明度较高，饱和度较低。对于浅色色块，采用四色印刷工艺，由于油墨对纸张的覆盖率低，墨色平淡，缺乏厚实的感觉。由于网点角度的关系，还会不可避免地让人感觉到花纹的存在。

7. 出血线

出血线是印刷业的一种专业术语。印刷中的出血是指加大产品印刷外尺寸的部分，在裁切位四周加2～4mm的延伸，防止因裁切或折页而丢失内容，或出现白边。默认出血线为3mm，可根据产品的不同进行调整。

1.2 版式设计的相关知识

版式设计是根据特定的主题与内容的需要，将文字、图片（图形）及色彩等视觉传达信息要素进行有组织、有目的的组合排列的设计行为与过程。

1.2.1 版式设计三大元素

点、线、面是构成视觉空间的基本元素，是表现视觉形象的基本设计语言。

1. 点元素

圆点是比较理想的“点”，但设计中的点不仅是指圆点，所有细小的图形、文字以及任何能用“点”来形容的元素都可以被称为“点”。在有限的版面空间中，“点”可以作为画面的主题，起到画龙点睛的作用，也可以与其他元素组合，起到点缀、活跃画面、平衡画面、填补空间空白的作用，如图1-19所示，还可以将元素组合起来形成一种肌理，衬托画面主体，如图1-20所示。

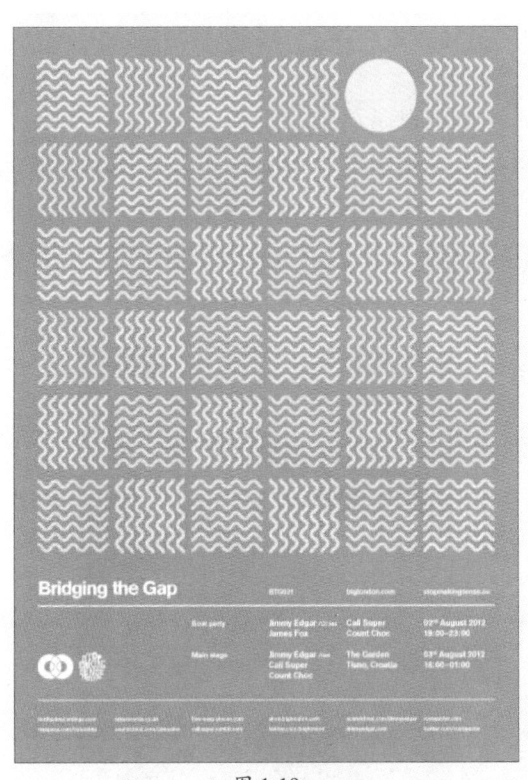

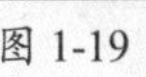

图 1-19

图 1-20

2. 线元素

线是一个抽象的概念，是点的发展和延伸。线可以串联各种视觉要素，可以分割画面和图像文字，可以使画面充满动感，也可以最大限度地稳定画面。短线常用于装饰和强调局部；而长线有延伸分割的效果。细线具有纤细的形态和柔软的质感；粗线更加鲜明，具有引导线的功能，如图1-21所示。直线可以营造版式的整体感，使版面视觉统一，并赋予版式运动感，如图1-22所示；曲线则使画面更加灵动，能给人一种流畅的视觉感受。

图 1-21

图 1-22

3. 面元素

面是点或线密集到一定程度所产生的，其形态可以是严谨规则的几何形态，例如矩形、三角形、圆形等，如图1-23所示；也可以是不规则的自由形态，例如不规则的面、动植物、人物的剪影等，如图1-24所示。在版式设计中，由点、线构成的面通常被称为虚面，而内部是实体的面被称为实面。面在空间上占有的面积最多，因而在视觉上会更加强烈、鲜明、生动。

图 1-23

图 1-24

在版式设计中，点、线、面往往是以组合的形式出现的，例如点线、点面、线面、点线面等，如图1-25、图1-26所示。元素之间的协调统一可以使版面简洁化，同时也可以避免版面生硬、呆板或杂乱无章。

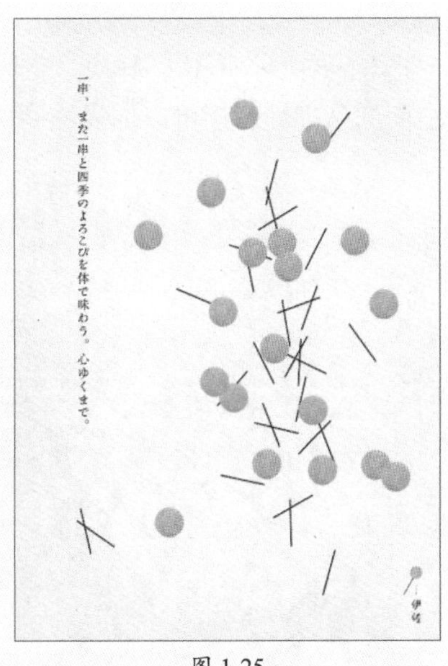

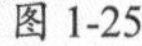

图 1-25

图 1-26

1.2.2 版式设计四大原则

在进行版式设计时，要遵循对比、重复、对齐、亲密性四大原则。各种排版形式与规则都是基于这四大原则衍生而来的。

1. 对比原则

对比原则主要是强调两个或者两个以上事物之间的差异性。将两种或多种元素按照一定的规则放在同一页面中，会产生大小、明暗、黑白、虚实、粗细、疏密、高低、远近、软硬、曲直、浓淡、动静、锐钝、轻重的对比效果，如图1-27、图1-28所示。

图 1-27

图 1-28

2. 重复原则

重复原则就是重复使用某些元素，可以是颜色、字体、图形、形状、材质、空间关系等，如图1-29、图1-30所示。使用重复原则既能增加画面的条理性，还可以加强统一性，让版面更富有层次感。

图 1-29

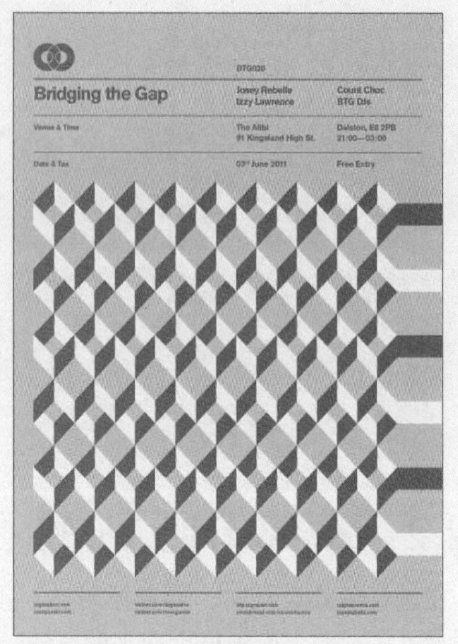

图 1-30

3. 对齐原则

对齐原则是指任何元素都不能在页面上随意放置，每一项都应与页面上的某个元素存在某种视觉联系。常用的对齐方式有左对齐、右对齐、居中对齐、顶对齐、底对齐、两端对齐等，如图1-31、图1-32所示。在对齐边缘时应以视觉引导线为准。

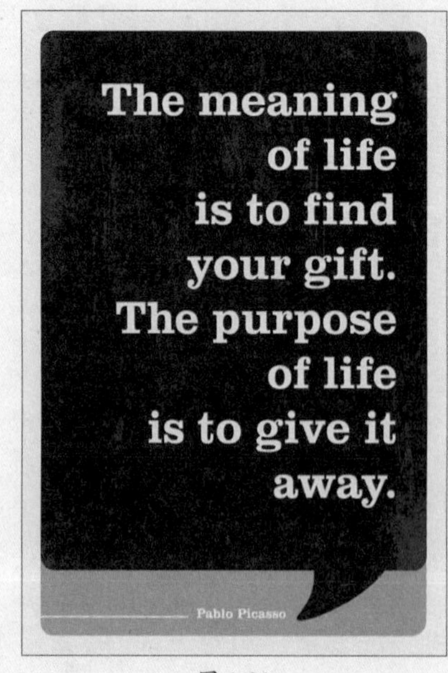

图 1-31

图 1-32

4. 亲密性原则

亲密性原则是指将关联元素相互靠近形成一个整体，以实现组织性和条理性，形成清晰的结构。亲密性原则在文字版式中的作用主要是通过字间距、行间距来梳理信息组织关系，从而形成视觉引导，建立阅读逻辑，如图1-33所示。除了通过间距进行信息关系的划分外，还可以使用线条分割、形状分割与色彩分割等，如图1-34所示。

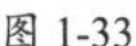

图 1-33

图 1-34

> **操作提示**
>
> 字间距建议不要超过当前字体大小的一半，否则会显得散乱。若字间距过大，则可以通过添加装饰元素弥补空白；行间距要大于字间距，建议使用字体大小的1.4～1.6倍，小于1倍或大于2倍会影响正常的阅读；段间距需大于行间距。

1.3 版式设计辅助软件

InDesign是用于印刷和数字媒体业界领先的版面和页面设计软件，可与同宗的图像处理和图形绘制软件以及调色软件搭配使用。

1.3.1 Photoshop

Adobe Photoshop是集图像扫描、编辑修改、动画制作、图像设计、广告创意、图像输入与输出于一体的图形图像处理软件。无论是日常社交发帖、修饰照片、影像编辑，还是制作海报、装饰网站、合成创意图像，Photoshop都可以满足。图1-35所示为Photoshop 2022软件的图标。

图 1-35

1.3.2 Illustrator

Adobe Illustrator是Adobe公司推出的基于矢量的图形制作软件。该软件被广泛应用于印刷出版、海报书籍排版、专业插画、多媒体图像处理和互联网页面的制作等领域，也可以为线稿提供较高的精度和控制，适合生产任何小型设计作品到大型的复杂项目。图1-36所示为Illustrator 2022软件的图标。

图 1-36

1.3.3 Lightroom

Adobe Lightroom是Adobe公司研发的一款以后期制作为重点的图形工具软件，是数字拍摄工作流程中不可或缺的一部分。该软件可以轻松地提亮照片颜色、校正灰暗色调、删除瑕疵、拉直弯曲的画面等。图1-37所示为Lightroom 2022软件的图标。

图 1-37

1.4 版式设计在行业中的应用

版式设计和平面设计有着密不可分的联系，涉及书籍杂志、报纸、广告、出版物、海报广告、网页设计等领域。

1.4.1 版式设计对应的岗位和行业概况

掌握版式设计理论和操作技能，可以进入广告公司、网络科技公司、企事业单位、出版社、印刷公司等进行广告策划设计制作、平面宣传设计、插画设计、演示文稿制作、排版、校改打印出片等。

1.4.2 如何快速适应岗位或行业要求

新员工进入公司工作后，要端正态度、积极主动地融入新环境中。

- 尽快熟悉公司的各种规章制度并严格遵守。
- 以最快的速度熟悉所聘岗位的工作内容、工作流程。
- 尽快熟悉公司直属领导和同事，做好对接工作。
- 脚踏实地，端正态度，善于反馈，切勿要小聪明应付工作。
- 保持学习的习惯，不耻下问，积极提升自我素养。

在此，以平面设计类工作为例进行说明，这一类工作常见的任职要求和岗位职责如下。

（1）任职要求

提前了解任职要求，让自己能够正确对待工作。

- 有独立完成整个设计的能力。

- 具备良好的专业技能，富有创造力和想象力，具有完美主义精神。
- 对视觉设计、色彩有敏锐的观察力及分析能力，对流行趋势高度敏感。
- 工作积极主动，有高度的责任心和团队合作精神，有良好的沟通能力。
- 精通平面设计类软件，如Photoshop、Illustrator、InDesign等。
- 有一定的文案创意能力，对于平面设计有独特的理解，手绘能力优秀。

（2）岗位职责

明确岗位职责，做好自己本职工作。

- 负责公司日常宣传品的设计、制作与创新。
- 协助其他部门顺利完成设计及美术工作，如公司网站风格、色彩搭配、版面安排、图片整理、公司Logo处理等。
- 积极与客户沟通，处理各种平面项目的质量问题和项目进度，并完成验收。
- 运用自己的行业背景和知识，在设计和生产中有效控制支出。
- 有团队合作精神，有较强的上进心，能承受工作带来的压力。
- 态度良好，能不断提高设计水平，以满足公司日益发展的要求。

课堂实战 分析作品中所用到的版式设计技巧

本章课堂实战主要是准备一张平面作品，分析该作品中用到的版式元素和设计技巧，如图1-38所示。

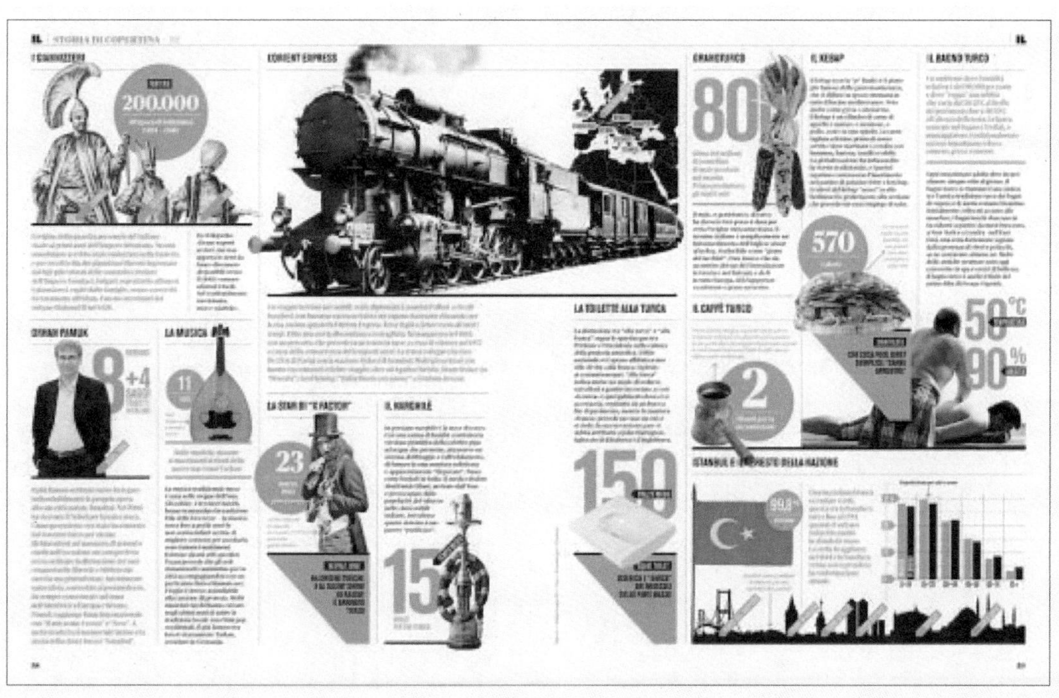

图 1-38

课后练习 分析在版式设计中“突出强调”的方法

准备几张设计作品，对比分析用于突出强调的方法，如图1-39、图1-40所示。

图 1-39

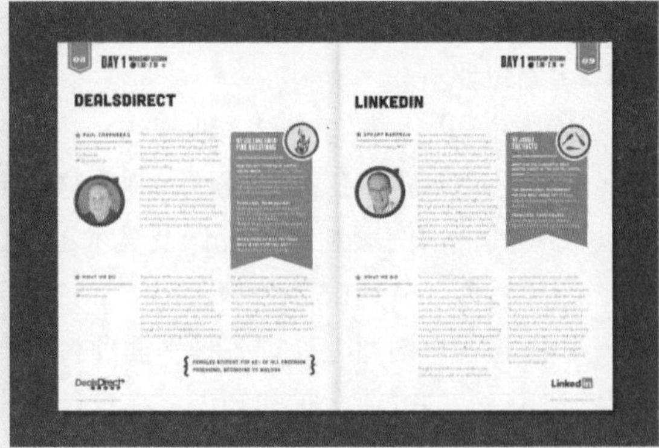

图 1-40

技术要点

①放大局部或是满版放置。

②大面积留白或是添加色块。

③图像/文字并置时对比排列。

拓展赏析

版式设计中网格的系统分类（一）

在版面设计中，我们常用构建网格系统的方式来排布图文，以使得信息传达更加清晰、页面布局更加美观、阅读更加顺畅。本节将介绍三种网格系统。

1. 单栏 / 手稿网格

单栏是最简单的网格样式，在版面中形成了一个没有分隔的标准区域来承载内容。多用于以文字为主的版面。单栏网格分隔出页面的页眉、页脚和边距，以一个方框的形式呈现，框内是版心部分，因此是其他各种网格的基础，如图1-41所示。

图 1-41

2. 分栏网格

分栏网格适用于图文混排的版面，是通过将整体版式垂直进行划分所得到的一种格式，文字内容一般编排在分栏网格之中。栏数以三栏最为普遍，分栏可以是等宽的，也可以按比例设置差异化栏宽。每一栏都可以独立使用，也可以跨过栏间距，将多栏联合起来形成更宽的区域，如图1-42所示。

图 1-42

3. 模块网格

模块网格是在分栏的基础上进一步分行，在版面上形成规律排列的方格。模块网格非常适合用来布置复杂多变的内容，规律化的方形网格为内容的排列方式提供了更多的可能性，灵活性很强，如图1-43所示。

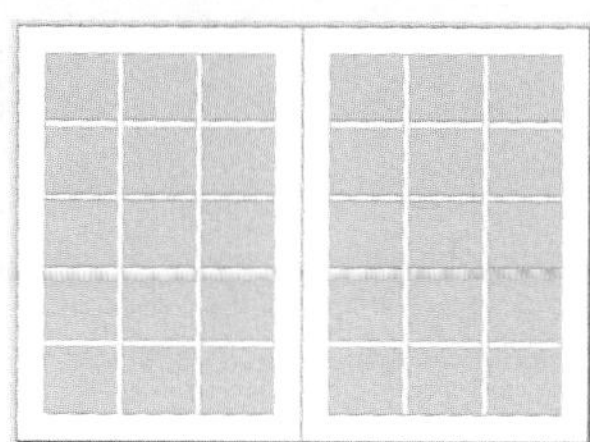

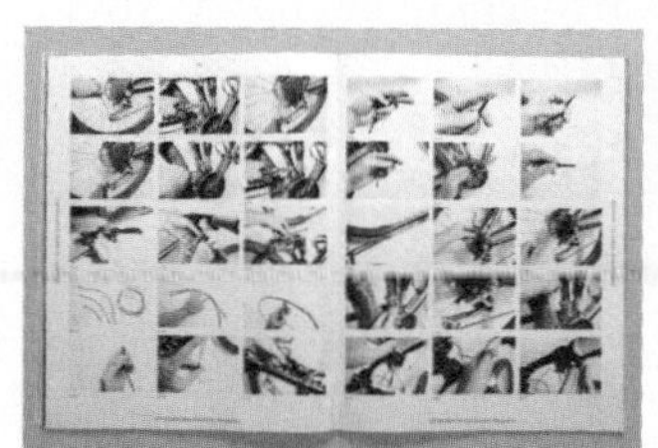

图 1-43

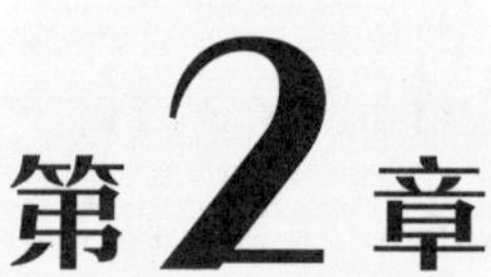

第2章 视图页面的辅助调整

内容导读

本章将对视图页面的辅助调整进行讲解，包括InDesign的工作界面，文档的新建、置入、保存、关闭等基础操作，标尺、参考线、智能参考线等视图辅助调整工具的应用，使用缩放显示工具、抓手工具、页面工具、显示性能等对页面的显示进行调整。

思维导图

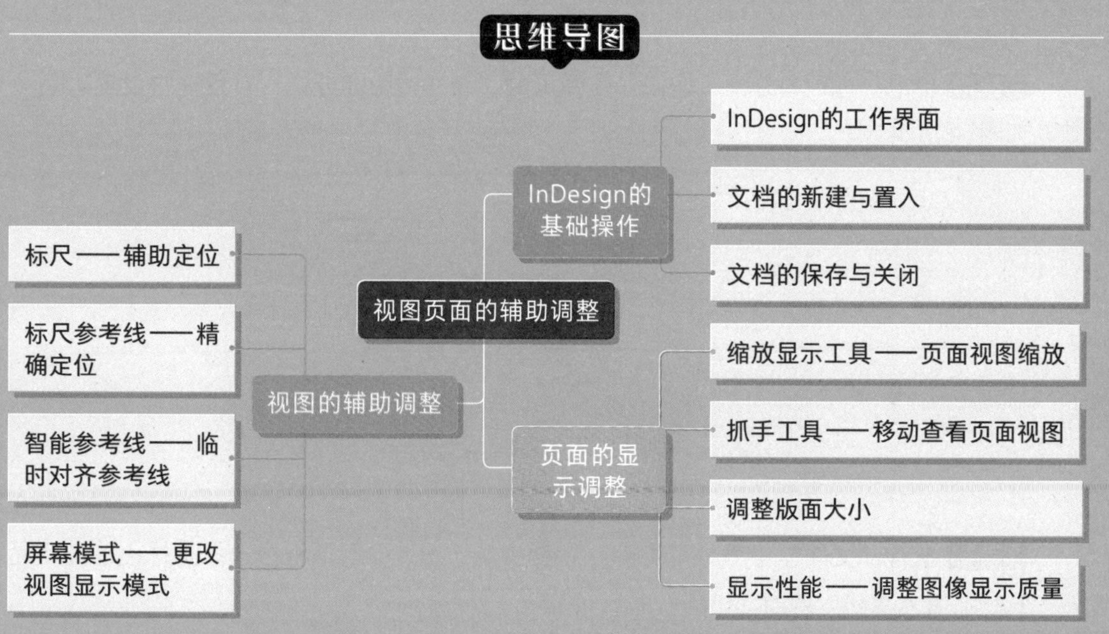

2.1 InDesign的基础操作

InDesign是一款定位于排版领域的设计软件，具有很强的版面设计能力，可以轻松制作各种页面效果。本节将对InDesign的工作界面、文档的新建与置入、文档的保存与关闭进行讲解。

2.1.1 案例解析：新建并保存文件

在学习InDesign的基础操作之前，先看看以下案例，即新建文档、置入素材并保存文件。

步骤 01 执行“文件”|“新建”|“文档”命令，弹出“新建文档”对话框，切换到“打印”选项卡，选择“转至名片4”模板，在对话框右侧设置文档名称，如图2-1所示。

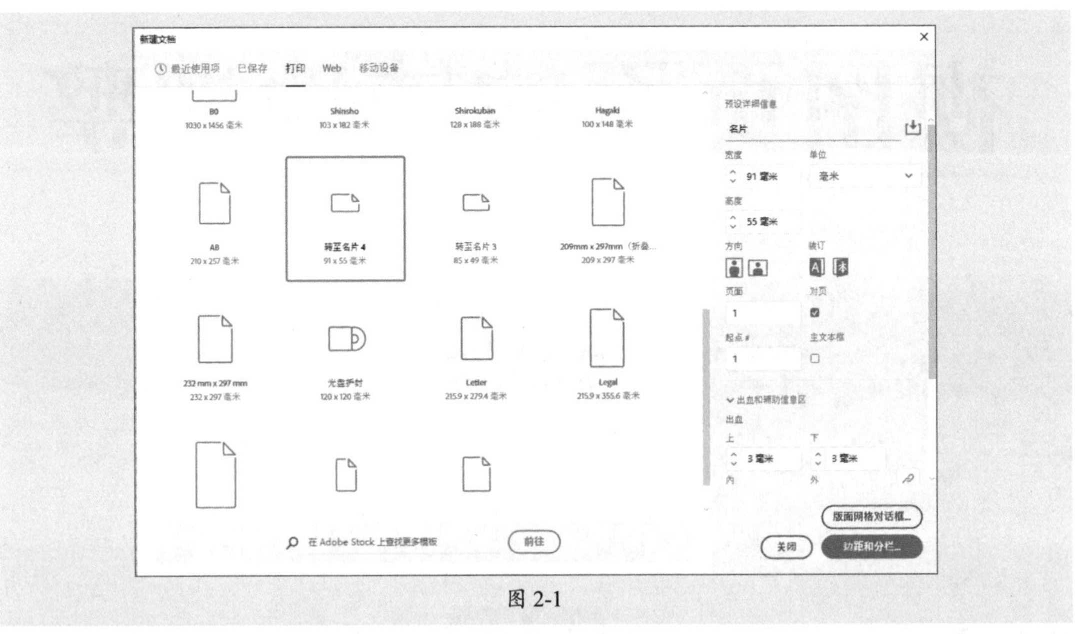

图 2-1

步骤 02 单击“边距和分栏”按钮，在弹出的“新建边距和分栏”对话框中设置边距参数，如图2-2所示。

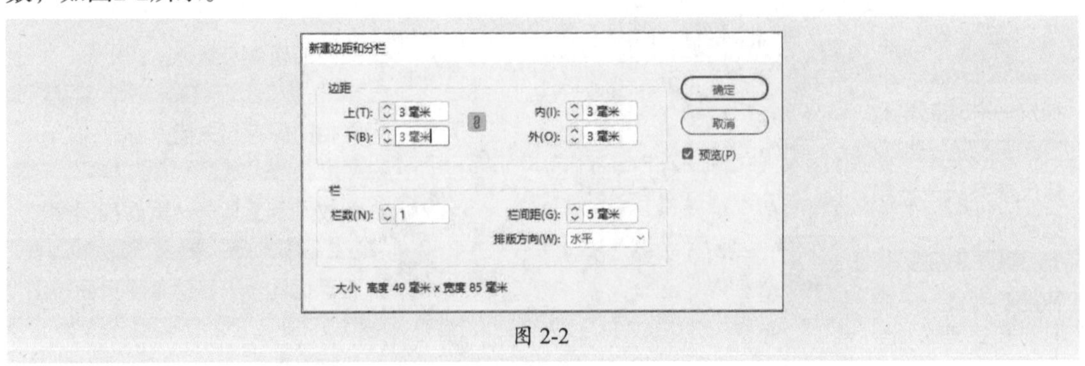

图 2-2

步骤 03 执行“文件”|“置入”命令，在弹出的“置入”对话框中选择素材，单击“置入”按钮后置入素材，如图2-3所示。

步骤 04 调整框架，右击鼠标，在弹出的快捷菜单中选择“合适”|“按比例填充框架”命令，效果如图2-4所示。

图 2-3

图 2-4

步骤 05 按Ctrl+S组合键，在弹出的“存储为”对话框中设置参数，如图2-5所示。

图 2-5

步骤 06 单击“保存”按钮，保存文件，可以看到保存文件后的图标，如图2-6所示。

图 2-6

2.1.2 InDesign的工作界面

InDesign的工作界面主要由菜单栏、控制面板、标题栏、工具箱、浮动面板组、文档窗口、状态栏等组成，如图2-7所示。

图 2-7

工作界面各组成部分的功能介绍如下。

1. 菜单栏

菜单栏包括文件、编辑、版面、文字、对象、表、视图、窗口和帮助9个菜单，提供了各种处理命令，可以进行文件管理、图形编辑和调整等操作，如图2-8所示。

文件(F) 编辑(E) 版面(L) 文字(T) 对象(O) 表(A) 视图(V) 窗口(W) 帮助(H)

图 2-8

2. 控制面板

通过控制面板可以快速访问与当前选择的页面项目或对象有关的选项、命令及其他面板，如图2-9所示。默认情况下，控制面板停放在文档窗口的顶部，执行“窗口”|“控制”命令可隐藏该面板。

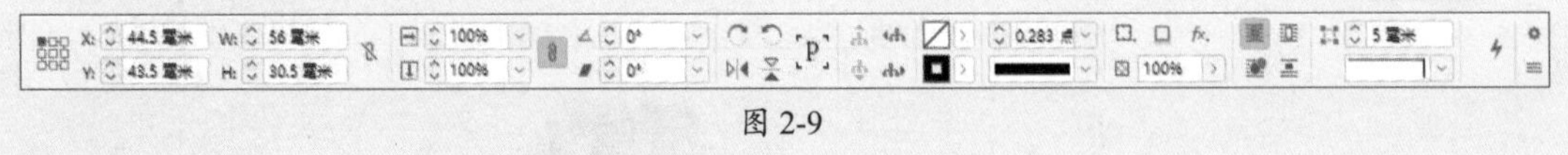

图 2-9

操作提示

单击≡按钮，在弹出的下拉菜单中可以更改停放位置，包括停放在顶部、停放在底部和浮动三种。

3. 标题栏

打开一张图像或文档，在工作区域上方会显示文档的相关信息，包括文档名称、文档格式、缩放比例等，如图2-10所示。

*二十四节气海报.indd @ 50% [转换] ×

图 2-10

4. 工具箱

在InDesign中，工具箱中包括6组近30个工具，大致可分为选择工具组、绘图文字工具组、转换工具组、修改和导航工具组、标准颜色控制组件以及屏幕模式显示组等，使用这些工具，可以对页面对象进行图形与文字的创建、选择、变形、导航等操作，如图2-11所示。单击“视图选项”按钮，可以显示和隐藏框架边线、参考线、标尺等，如图2-12所示。

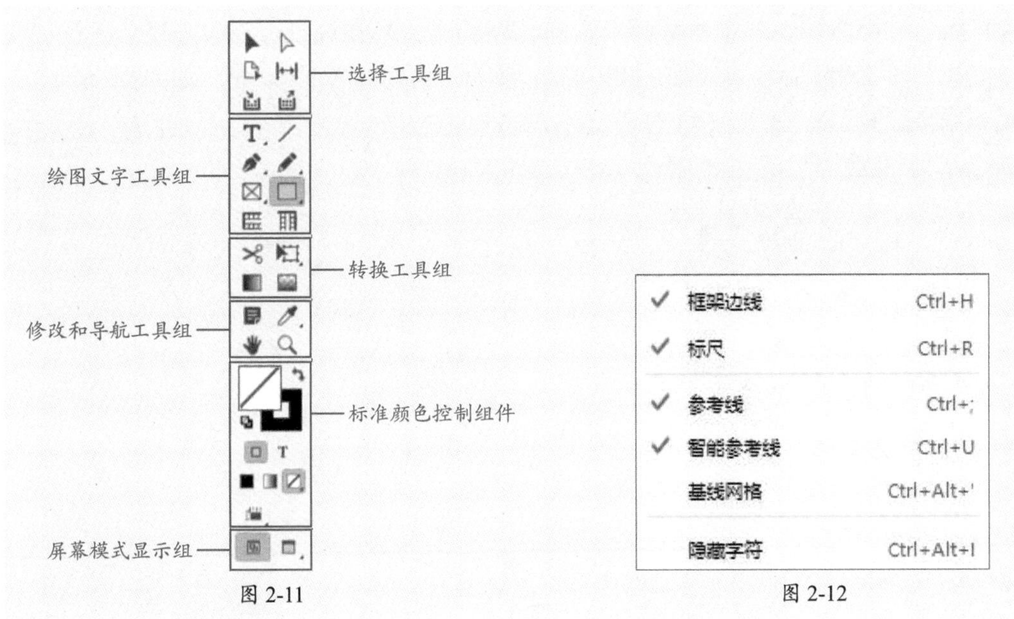

图 2-11　　图 2-12

5. 浮动面板组

单击“窗口”菜单，可在弹出的下拉菜单中选择页面、链接、属性、图层、字符、段落、颜色等命令，将弹出相应面板。重叠多个面板可生成面板组，如图2-13所示，单击按钮可折叠该面板组，如图2-14所示。拖动面板标签可调整面板的显示顺序，将面板标签拖移到组的外部，即可从组中删除该面板并使其自由浮动，如图2-15所示。

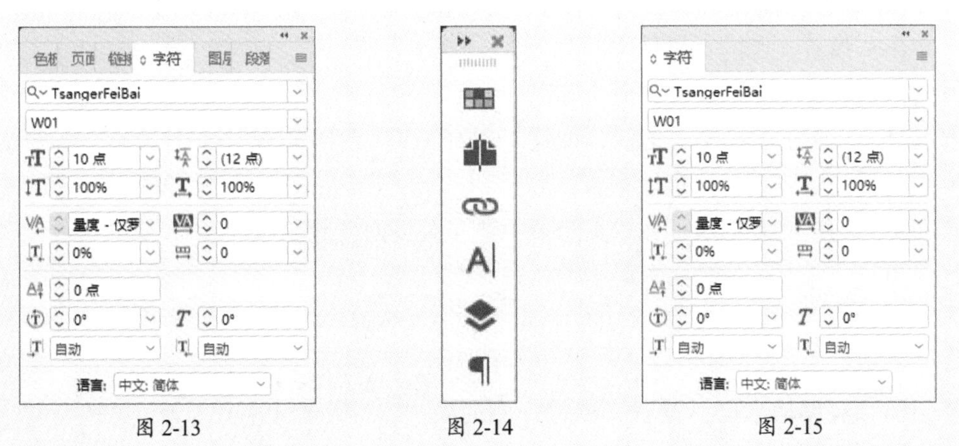

图 2-13　　图 2-14　　图 2-15

6. 文档窗口

在文档窗口中黑色实线的矩形区域即为工作画板，这个区域的大小就是用户设置的页面大小。画板外的空白区域即画布，可以在画布上自由绘制图形。

7. 状态栏

状态栏位于文档窗口的左下方，用于显示有关文件状态的信息，可以通过状态栏跳转到其他页面。在状态栏的右侧可以设置显示缩放百分比。

2.1.3 文档的新建与置入

在InDesign中新建文件主要分两个步骤，即新建文档和设置边距与分栏。执行“文件”|“新建”|“文档”命令或按Ctrl+N组合键，弹出“新建文档”对话框，如图2-16所示。

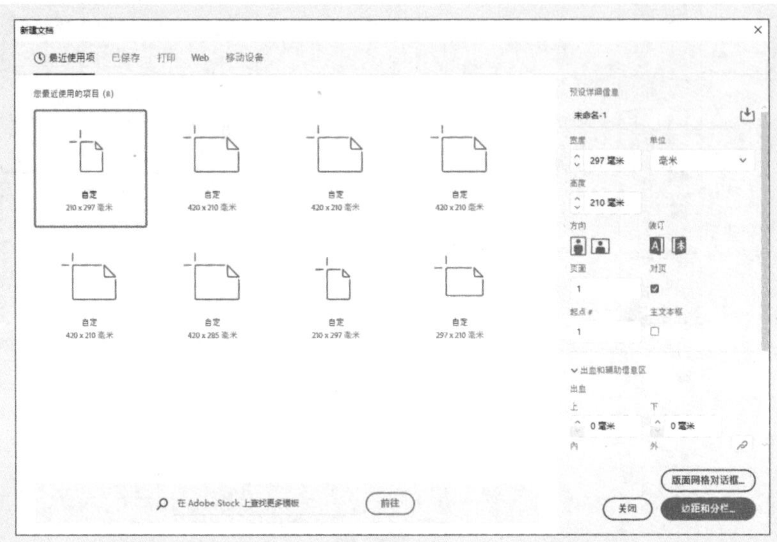

图 2-16

“新建文档”对话框中主要选项的功能介绍如下。

- **空白文档预设：**是指具有预定义尺寸和设置的空白文档，分为“打印”、Web以及“移动设备”三个选项。
- **宽度/高度：**设置文档的大小。
- **单位：**设置文档的度量单位。
- **方向：**设置文档的页面方向，即纵向或横向。
- **装订：**设置文档的装订方向，即从左到右或从右到左。
- **页面：**设置要在文档中创建的页数。
- **对页：**勾选此复选框可在双页跨页中让左右页面彼此相对。
- **起点：**设置文档的起始页码。
- **主文本框：**勾选此复选框可在主页上添加主文本框架。
- **出血和辅助信息区：**设置文档每一侧的出血尺寸和辅助信息。

设置完成后，在对话框中单击“边距和分栏”按钮，会弹出“新建边距和分栏”对话框，如图2-17所示。

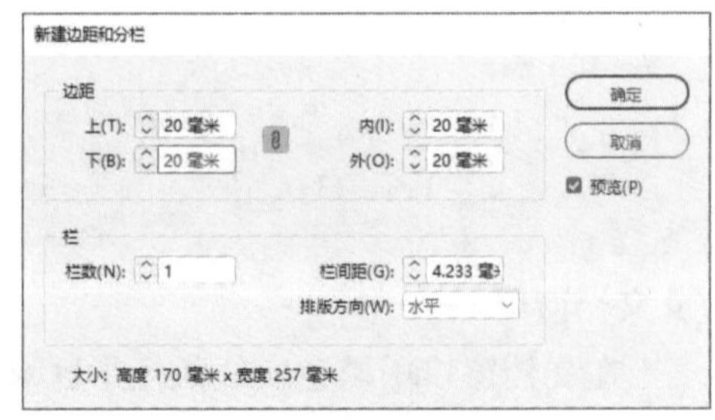

图 2-17

“新建边距和分栏”对话框中主要选项的功能介绍如下。

- **边距：**设置版心到页边的距离。
- **栏：**设置要在文档中添加的栏数。
  - **栏间距：**设置各栏之间的空白量。
  - **排版方向：**设置文档的排版方向，即水平或垂直。

执行“文件”|“置入”命令或按Ctrl+D组合键，在弹出的“置入”对话框中，选择将要置入的文件，单击“打开”按钮，在页面上会出现一个小的缩览图，如图2-18所示。用鼠标任意拖动即可完成置入，如图2-19所示。

图 2-18

图 2-19

2.1.4　文档的保存与关闭

当第一次保存文件时，选择“文件”|“存储”命令或按Ctrl+S组合键，在弹出的“存储为”对话框中设置参数，如图2-20所示。

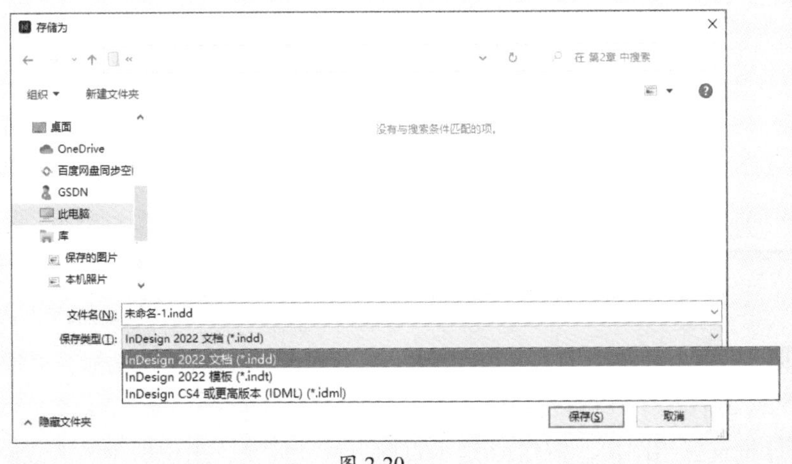

图 2-20

关闭文件常见的操作方法有以下三种。

- 执行“文件”|“关闭”命令。
- 按Ctrl+W组合键。
- 单击窗口右上角的“关闭”按钮。

若当前文件被修改过或是新建的文件，那么在关闭文件的时候就会弹出一个警告对话框，如图2-21所示。

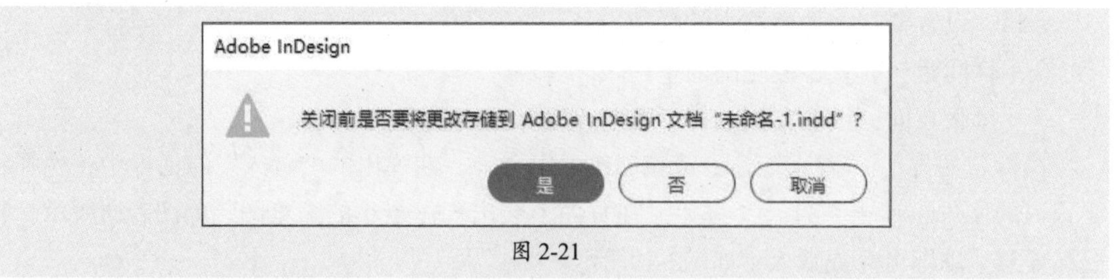

图 2-21

2.2 视图的辅助调整

在设计版式时，可以使用标尺、参考线、智能参考线等辅助工具对图形进行精确的定位和测量，还可以切换屏幕模式查看视图显示。

2.2.1 案例解析：借助智能参考线排列图像

在学习视图的辅助调整之前，可以先看看以下案例，即使用选择工具，借助参考线移动复制等距排列图像。

步骤 01 新建文档后置入素材，如图2-22所示。

步骤 02 按住Alt键水平向右移动复制，移动至居中位置，如图2-23所示。

图 2-22　　图 2-23

步骤 03 按住Alt键水平向右移动复制，当出现等距线时释放鼠标，应用复制效果，如图2-24、图2-25所示。

步骤 04 框选三组图像，按住Alt键垂直向下移动复制，出现居中参考线时释放鼠标，如图2-26所示。

步骤 05 框选三组图像，按住Alt键垂直向下移动复制，出现等距参考线时释放鼠标，如图2-27所示。

步骤 06 复制效果如图2-28所示。

步骤 07 单击工具栏中的"预览"按钮，查看最终输出显示图稿，如图2-29所示。

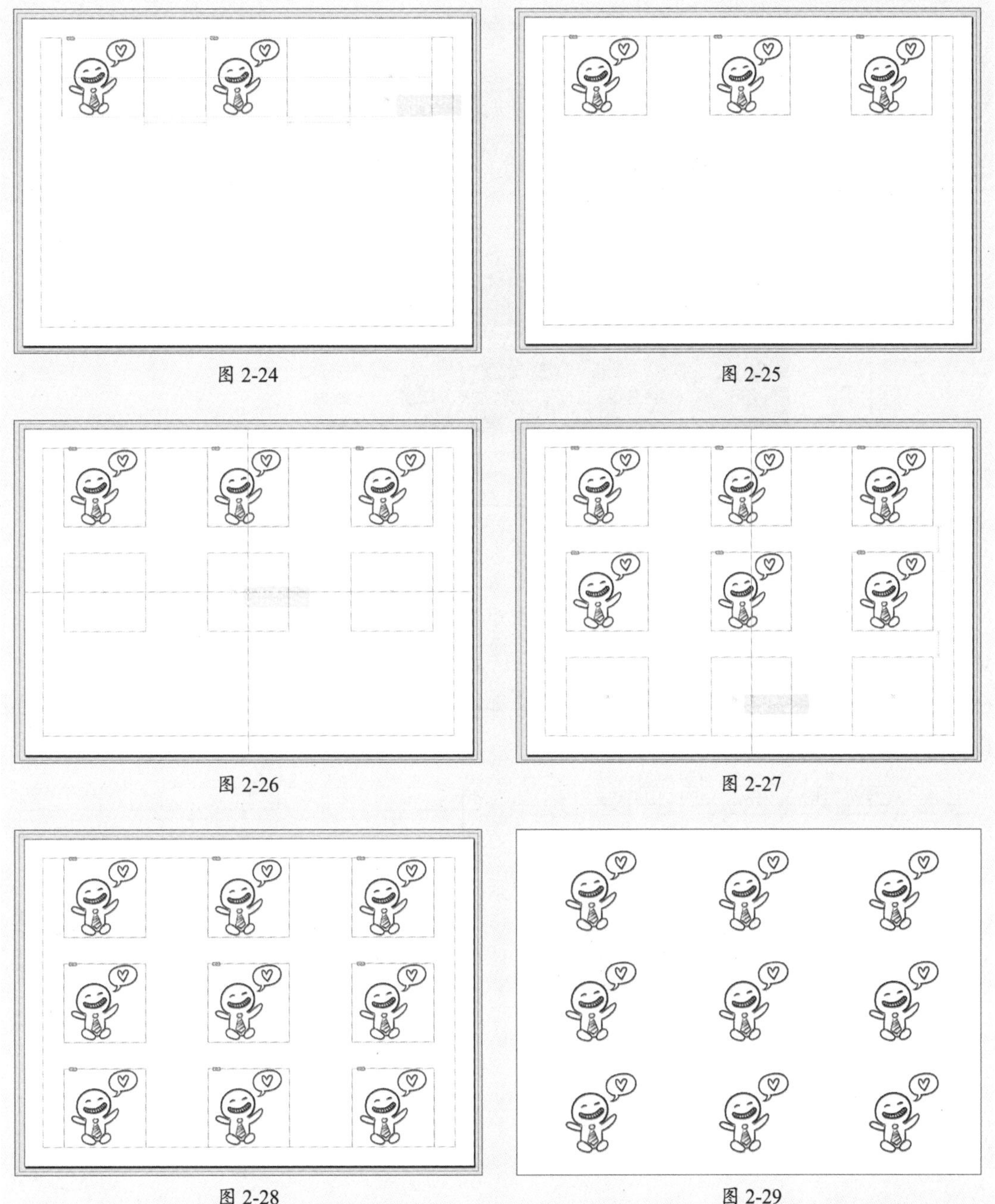

图 2-24　图 2-25

图 2-26　图 2-27

图 2-28　图 2-29

2.2.2 标尺——辅助定位

标尺可以帮助设计者准确定位和度量页面中的元素。

执行“视图”|“标尺”|“显示标尺”命令，或按Ctrl+R组合键，在工作区域的右端和上端会显示带有刻度的尺子（X轴和Y轴）。用鼠标右击标尺处，会弹出度量单位快捷菜单，可在其中选择或更改单位，如图2-30所示。水平标尺与垂直标尺不能设置不同的单位。

图 2-30

默认情况下，标尺的零点位置在页面的左上角。标尺的零点可以根据需要改变，用鼠标单击左上角标尺相交的位置，向下拖动鼠标，会出现两条十字交叉的虚线，如图2-31所示。释放鼠标，新的零点位置便设置成功，如图2-32所示。双击左上角标尺相交的位置可以复位标尺零点位置。

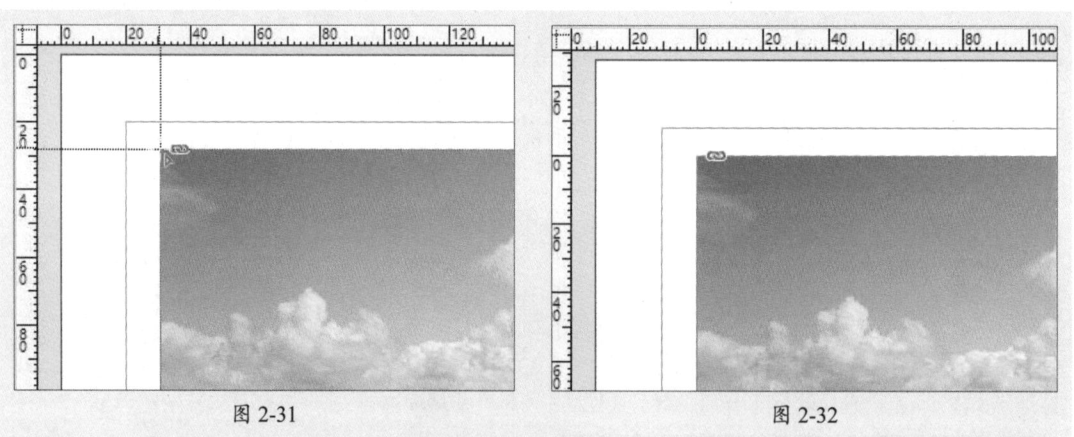

图 2-31　　图 2-32

2.2.3　标尺参考线——精确定位

执行“版面”|“标尺参考线”命令，在弹出的“标尺参考线”对话框中可以更改参考线的颜色，如图2-33所示。

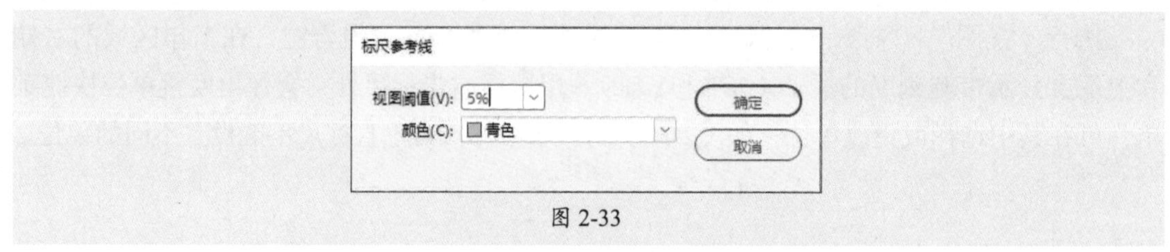

图 2-33

单击“视图选项”按钮，在下拉菜单中取消选中“参考线”复选框，则界面中所有的参考线都将隐藏，如图2-34、图2-35所示。

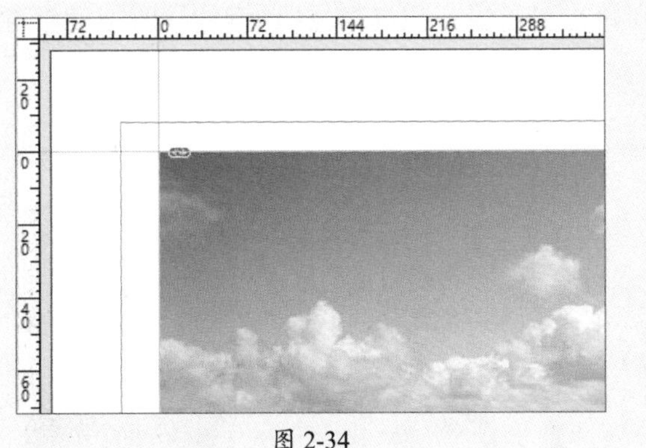

图 2-34

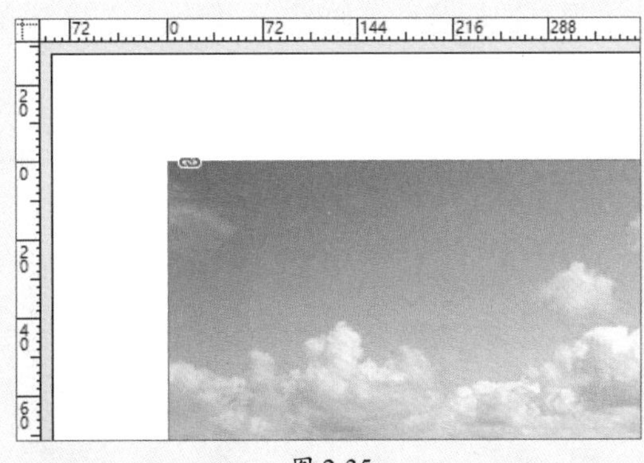

图 2-35

在页面中可以创建两种标尺的参考线，下面分别介绍。

1. 页面参考线

页面参考线仅在创建该参考线的页面上显示，用鼠标在标尺刻度上向下或向右拖动，即可创建参考线，标尺参考线与它所在的图层一同显示或隐藏，如图2-36、图2-37所示。

图 2-36

图 2-37

执行“版面”|“创建参考线”命令，在弹出的“创建参考线”对话框中设置参数，如图2-38所示，其效果如图2-39所示。

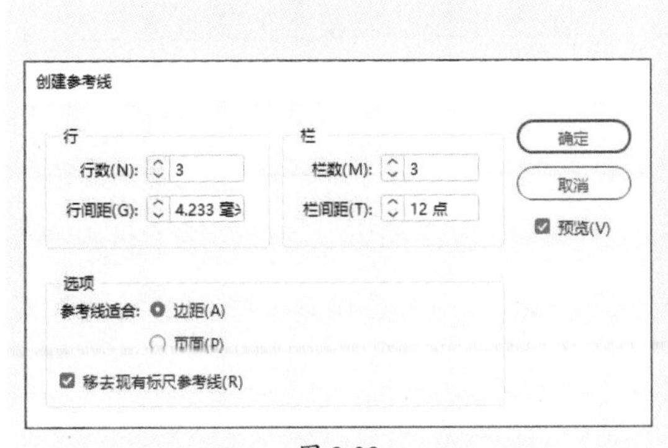

图 2-38

图 2-39

2. 跨页参考线

在跨页的情况下，直接创建参考线，可以发现所创建的参考线只会显示在单独一页上，无法进行跨页，如图2-40所示；若要创建跨页参考线，只需按住Ctrl键的同时拖动参考线即可，如图2-41所示。

图 2-40　　图 2-41

操作提示

若要同时创建垂直和水平参考线，只需按住Ctrl键，单击左上角标尺相交的位置并向下拖动鼠标即可。若要删除参考线，只需选择参考线，按Delete键即可。按Ctrl+;组合键可以隐藏全部参考线。

2.2.4 智能参考线——临时对齐参考线

智能参考线是用于辅助对齐的临时参考线。在拖动或创建对象时，会出现临时参考线，表明该对象与页面边缘或中心对齐，或者与另一个页面项目对齐，如图2-42、图2-43所示。

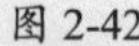

图 2-42

图 2-43

默认情况下，智能参考线功能已启用。执行“视图”|“网格和参考线”|“智能参考线”命令，可关闭智能参考线。执行“文件”|“首选项”|“参考线和粘贴板”命令，可关闭任何智能参考线类别，如图2-44所示。

图 2-44

“智能参考线选项”选项组中的各复选框功能介绍如下。

- **对齐对象中心：** 创建或移动调整对象时，若对齐对象中心会显示智能参考线。
- **对齐对象边缘：** 创建或移动调整对象时，若对齐对象边缘处会显示智能参考线。
- **智能尺寸：** 在调整页面项目大小、创建页面项目或旋转页面项目时，会显示智能尺寸信息。
- **智能间距：** 通过智能间距，可以在临时参考线的帮助下快速排列页面项目，并在对象间距相同时给出提示。

在“首选项”对话框的“界面”选项界面中勾选“显示变换值”复选框，可以打开和关闭智能光标。移动对象时，智能光标在灰色框中显示为X值、Y值，如图2-45所示；调整对象大小时，智能光标在灰色框中显示为W值、H值，如图2-46所示；在旋转对象时，智能光标在灰色框中显示为度量值。

图 2-45

图 2-46

操作提示

在工具栏中单击"视图选项"按钮▣，可在下拉菜单中选择要显示的内容，如图2-47所示。该下拉菜单中的命令可以显示或隐藏标尺、参考线、智能参考线等。除此之外，还可以设置框架边线、基线网格以及隐藏字符。

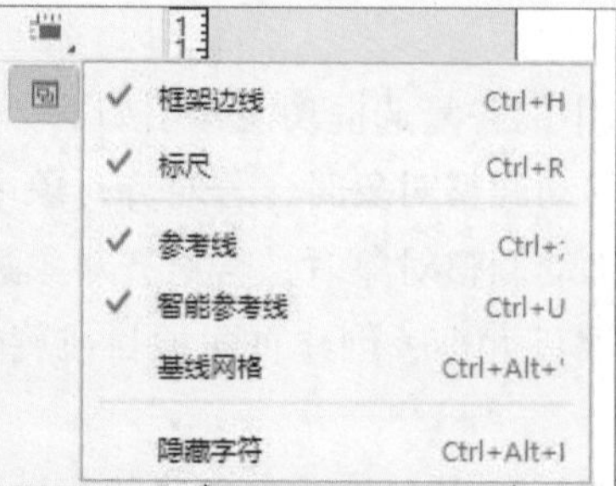

图 2-47

- **框架边线：** 默认情况下，即使没有选定框架，也能看到框架的非打印描边（轮廓），如图2-48所示。框架边缘的显示设置不影响文本框架上的文本端口的显示。按Ctrl+H组合键，或取消选中"框架边线"复选框，可隐藏框架边线，如图2-49所示。

图 2-48

图 2-49

- **基线网格：** 基线网格是一种子结构的网格类型，它可以根据版面上字体的大小设置相应的行数，从而使字体元素对齐，也可以作为图片框的定位点。按Ctrl+Alt+'组合键，或勾选"基线网格"复选框可显示基线网格，如图2-50所示。

按Ctrl+K组合键，弹出"首选项"对话框，单击左侧的"网格"选项，在右侧可对基线网格的一些参数进行设置，如图2-51所示。

图 2-50

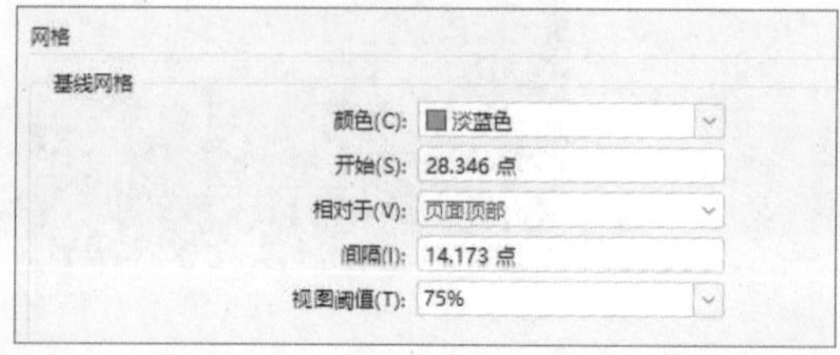

图 2-51

- **隐藏字符**：将显示非打印字符，如空格、制表符、段落末尾、索引标志符和文章末尾的字符。这些特殊字符仅在文档窗口和文档编辑器窗口中可见；它们不能打印，也不能输出到 PDF 和XML等格式的文档中。隐藏字符的颜色与图层颜色相同。按Ctrl+Alt+I组合键，或勾选“隐藏字符”复选框可显示隐藏字符，如图2-52、图2-53所示，其中隐藏字符#表示文章结尾。

图 2-52

图 2-53

2.2.5 屏幕模式——更改视图显示模式

在工具栏中，用鼠标右击“预览” 按钮，可在弹出的快捷菜单中选择要显示的内容，包括正常、预览、出血、辅助信息区、演示文稿等。

- **正常**：默认模式，在窗口中显示所有可见的网格、参考线、出血线、非打印对象、空白粘贴板等内容，如图2-54所示。
- **预览**：以最终的输出显示图稿，所有非打印元素都不显示，例如网格、参考线、出血线等，如图2-55所示。
- **出血**：以最终的输出显示图稿，所有非打印元素都不显示，但出血线内所有的可打印元素都显示，如图2-56所示。

图 2-54

图 2-55

图 2-56

- **辅助信息区**：完全按照最终输出显示图稿，所有非打印元素都不显示，粘贴板被设置成“首选项”对话框中所定义的预览背景色，而文档辅助信息区（在“文档设置”对话框中定义）内的所有可打印元素都会显示出来。
- **演示文稿**：全屏显示图稿，所有非打印元素都不显示。在此模式下，只可浏览，不可对图稿进行修改，按Esc键可退出此模式。

2.3 页面的显示调整

将缩放显示工具和抓手工具搭配使用，可以缩放查看图像的细节和整体效果；使用页面工具或执行文件、版面调整命令可调整页面大小、方向、边距、分栏等效果；设置屏幕模式和显示性能可调整页面图像显示。

2.3.1 案例解析：制作三分栏图像效果

在学习调整页面显示之前，可以看看下面案例，了解并熟悉边距和分栏的设置。

步骤01 打开素材文档，如图2-57所示。

步骤02 执行“版面”|“边距和分栏”命令，在弹出的“边距和分栏”对话框中设置参数，如图2-58所示。

图 2-57

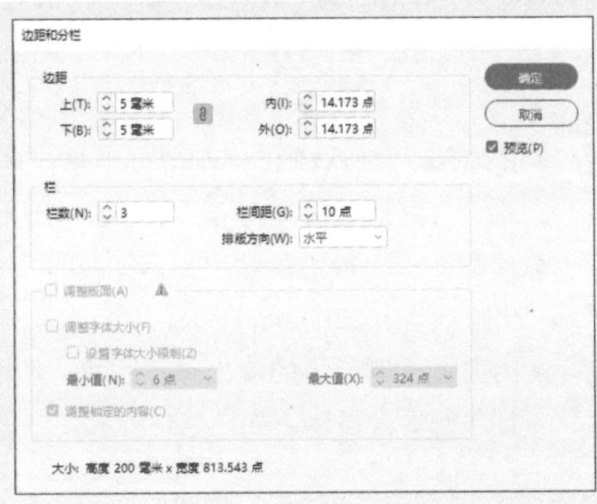

图 2-58

步骤03 单击“确定”按钮，效果如图2-59所示。

步骤04 选择文档框架，右击鼠标，在弹出的快捷菜单中选择“合适”|“按比例填充框架”命令，如图2-60所示。

图 2-59

图 2-60

步骤05 在“图层”面板中复制图层两次，隐藏部分图层，拖动右侧框架至第一个分栏位置，如图2-61所示。

步骤06 显示第二个图层，向内拖动左右框架两端至中间分栏位置，如图2-62所示。

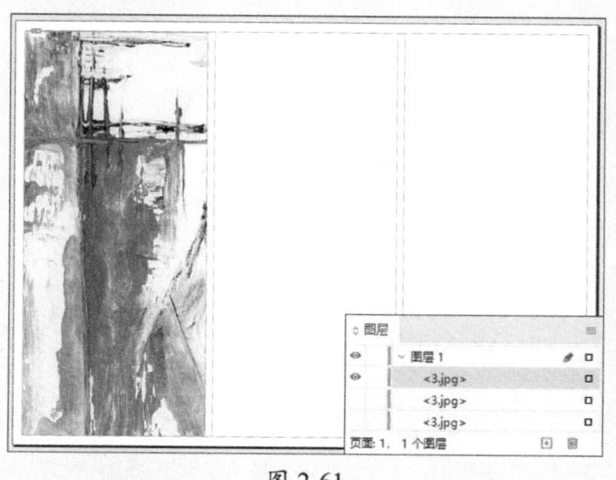

图 2-61

图 2-62

步骤07 显示第三个图层，拖动左侧框架至第三个分栏位置，如图2-63所示。

步骤08 单击工具栏中的“预览”按钮，查看最终输出显示图稿，如图2-64所示。

图 2-63

图 2-64

2.3.2 缩放显示工具——页面视图缩放

选择“缩放显示工具”，单击要放大的区域。每单击一次鼠标，视图就会以单击点为中心向四周放大，一直放大到下一个预设百分比，如图2-65所示。按住Alt键单击要缩小的区域，每单击一次都会缩小视图，如图2-66所示。

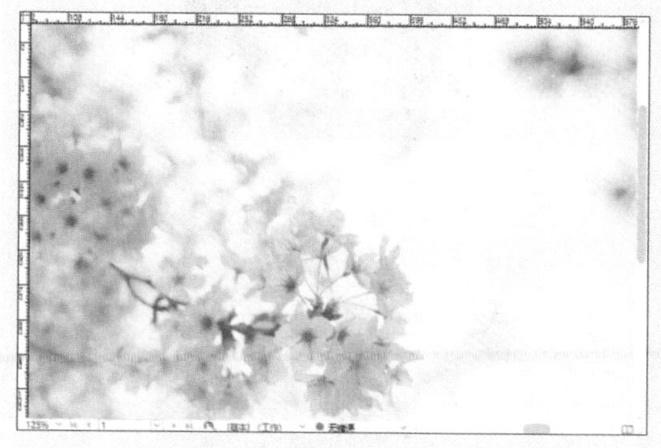

图 2-65

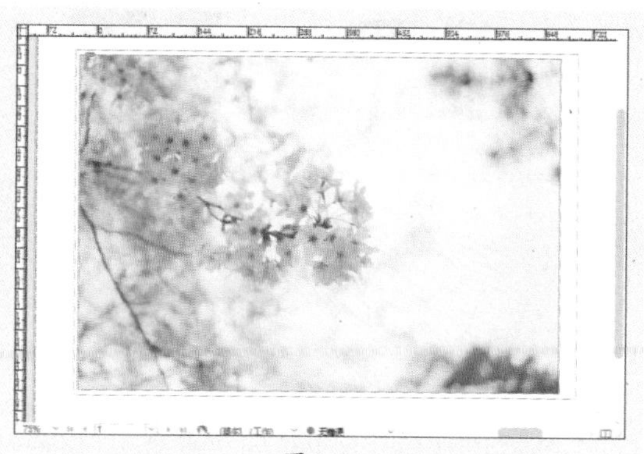

图 2-66

若要缩放视图至合适大小，可使用以下方法。

- 双击“缩放显示工具”。
- 执行“视图”|“实际大小”命令，或按Ctrl+1组合键。
- 在状态栏左侧的“缩放级别”框中选择缩放比例100%。

若要调整视图适合当前窗口，可使用以下方法。

- 执行“视图”|“使页面合适窗口”命令，或按Ctrl+0组合键。
- 执行“视图”|“使跨页合适窗口”命令，或按Ctrl+Alt+0组合键。
- 执行“视图”|“完整粘贴板”命令，或按Ctrl+Alt+Shift+0组合键。

操作提示

若文档中含有多个页面，可以在文档底部的状态栏中单击“下一页”按钮，也可以在页面框中指定页面，如图2-67所示。

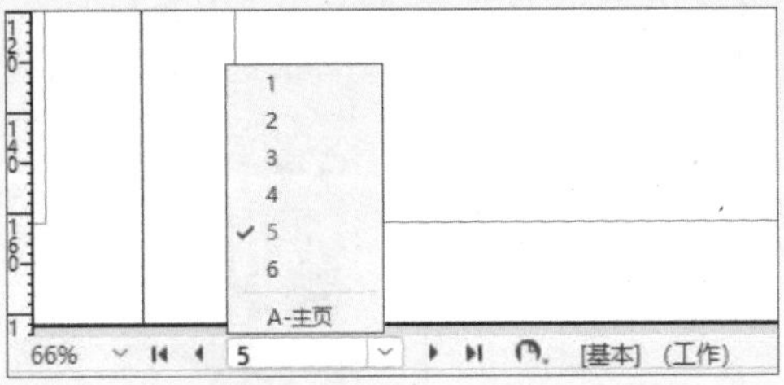

图 2-67

2.3.3 抓手工具——移动查看页面视图

使用抓手工具可以在文档窗口中移动页面视图。选择“抓手工具”，长按鼠标左键，文档将缩小，可以看到跨页的更多内容，红框表示视图区域，拖动红框可以在文档页面之间滚动，如图2-68所示，按方向键或使用鼠标滚轮可以更改红框的大小。释放鼠标，可以放大文档的新区域，如图2-69所示。

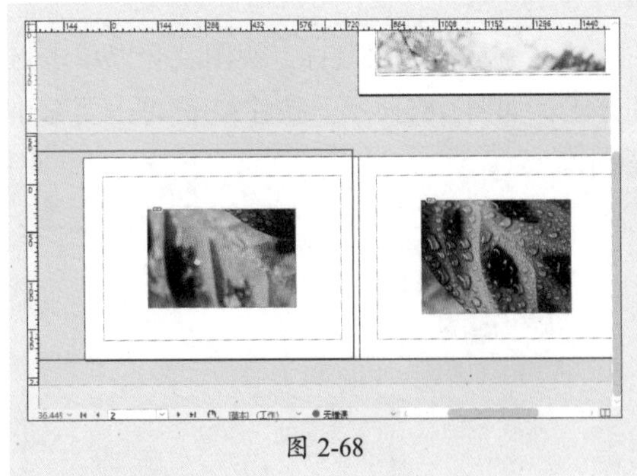

图 2-68

图 2-69

操作提示

在使用其他工具时，按住Alt+空格键即可切换至抓手工具状态，任意拖动可调整显示范围。

2.3.4 调整版面大小

新建文档后，若要对文档页面的大小或者方向进行调整，有以下三种方法。

1. 页面工具

选择“页面工具”，可拖动调整页面大小，还可以在控制面板中设置页面大小，如图2-70所示。

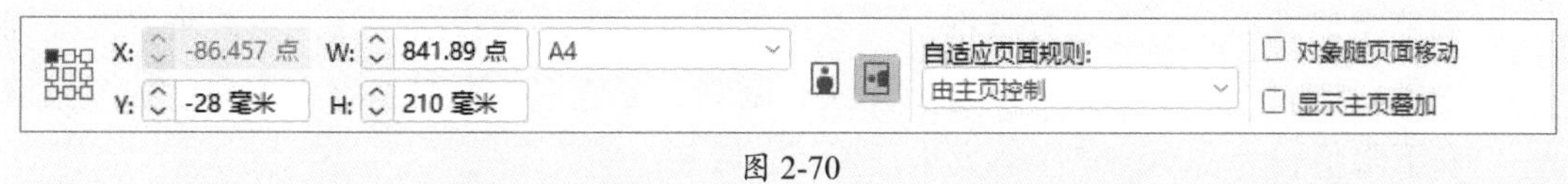

图 2-70

在图2-70所示控制面板中的“页面大小”下拉列表框中选择预设页面尺寸，可调整页面大小。图2-71、图2-72所示为将A4页面调整为B4页面。

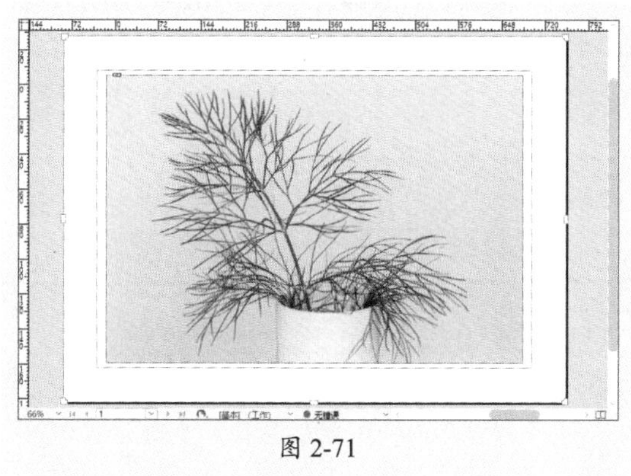

图 2-71

图 2-72

2. 文档设置 / 调整版面

执行“文件”|“文档设置”命令，可弹出“文档设置”对话框，如图2-73所示，在该对话框中可以设置页面大小、边距、出血等参数。除此之外，还可以添加页面，设置起始页码和装订样式等。单击“调整版面”按钮，可打开“调整版面”对话框，如图2-74所示。

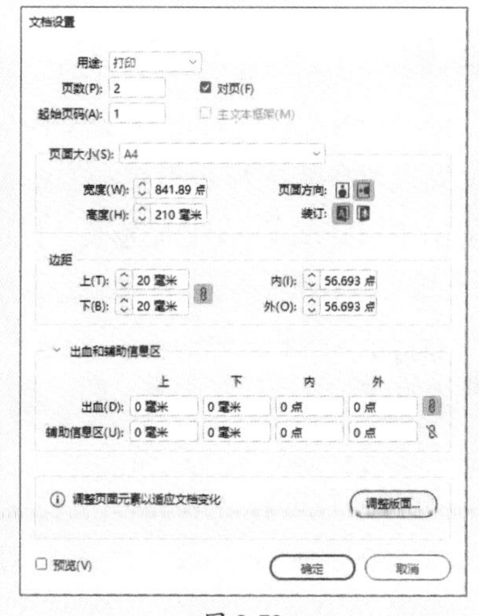

图 2-73

图 2-74

“调整版面”对话框中主要选项的功能介绍如下。

- **页面大小：**从下拉列表框中选择一个页面大小，或输入宽度和高度，也可以调整页面大小。
- **边距：**勾选“自动调整边距以适应页面大小的变化”复选框，可根据对页面大小所做的更改动态地调整边距，或手动输入边距值。
- **出血：**指定文档出血区域的值。
- **调整字体大小：**勾选该复选框，可以根据对页面大小和边距所做的更改来修改文档中的字体大小。若勾选“设置字体大小限制”复选框，可以指定字体大小的上限值和下限值，为自动调整字体大小设置相关限制。
- **调整锁定的内容：**勾选该复选框，可调整版面中锁定的内容。

3. 边距和分栏

执行“版面”|“边距和分栏”命令，弹出“边距和分栏”对话框，如图2-75所示，在该对话框中可以设置边距、栏数、栏间距、排版方向、调整版面等参数。

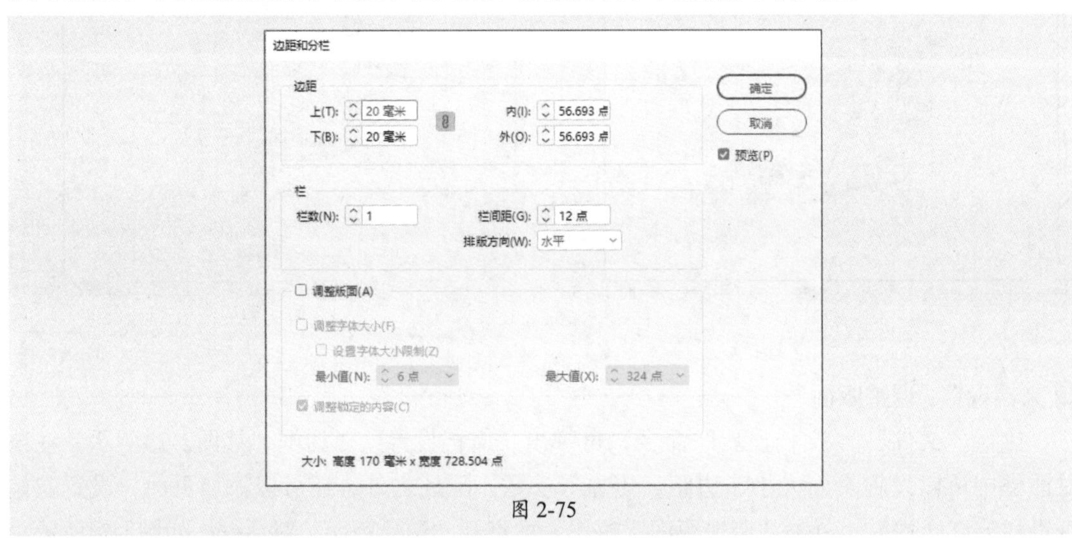

图 2-75

2.3.5 显示性能——调整图像显示质量

置入文档中的图形可能表现为像素化、模糊或有颗粒感。可以针对整个文档更改显示设置，也可以针对单个图形更改显示设置，还可以更改对象级的显示设置。右击鼠标，在弹出的快捷菜单中选择“显示性能”命令，在子菜单中可设置显示性能选项，如图2-76所示。

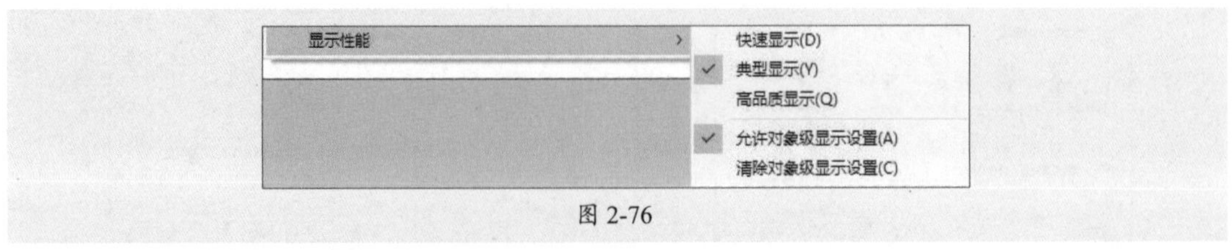

图 2-76

- **快速显示：**将栅格图像或矢量图形绘制为灰色框。

- **典型显示：** 绘制适合于识别和定位图像或矢量图形的低分辨率代理图像。
- **高品质显示：** 使用高分辨率绘制栅格图像或矢量图形。
- **允许对象级显示设置：** 存储应用于单个对象的显示设置。
- **清除对象级显示设置：** 使用默认显示选项显示所有图形。

图2-77、图2-78所示分别为快速显示和高品质显示。

图 2-77

图 2-78

操作提示

"显示性能"命令控制图形在屏幕上的显示方式，但不影响打印品质或导出的结果。

课堂实战 制作双栏画册效果

本章课堂实战练习制作双栏画册效果，综合运用本章所学的知识点，以熟练掌握和巩固文件的新建、置入、保存等操作。下面介绍操作思路。

步骤 01 创建A4文档，设置边距为3毫米、两栏、栏间距为5毫米，如图2-79所示。

步骤 02 置入素材并调整显示，然后移动至最右侧，如图2-80所示。

图 2-79

图 2-80

步骤 03 在页面左侧，置入素材并调整显示，如图2-81所示。

图 2-81

步骤 04 按住Alt键移动复制两次，分别选择复制的图像框架，拖动图像至框架中替换图像，预览效果如图2-82所示。

步骤 05 按Ctrl+S组合键保存文件。

图 2-82

课后练习 制作宣传页

下面将综合使用工具制作宣传页，效果如图2-83所示。

图 2-83

1. 技术要点

①创建A4大小的文档并设置边距为20毫米。

②选择矩形工具、文字工具创建矩形和文字内容。

③置入素材并调整显示。

2. 分步演示

本案例的分步演示效果如图2-84所示。

图 2-84

拓展赏析

版式设计中网格的系统分类（二）

本节将对网格系统中的基线网格、层级网格以及复合网格进行讲解。

1. 基线网格

基线网格是一种子结构的网格类型，可以根据版面上字体的大小来设置合适的行数，从而使字体元素对齐，使得阅读更加流畅。在多栏版面的应用中，基线网格显得尤为重要，跨过各个分栏的基线确保了所有字体、字号保持一致，如图2-85所示。需注意，基线网格是不可见的，可以理解为版式设计中的辅助参考线。

图 2-85

2. 层级网格（比例网格）

层级网格是组织网页信息的一种有效方法，它能使网页中的信息形成不同的内容区域和分区，从而划分层次。包装、海报和网页都很适合层级网格，这种类型的网格不仅能带来秩序感，并且与模块网格相比，信息的呈现更有组织性，也更便于引导读者获取信息，如图2-86所示。

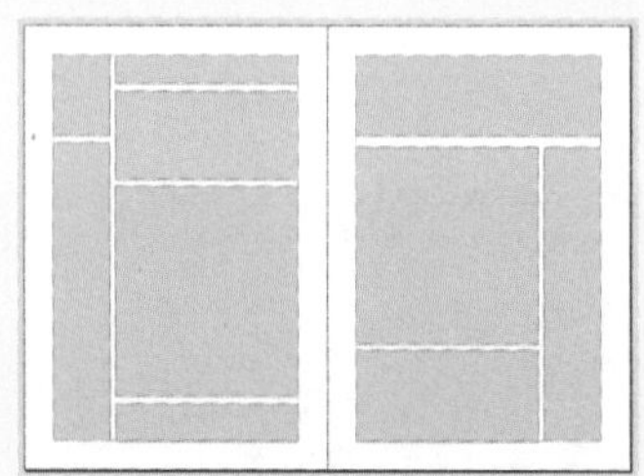

图 2-86

3. 复合网格（重叠网格）

复合网格是多网格系统的集成，能够让页面结构更有组织、更系统化。例如，一个双栏网格和一个三栏网格叠加在一起，页面就可以按照这两个网格系统进行任意的划分，同样，也可以将页面中某个重要元素设置成出血排版，与不出血的部分保持比例上的平衡，如图2-87所示。

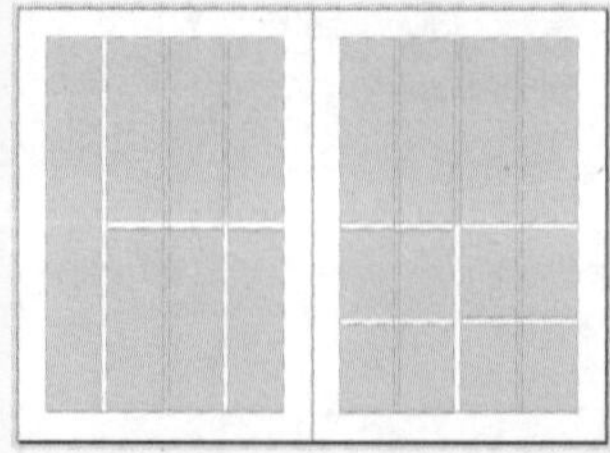

图 2-87

图形的绘制与填充

内容导读

本章将对图形的绘制与填充进行讲解，包括使用直线工具、矩形工具、椭圆工具、钢笔工具等绘制路径形状，使用平滑工具、剪刀工具、路径查找器等编辑路径形状，使用吸管工具、色板面板、描边面板、渐变面板、渐变色板工具填充颜色以及描边。

思维导图

图形的绘制与填充

- 编辑路径形状
  - 角选项——更改转角形状
  - 平滑工具——平滑路径
  - 抹除工具——擦除路径锚点
  - 剪刀工具——拆分路径
  - 路径查找器——编辑路径
- 颜色与描边的应用
  - 标准颜色控制组件
  - 吸管工具——吸取与应用颜色
  - “色板”面板——创建与编辑颜色
  - “描边”面板——创建与编辑描边
- 绘制路径形状
  - 直线工具——绘制直线
  - 矩形工具——绘制矩形和正方形
  - 椭圆工具——绘制椭圆和正圆
  - 多边形工具——绘制多边形
  - 钢笔工具——绘制直线和曲线
  - 铅笔工具——绘制路径形状
- 渐变编辑应用
  - “渐变”“颜色”面板——编辑渐变
  - 渐变色板工具——创建调整渐变
  - 渐变羽化工具——创建柔化渐变

3.1 绘制路径形状

在InDesign中，可以使用不同的工具绘制直线、矩形、正方形、椭圆、正圆、多边形、曲线等路径形状。

3.1.1 案例解析：绘制线性对话框

在学习绘制路径形状之前，先看看以下案例，即使用多边形工具、直接选择工具、添加锚点工具绘制线性对话框。

步骤 01 在工具栏中双击“多边形工具”，在弹出的“多边形设置”对话框中设置边数为7，如图3-1所示。

步骤 02 拖动鼠标绘制多边形，如图3-2所示。

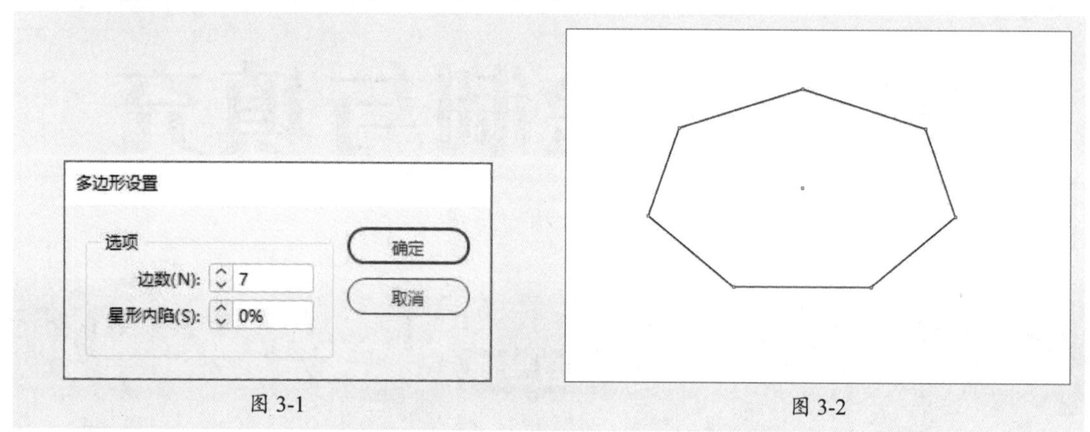

图 3-1　　图 3-2

步骤 03 选择“直接选择工具”，单击锚点拖动调整，如图3-3、图3-4所示。

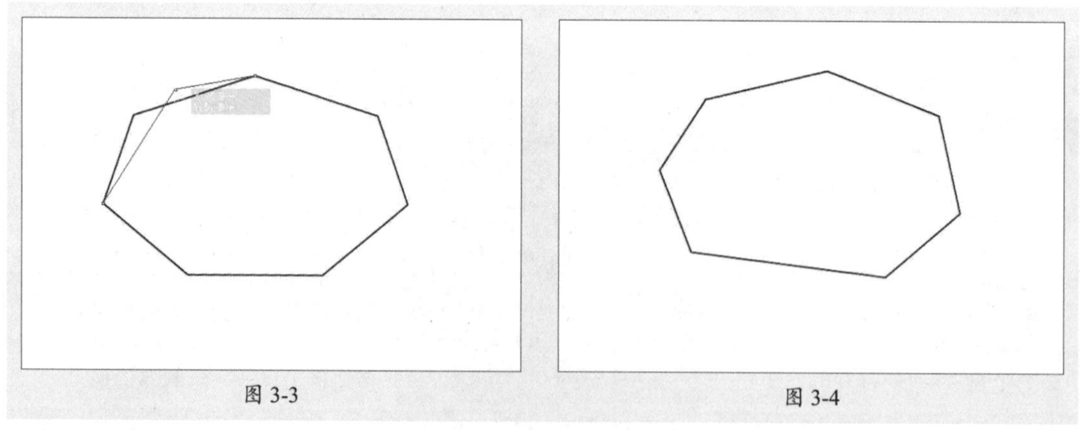

图 3-3　　图 3-4

步骤 04 按Ctrl+C组合键复制，按Ctrl+V组合键粘贴，按住Shift+Alt组合键从中心等比例放大，使其居中对齐，如图3-5所示。

步骤 05 选择“添加锚点工具”，在左下角添加三个锚点，如图3-6所示。

步骤 06 选择“直接选择工具”，单击中间锚点拖动调整，如图3-7所示。

步骤 07 在控制面板中设置描边为5点，效果如图3-8所示。

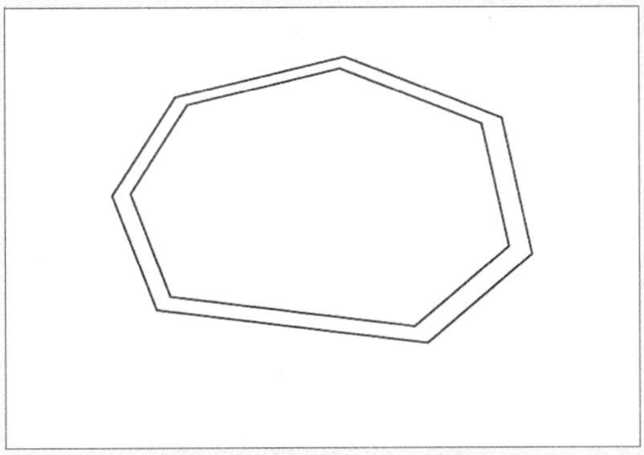

图 3-5

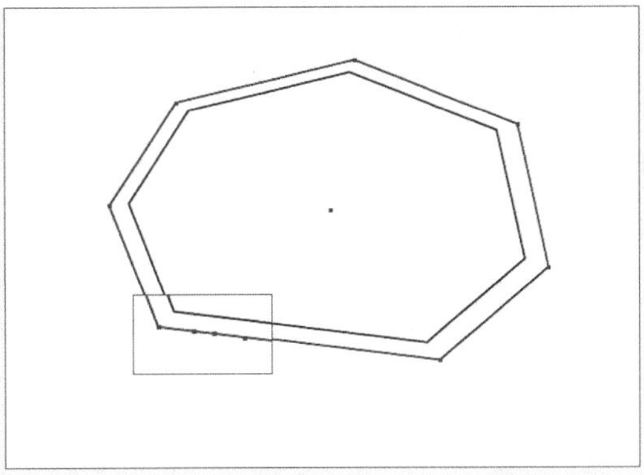

图 3-6

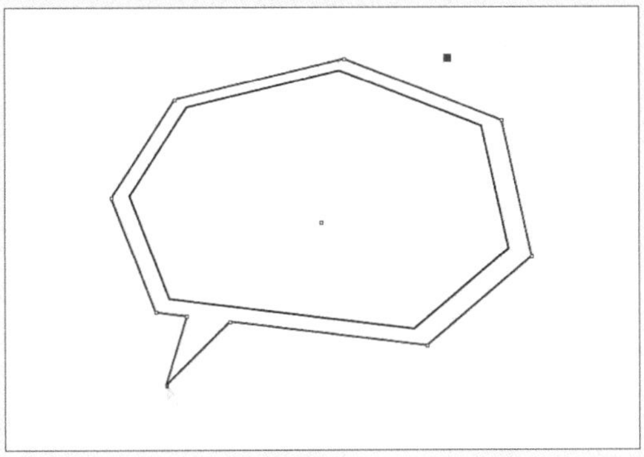

图 3-7

图 3-8

3.1.2 直线工具——绘制直线

选择“直线工具” ，按住鼠标左键拖动绘制，随后释放鼠标，会看到出现一条直线。在画线时，若靠近对齐线，则鼠标指针会变成小箭头的形状。使用直线工具可以绘制水平、垂直和45° 倾斜的直线，如图3-9～图3-11所示。

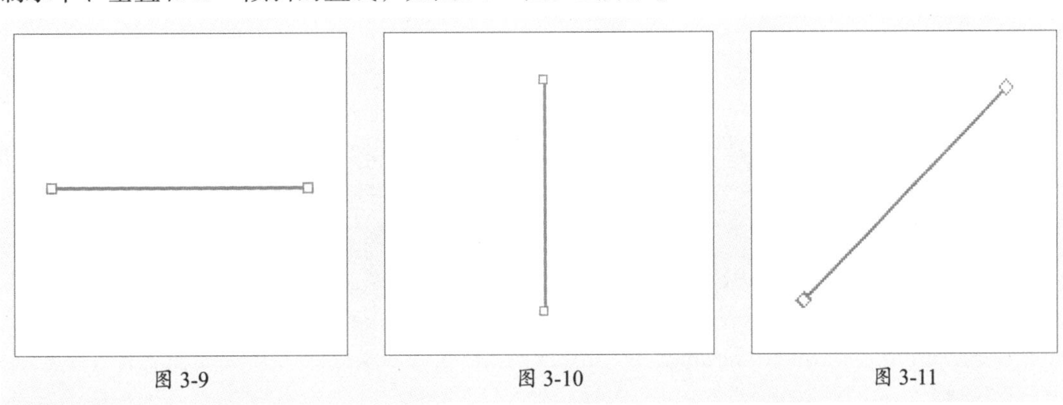

图 3-9　　图 3-10　　图 3-11

操作提示

在绘制直线时，如果按住Shift键，则其角度受到限制，只能绘制水平、垂直、左右45° 倾斜的直线。如果按住Alt键，则所画直线以初始点为对称中心。

3.1.3 矩形工具——绘制矩形和正方形

选择“矩形工具”□或按M键，直接拖动鼠标可绘制一个矩形。若在页面上单击，将会弹出“矩形”对话框，设置参数后单击“确定”按钮，即可绘制一个矩形，如图3-12、图3-13所示。

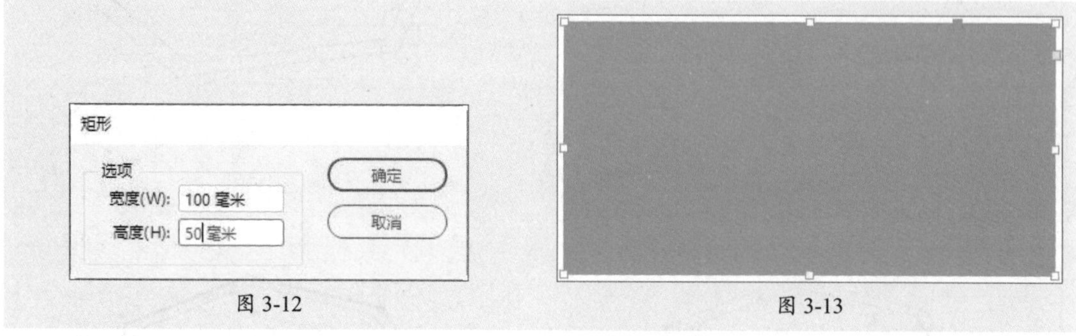

图 3-12　　图 3-13

单击框架上出现的黄框并进行拖动，可为矩形框架应用转角效果。选择矩形框架，单击黄色控制点，框架四周显示四个黄色菱形，即“活动转角”，如图3-14所示。

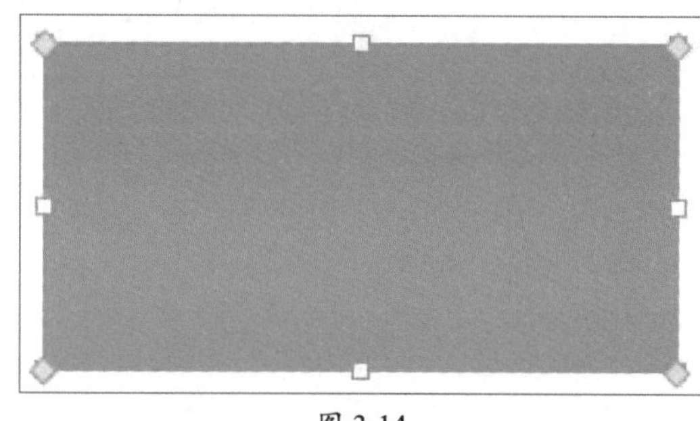
图 3-14

- 若要同时调整四个转角的半径，向框架的中心方向拖动其中一个菱形即可，如图3-15所示。
- 若要调整单个角点，按住Shift键的同时拖动一个菱形即可，如图3-16所示。
- 若要循环切换各种效果，按住Alt键的同时单击黄色菱形即可。

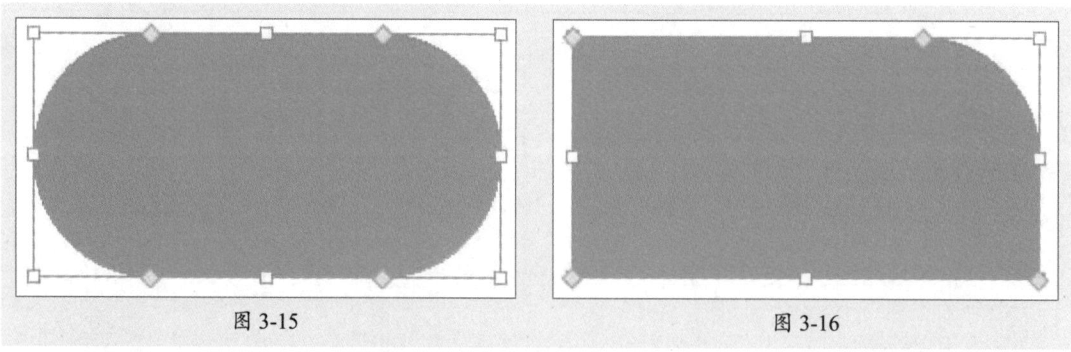
图 3-15　　图 3-16

操作提示

按住Shift键的同时拖动鼠标，可绘制正方形；按住Alt键的同时拖动鼠标，可以绘制以鼠标点为中心点向外扩展的矩形；按住Shift+Alt组合键的同时拖动鼠标，可绘制以鼠标点为中心点向外扩展的正方形。

3.1.4 椭圆工具——绘制椭圆和正圆

选择“椭圆工具”◯或按L键，在页面上单击，会弹出“椭圆”对话框，设置参数后单击“确定”按钮即可，如图3-17、图3-18所示。

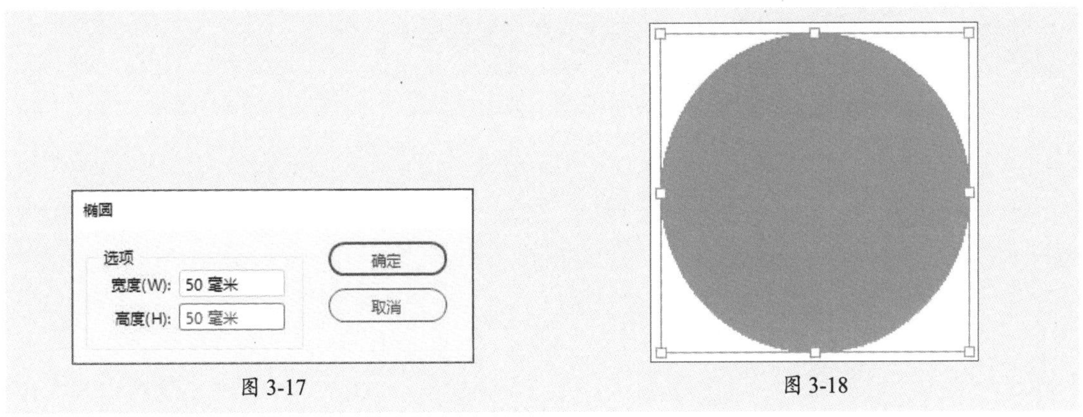

图 3-17　　图 3-18

3.1.5 多边形工具——绘制多边形

选择“多边形工具”⬡，在页面上单击，弹出“多边形”对话框，设置参数后单击“确定”按钮即可，如图3-19、图3-20所示。

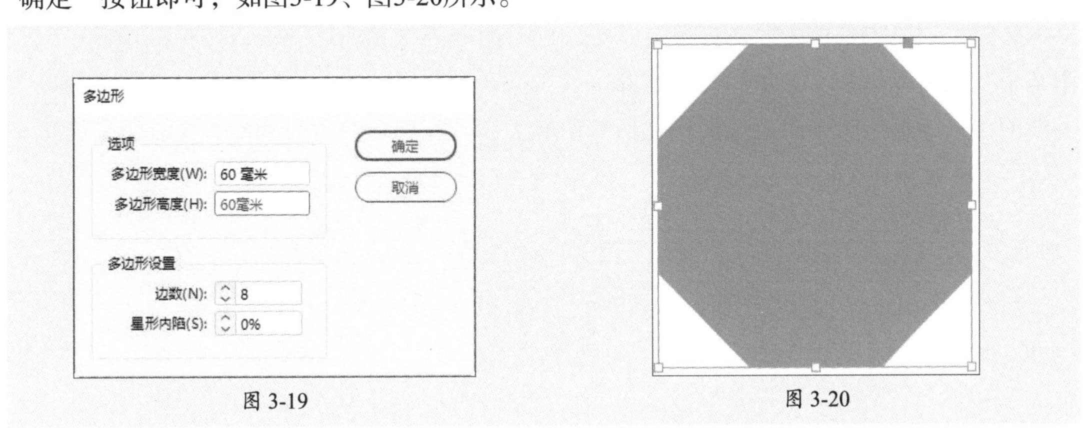

图 3-19　　图 3-20

若设置“星形内陷”为25%，绘制效果如图3-21所示；若设置“星形内陷”为50%，绘制效果如图3-22所示；若设置“星形内陷”为100%，绘制效果如图3-23所示。

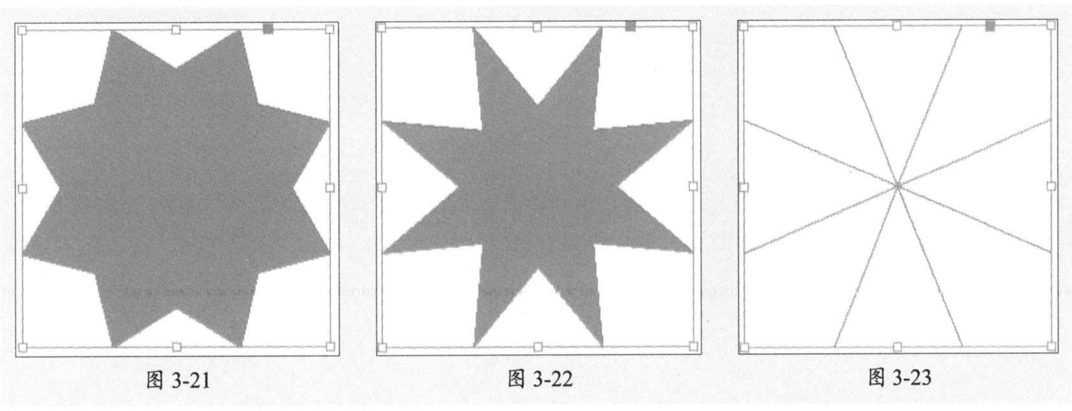

图 3-21　　图 3-22　　图 3-23

操作提示

选择“多边形工具”，在页面上拖动鼠标至合适的高度和宽度，如图3-24所示，按住鼠标左键不放，按键盘上的↑键和↓键可增减多边形的边数，拖动鼠标可调整宽度和高度，如图3-25所示；按→键和←键可增减星形内陷的百分比，拖动鼠标可调整宽度和高度，如图3-26所示。

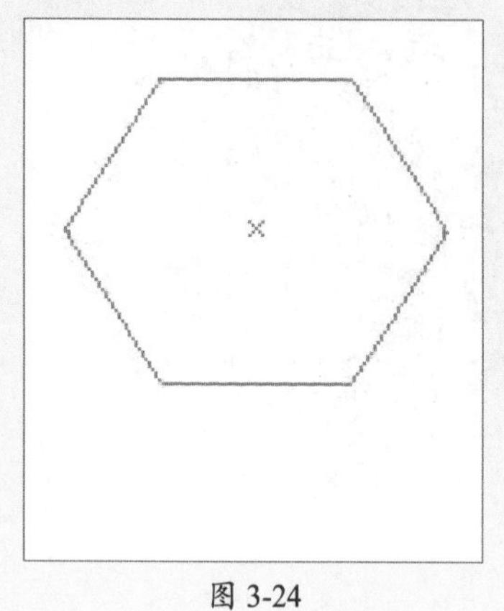

图 3-24

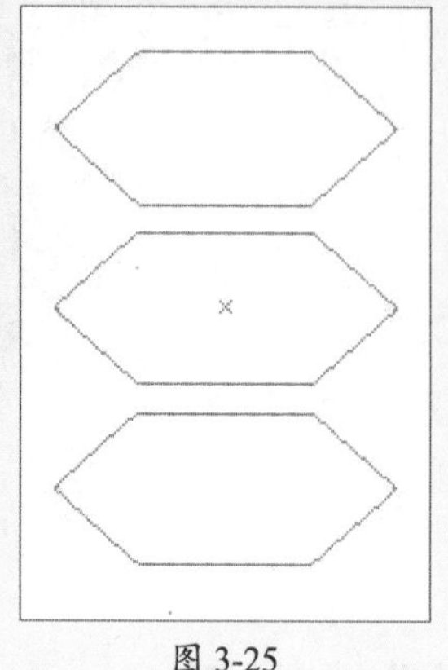

图 3-25

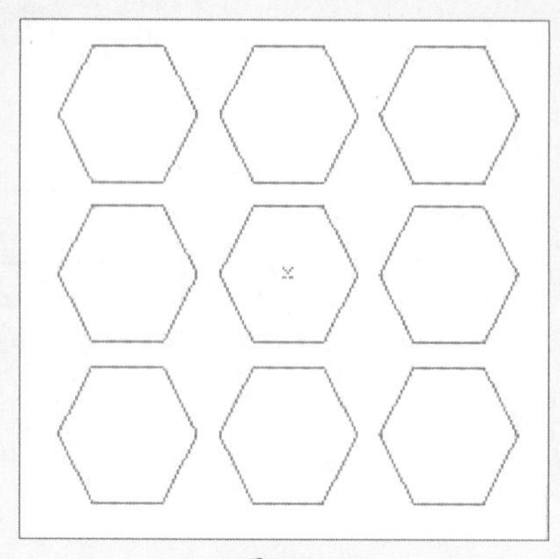

图 3-26

3.1.6 钢笔工具——绘制直线和曲线

选择“钢笔工具”，在页面上单击，即可绘制直线和曲线线段，按住Shift键可以绘制水平、垂直或以45° 角倍增的直线路径，如图3-27所示。绘制曲线线段时，在曲线改变方向的位置添加一个锚点，拖动鼠标构成曲线形状的方向线。方向线的长度和斜度决定了曲线的形状，如图3-28所示。

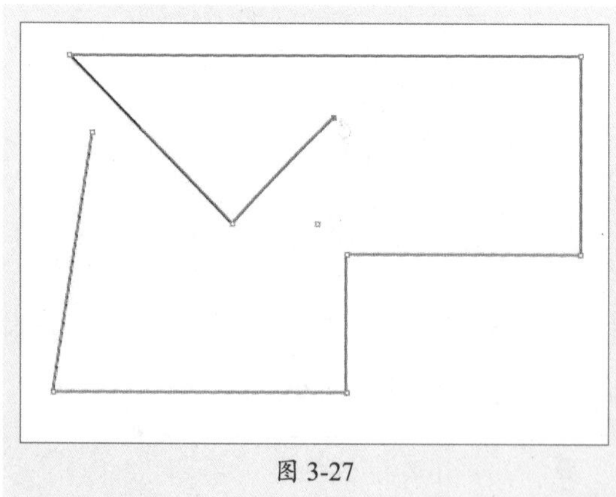

图 3-27

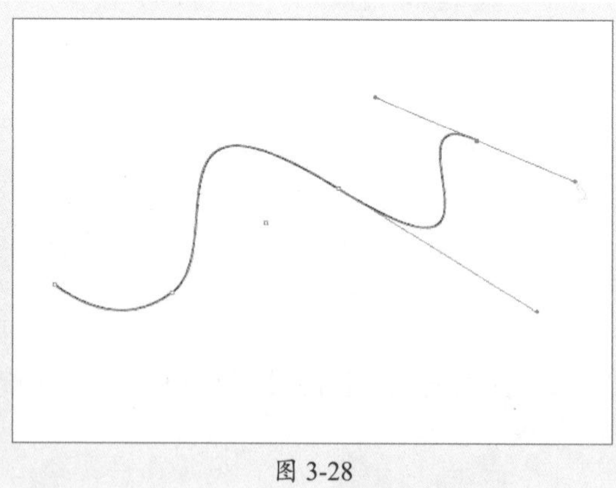

图 3-28

操作提示

选择“添加锚点工具”或“钢笔工具”，单击任意路径段，即可添加锚点；选择“删除锚点工具”或“钢笔工具”，单击锚点即可删除锚点。

3.1.7 铅笔工具——绘制路径形状

铅笔工具可用于绘制开放路径和闭合路径，就像用铅笔在纸上绘图一样，可以编辑任何路径，并在任何形状中添加任意线条和形状。选择“铅笔工具”，拖动鼠标可自由绘制路径图形，再次绘制可调整路径，如图3-29、图3-30所示。

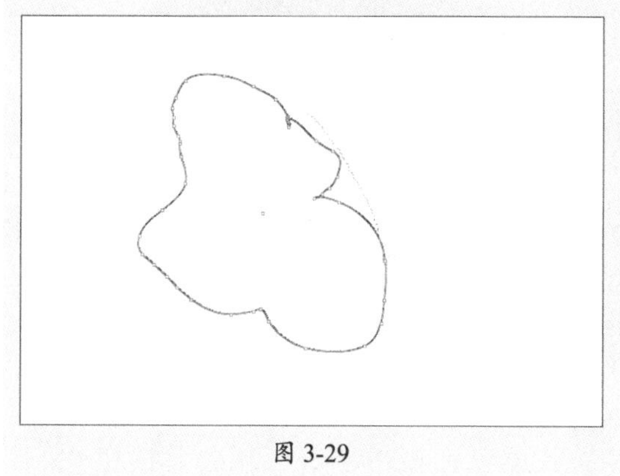
图 3-29

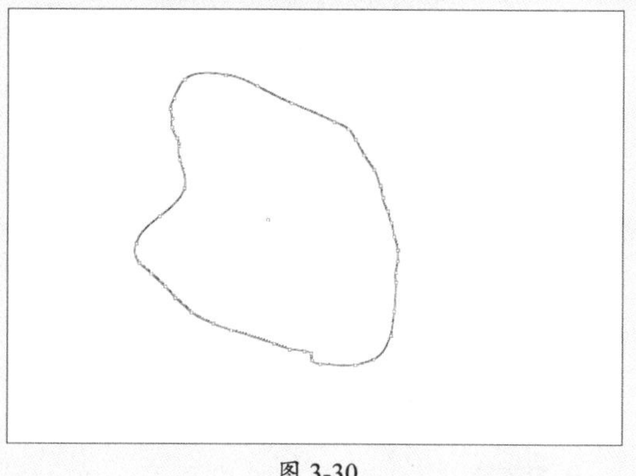
图 3-30

3.2 编辑路径形状

在InDesign中可以在角选项中调整转角形状，并使用平滑工具、抹除工具、剪刀工具以及路径查找器编辑路径。

3.2.1 案例解析：制作圆形分割效果

在学习编辑路径形状之前，可以先看看以下案例，即使用椭圆工具、矩形工具绘制形状，通过路径查找器混合形状路径。

步骤01 选择“椭圆工具”，绘制一个150毫米×150毫米的正圆，将其填充为绿色，如图3-31所示。

步骤02 选择“矩形工具”，绘制一个180毫米×2毫米的矩形，借助智能参考线使其水平居中对齐，如图3-32所示。

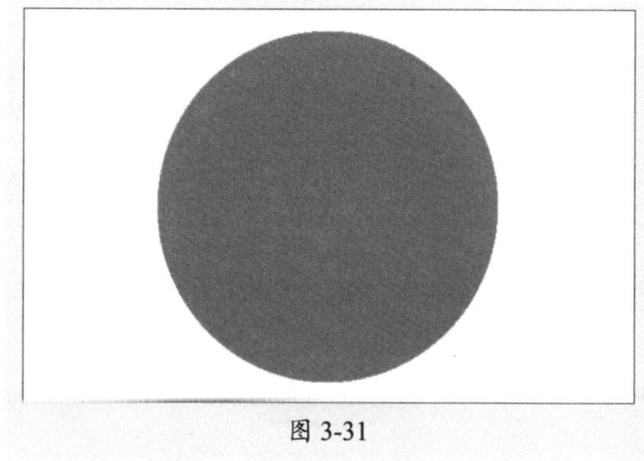
图 3-31

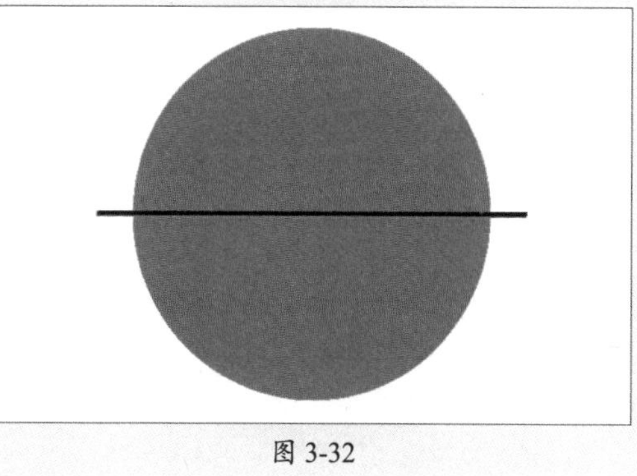
图 3-32

步骤03 复制并粘贴矩形，在控制栏中更改变换点，将其旋转90°，如图3-33所示。

步骤04 选择两个矩形复制并粘贴，将其旋转45°，如图3-34所示。

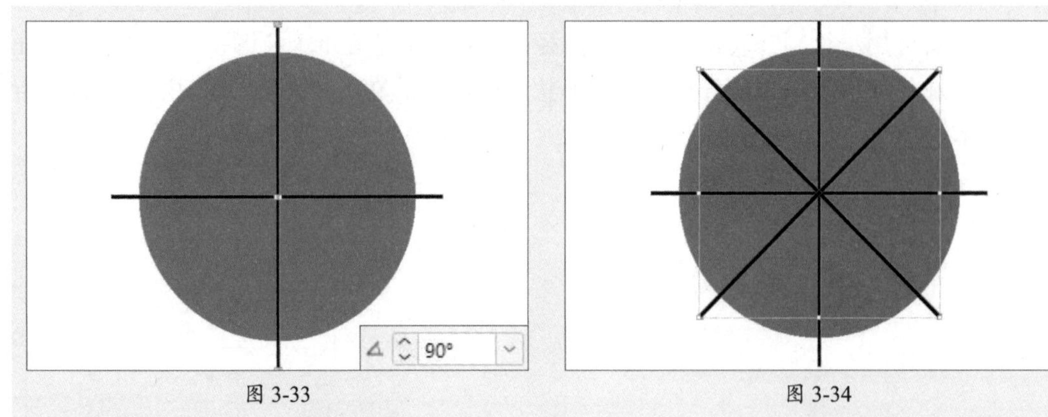

图 3-33　　图 3-34

步骤05 按住Shift键加选矩形，在“路径查找器”面板中单击“相加”按钮，如图3-35所示。

步骤06 按住Shift键加选圆形，在“路径查找器”面板中单击“减去”按钮，如图3-36所示。

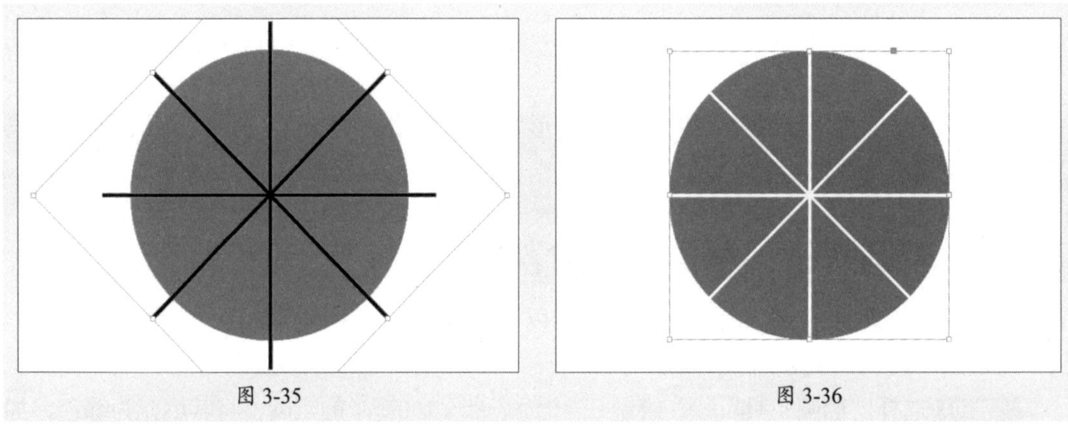
图 3-35　　图 3-36

步骤07 选择“椭圆工具”，按住Shift+Alt组合键从中心等比例绘制正圆，如图3-37所示。

步骤08 按住Shift键加选圆形，在“路径查找器”面板中单击“减去”按钮，如图3-38所示。

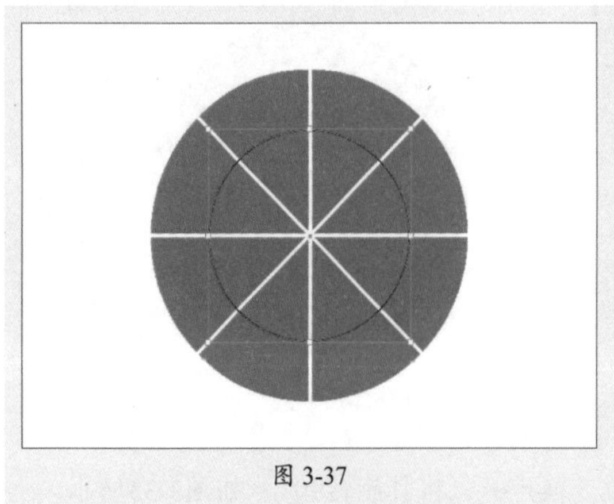
图 3-37

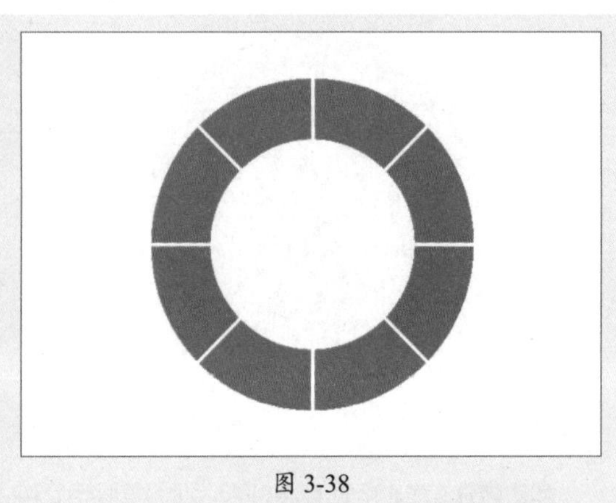
图 3-38

3.2.2 角选项——更改转角形状

使用角选项可以将转角形状效果快速应用到任何路径。绘制路径形状后，执行“对象”|“角选项”命令，弹出“角选项”对话框，如图3-39所示。

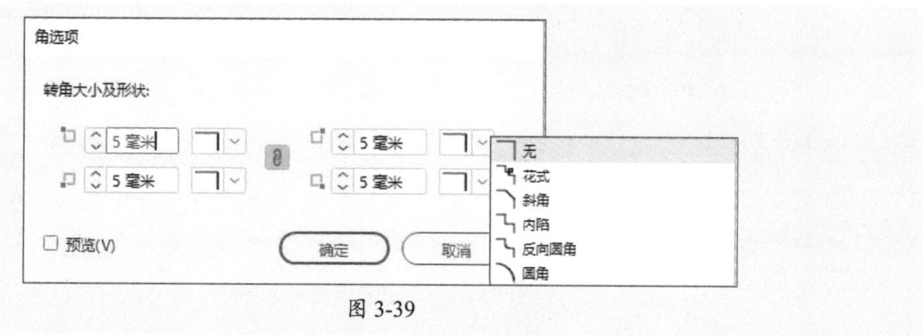

图 3-39

图3-40、图3-41所示分别为16毫米的花式和内陷效果。

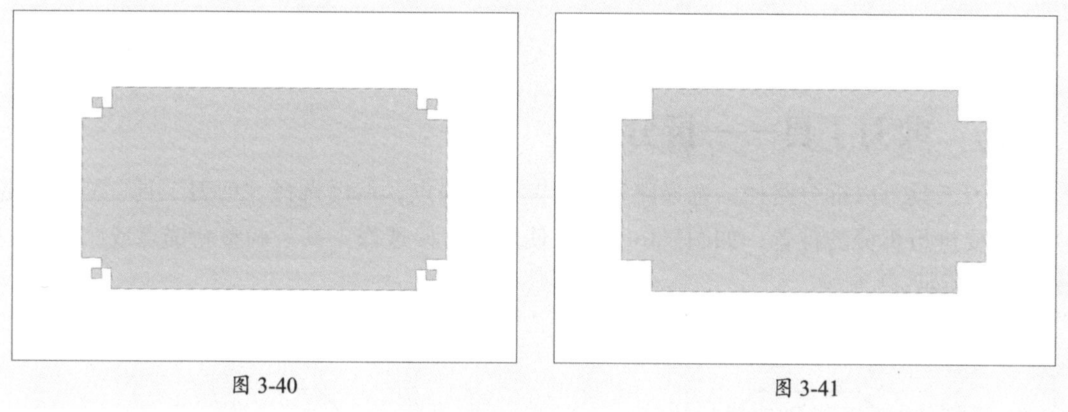

图 3-40　　图 3-41

3.2.3 平滑工具——平滑路径

使用平滑工具在尽可能地保留原始路径的情况下，可删除现有路径或路径某一部分中的多余尖角。选择“平滑工具”，在绘制好的路径上反复涂抹，可以删除路径上多余的拐角，使其变得平滑，如图3-42、图3-43所示。

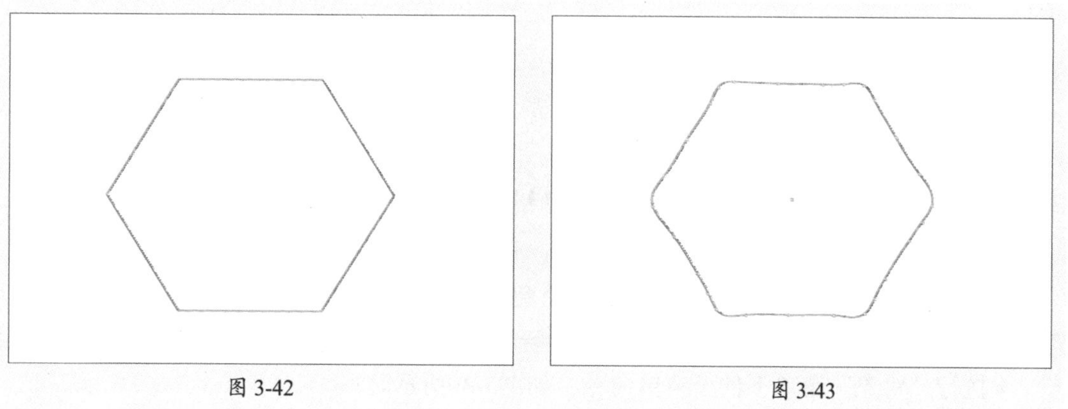

图 3-42　　图 3-43

3.2.4 抹除工具——擦除路径锚点

抹除工具可以在对象中擦除路径的锚点，即可以删除路径中的任意部分。选择“抹除工具”，在绘制好的路径上进行涂抹，可以删除路径上的锚点，如图3-44、图3-45所示。

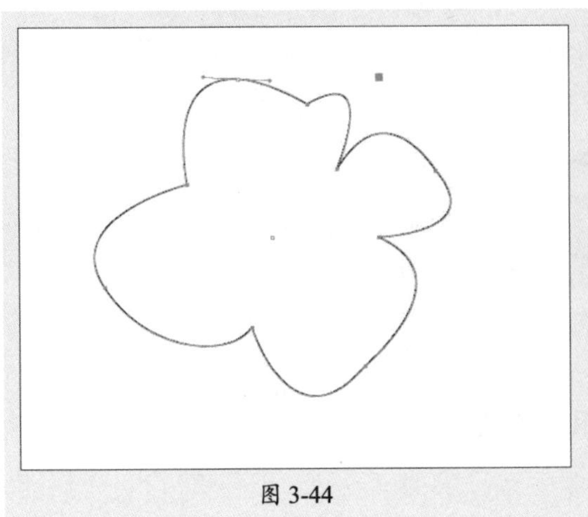

图 3-44

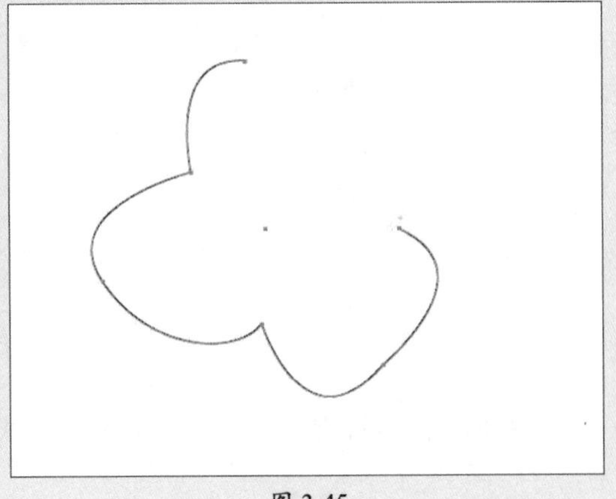

图 3-45

3.2.5 剪刀工具——拆分路径

剪刀工具可以拆分路径。选择路径查看其当前锚点，然后选择“剪刀工具”并单击路径上要进行拆分的位置，如图3-46所示。使用“直接选择工具”调整新锚点或路径段，如图3-47所示。

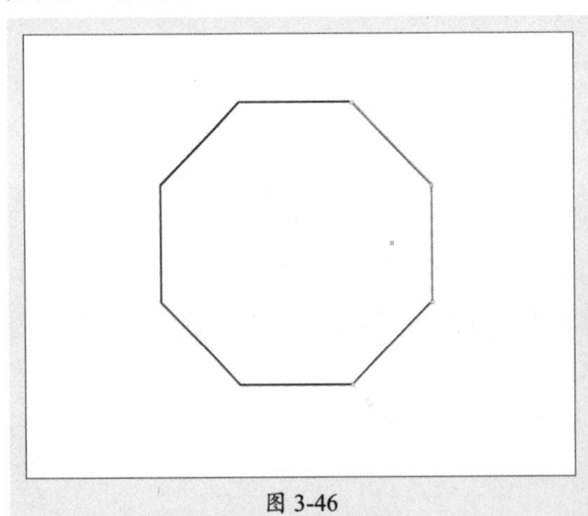

图 3-46

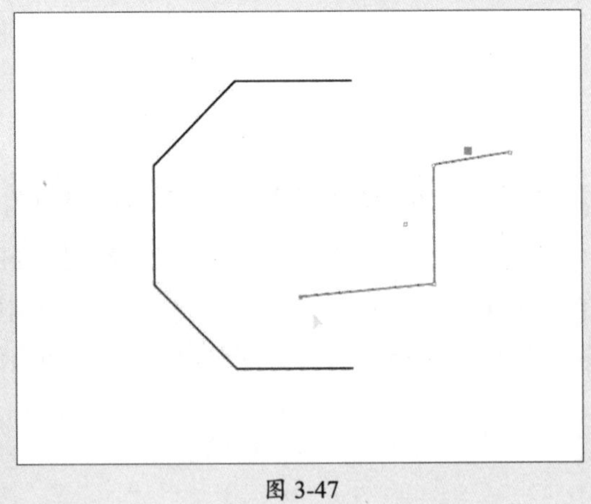

图 3-47

3.2.6 路径查找器——编辑路径

若对路径进行编辑操作或创建复合路径，有两种操作方法。

- 执行“窗口”|“对象和版面”|“路径查找器”命令，弹出“路径查找器”面板，如图3-48所示。
- 执行“对象”菜单下的子菜单命令，如图3-49所示。

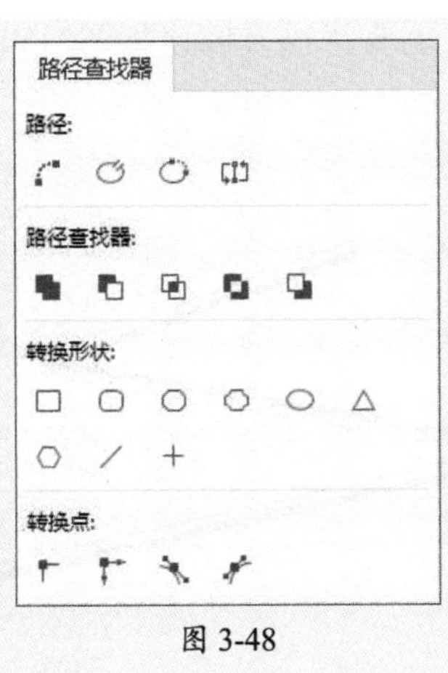

图 3-48

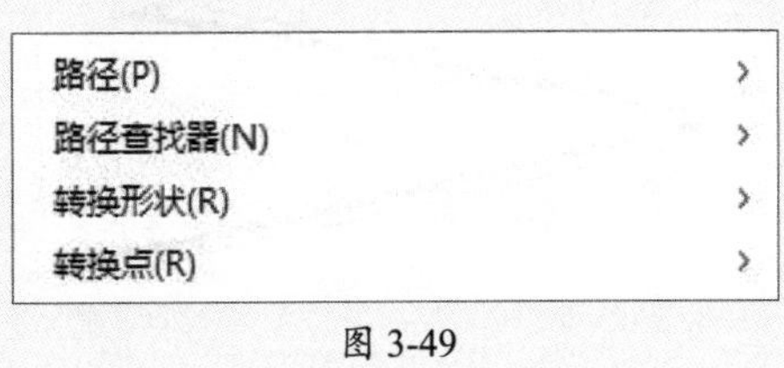

图 3-49

“路径查找器”面板中各选项的功能介绍如下。

1. 路径

在“路径”选项组中，提供了四个与路径相关的编辑按钮。

- **连接路径**：选中两个开放路径，单击此按钮可以连接两个端点，使其变为相同的面或填充相同的属性，如图3-50所示。可多次单击直到闭合路径，如图3-51所示。

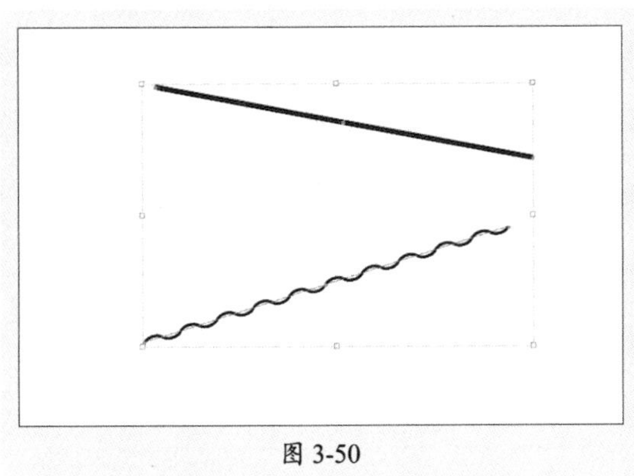

图 3-50

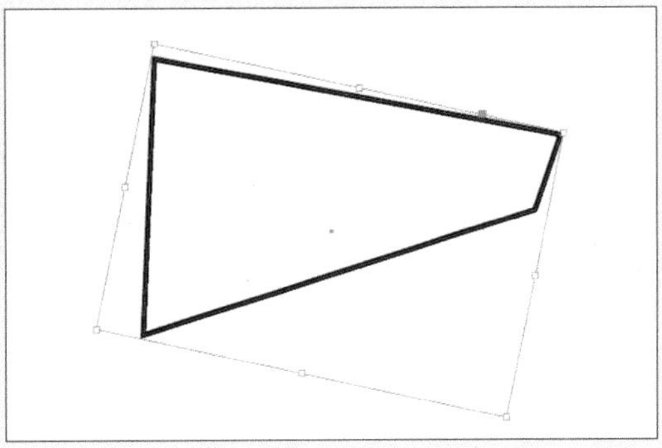

图 3-51

- **开放路径**：选中闭合路径，单击此按钮，可以将封闭路径转换为开放路径。使用“直接选择工具”选中开放处，可自由调整或删除路径，如图3-52所示。
- **封闭路径**：选中开放路径，单击此按钮，可以将开放路径转换为封闭路径，如图3-53所示。

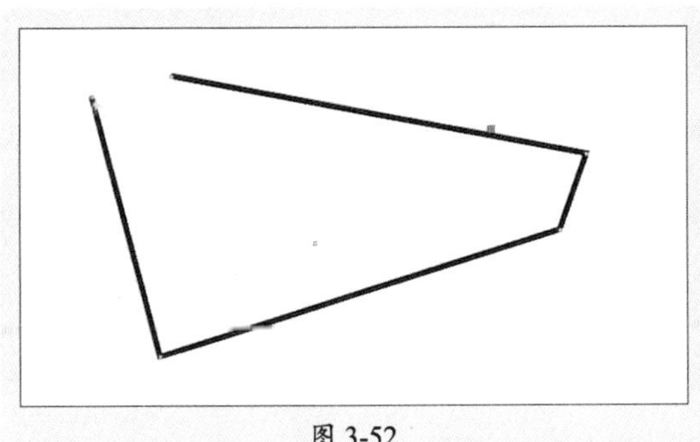

图 3-52

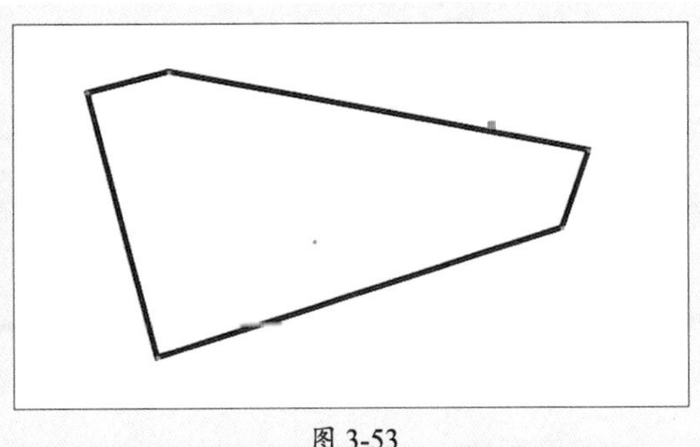

图 3-53

● **反转路径**：选中目标路径，单击此按钮，可以更改路径方向，如图3-54、图3-55所示。

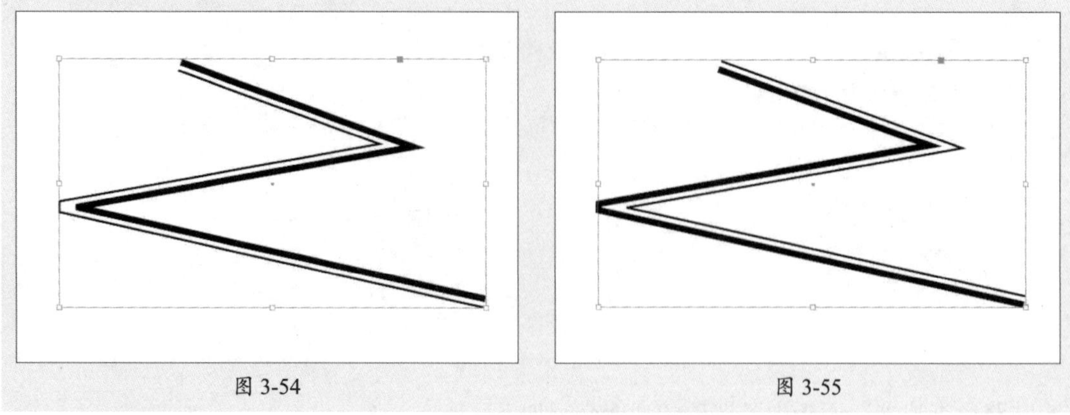
图 3-54　　图 3-55

2. 路径查找器

在"路径查找器"选项组中，可以创建复合形状。

● **相加**：将选中的对象组合成一个形状，如图3-56、图3-57所示。

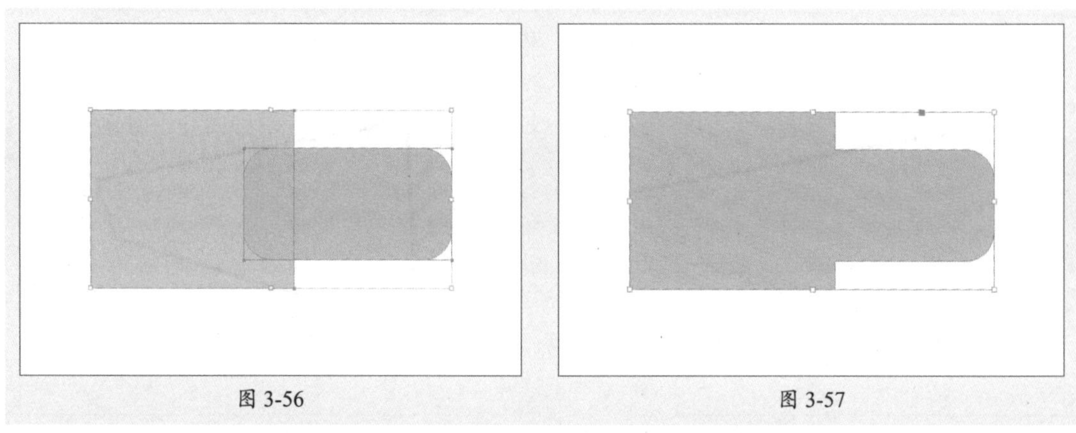
图 3-56　　图 3-57

● **减去**：从最底层的对象中减去最顶层的对象，如图3-58所示。

● **交叉**：从重叠区域创建一个形状，如图3-59所示。

图 3-58　　图 3-59

● **排除重叠**：将选择对象的重叠区域除外，如图3-60所示。

● **减去后方对象**：从最顶层的对象中减去最底层的对象，如图3-61所示。

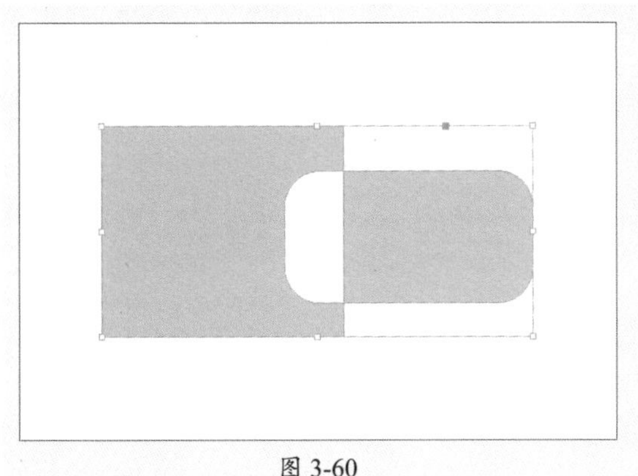
图 3-60

图 3-61

操作提示

大多数情况下，生成的形状采用最顶层对象的属性（填色、描边、透明度、图层等），但在减去形状时，将删除前面的对象，生成的形状改用最底层对象的属性。

3. 转换形状

在“转换形状”选项组中，可以自动更改路径形状。

绘制好一个图形，单击该选项组中的任意一个图标即可将图形转换为相应的形状，如图3-62所示。其中，若图形描边为无，单击“转换为直线”按钮和“将形状转换为垂直或水平直线”按钮则会转换为描边为无的直线，在控制面板可进行描边设置；若图形有描边则默认为描边属性，如图3-63所示。

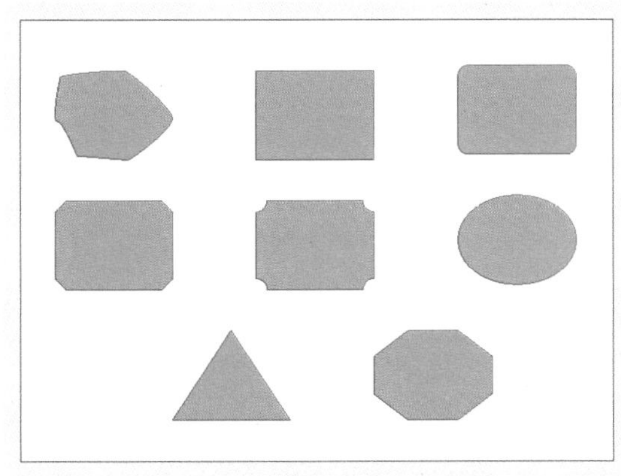
图 3-62

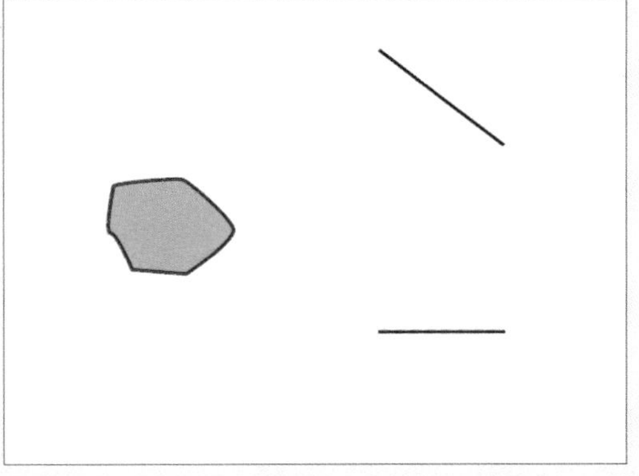
图 3-63

4. 转换点

在“转换点”选项组中可以转换锚点状态。

● **普通**：更改选定的点以便不拥有方向点或方向控制手柄。

● **角点**：更改选定的点以保持独立的方向。

● **平滑**：将选定的点更改为具有连接的方向控制手柄的连续曲线。

● **对称**：将选定的点更改为具有相同长度的方向控制手柄的平滑点。

绘制路径后选择锚点，如图3-64所示，单击“对称”按钮，效果如图3-65所示。

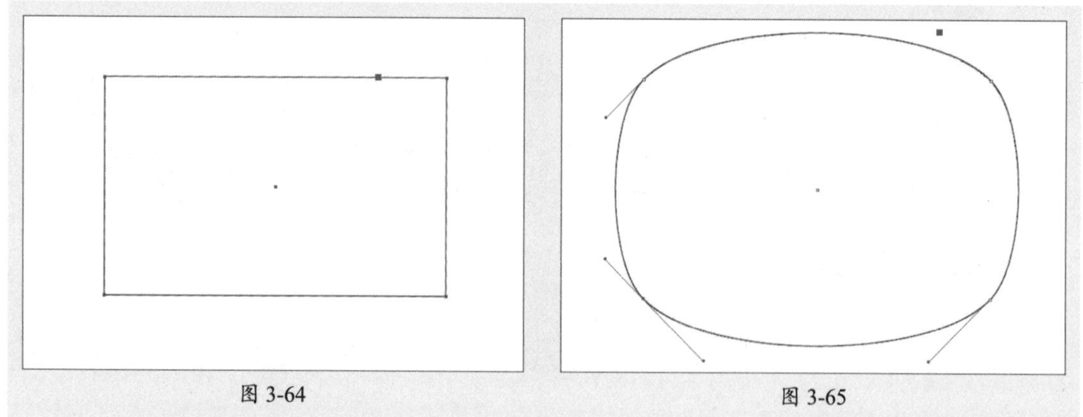

图 3-64　　图 3-65

3.3　颜色与描边的应用

在应用颜色时，可以指定将颜色应用于对象的描边或填色。描边适用于对象的边框或框架，填色适用于对象的背景。

3.3.1　案例解析：制作中式标题框

在学习颜色与描边应用之前，可以跟随以下操作步骤了解并熟悉矩形工具、角选项以及描边和颜色的应用。

步骤 01 选择“矩形工具”绘制矩形，双击“描边”按钮，在弹出的“拾色器”对话框中设置参数，更改描边为3点，如图3-66、图3-67所示。

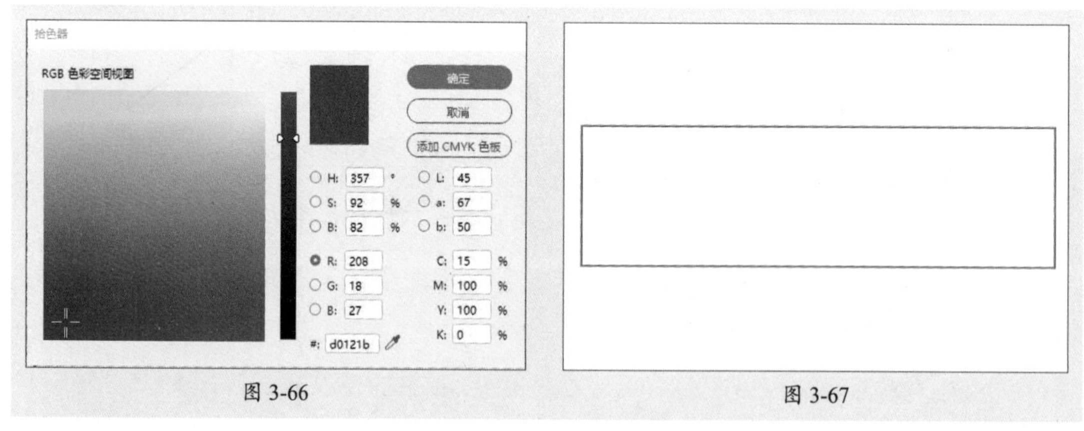

图 3-66　　图 3-67

步骤 02 执行“对象”|“角选项”命令，在弹出的“角选项”对话框中设置参数，如图3-68、图3-69所示。

步骤 03 复制并粘贴形状，按住Shift+Alt组合键从中心等比例缩放，单击“互换填色和描边”按钮，效果如图3-70所示。

步骤 04 执行“对象”|“角选项”命令，在弹出的“角选项”对话框中设置参数，如图3-71所示。

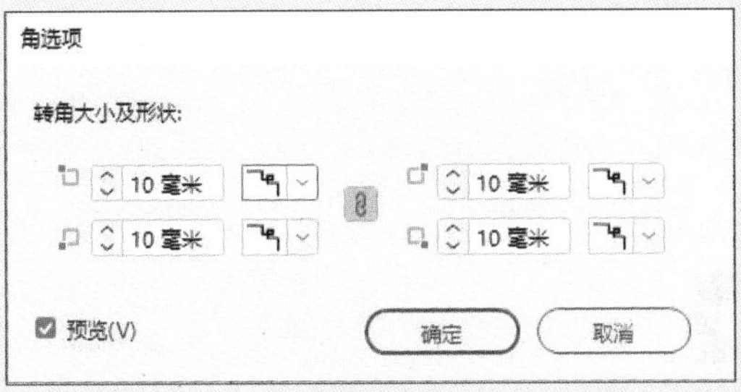

图 3-68

图 3-69

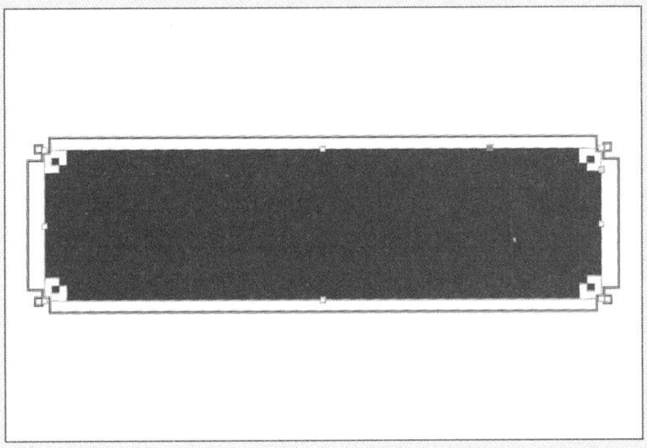

图 3-70

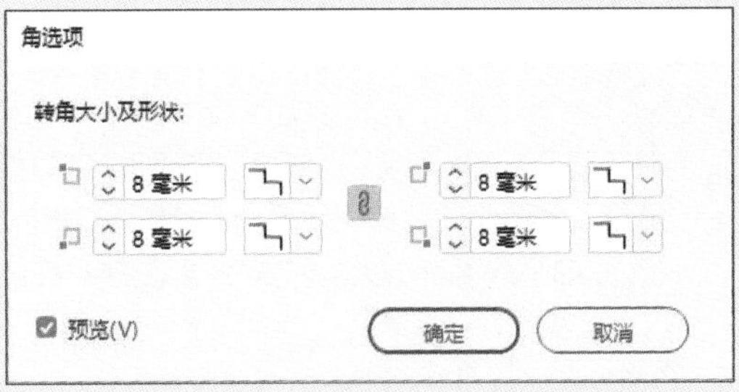

图 3-71

步骤 05 单击“确定”按钮，效果如图3-72所示。

步骤 06 按住Alt键移动复制，可在“角选项”对话框中更改角的形状，如图3-73所示。

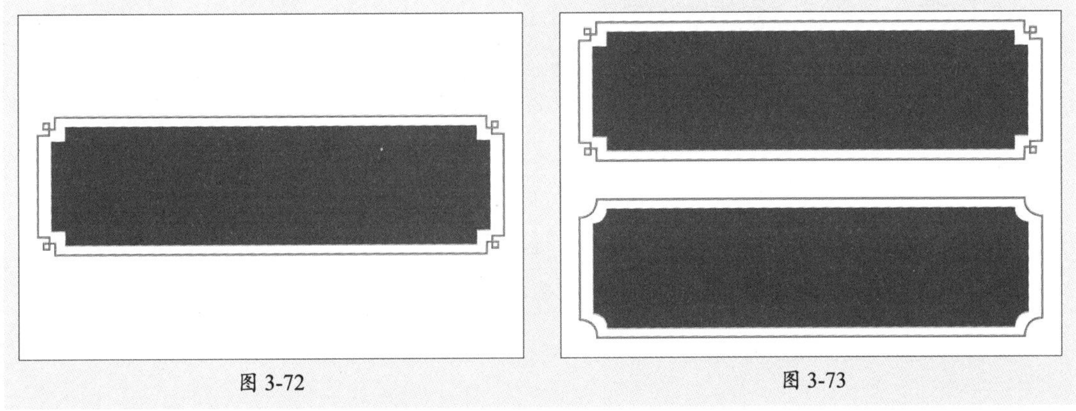

图 3-72

图 3-73

3.3.2 标准颜色控制组件

在工具箱中的标准颜色控制组件中，可以轻松地设置所选图形的填充与描边颜色，如图3-74所示。

该组件中各图标的功能介绍如下。

- **填色■：** 选中图形，双击此按钮，可在弹出的“拾色器”对话框中设置填充颜色。
- **描边□：** 选中图形，双击此按钮，可在弹出的“拾色器”对话框中设置描边颜色。

- **互换填色和描边**：单击此按钮，可以在填色和描边之间互换颜色。
- **默认填色和描边**：单击此按钮，或按D键可恢复默认颜色（白色填色，黑色描边）。
- **应用颜色**■：单击此按钮，应用上次选择的颜色。
- **应用渐变**：单击此按钮，应用上次选择的渐变色。
- **应用无**：单击此按钮，可以删除选定对象的填色或描边。

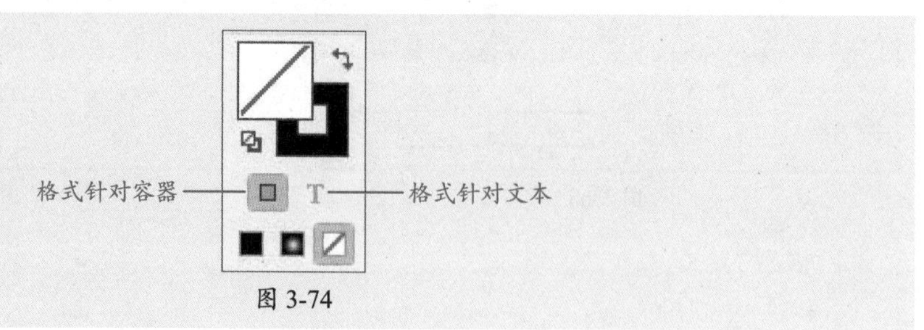

图 3-74

操作提示

使用“拾色器”可以从色域中选择颜色，或以数字方式指定颜色。在工具箱中双击“填色”按钮，弹出“拾色器”对话框，如图3-75所示。要更改“拾色器”中显示的颜色色谱，可以单击字母：R（红色）、G（绿色）、B（蓝色）；或L（亮度）、a（绿色-红色轴）、b（蓝色-黄色轴）。

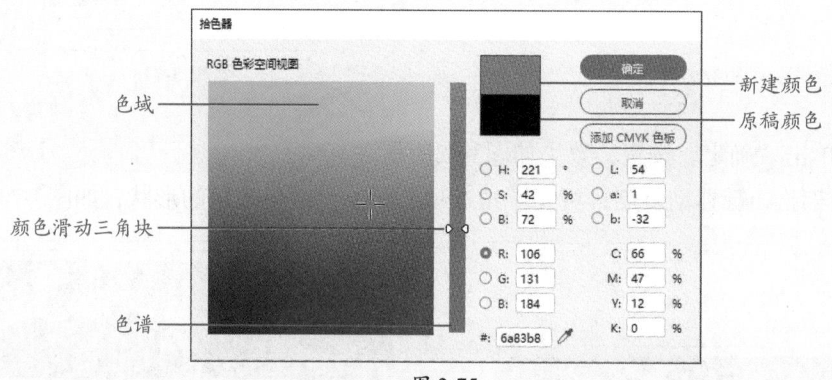

图 3-75

要更改颜色，有以下三种操作方法。

- 在色域内单击或拖动，十字准线指示颜色在色域中的位置。
- 沿颜色色谱拖动三角形颜色滑块，或者在颜色色谱内单击。
- 在文本框中输入值。

3.3.3 吸管工具——吸取与应用颜色

吸管工具可以从InDesign文件的任何对象（包括导入图形）中复制填色和描边属性。双击“吸管工具”，在弹出的“吸管选项”对话框中，可以设置吸管工具复制的属性，如图3-76所示。

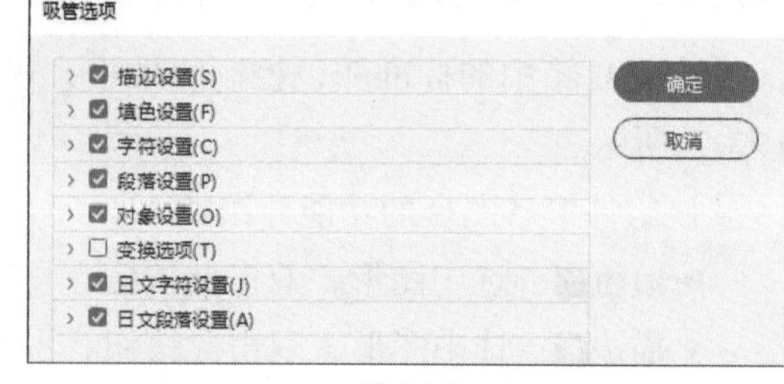

图 3-76

选择需要被赋予的图形后，如图3-77所示，选择“吸管工具”单击目标对象，即可为其添加相同的属性，如图3-78所示。若在吸取颜色的时候按住Shift键，则颜色只应用于描边。

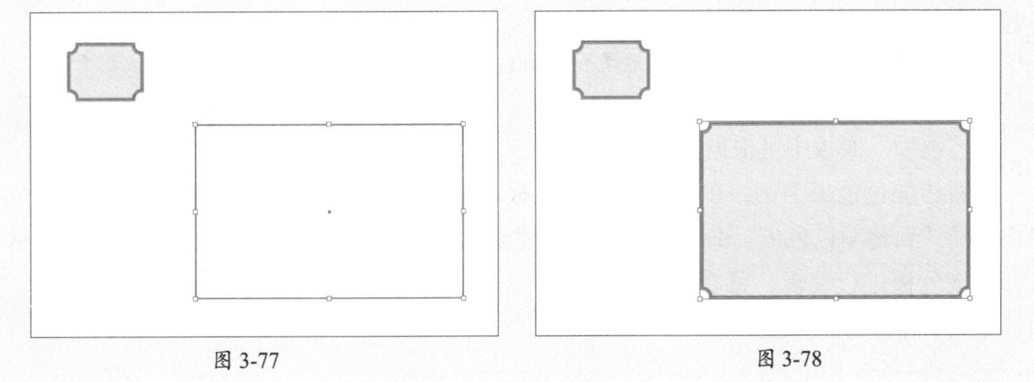

图 3-77　　　　图 3-78

操作提示

用“吸管主题工具”单击页面的任意部分可提取颜色主题，主题由五种颜色组成，单击按钮，在弹出的菜单中可选择彩色、亮、暗、深以及柔色主题选项，如图3-79所示。按Esc键退出已选颜色主题，单击重新吸取颜色。

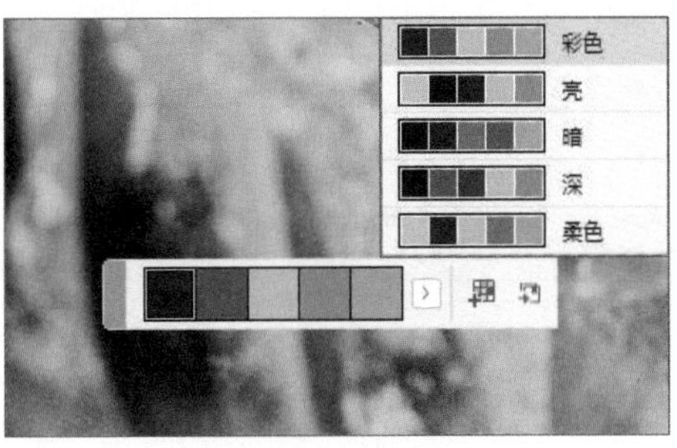

图 3-79

3.3.4 “色板”面板——创建与编辑颜色

在“色板”面板中可以创建和命名颜色、渐变、色调，并将其快速应用。对色板所做的任何改变都将影响该面板包含的所有对象。执行“窗口”|“颜色”|“色板”命令，弹出“色板”面板，如图3-80所示。

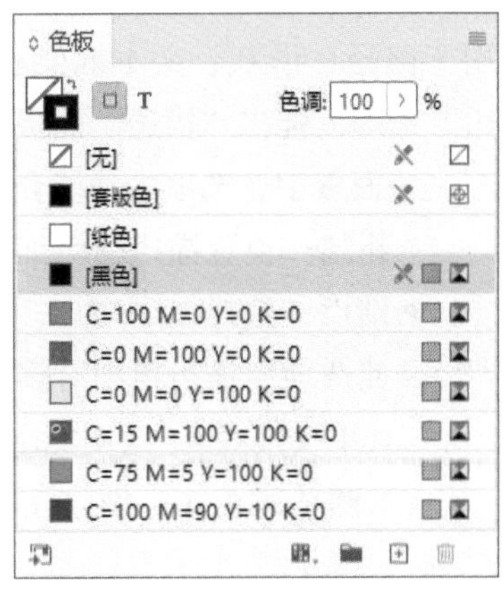

图 3-80

该面板中各选项的功能介绍如下。

- **色调：** 该百分比值用于指示专色或印刷色的色调。
- **套版色：** 使对象可在PostScript打印机的每个分色中进行打印的内建色板。
- **纸色：** 一种内建色板，用于模拟印刷纸张的颜色。纸色对象后面的对象不会印刷纸色对象与其重叠的部分。双击“纸色”可对其进行编辑，使其与纸张类型相匹配。纸色仅用于预览，它不会在复合打印机上打印，也不会通过分色用来印刷。

- **黑色：** 一种内建色板，使用CMYK颜色模型定义的100%印刷黑色。

操作提示

在色板中，色块右侧带有☒标记的，表示不可编辑。

在“色板”面板中可根据需要新建印刷色、专色、色调、渐变色板。

以新建颜色色板为例：单击“色板”面板右上方的“菜单”按钮☰，在弹出的下拉菜单中选择“新建颜色色板”命令，弹出“新建颜色色板”对话框，如图3-81、图3-82所示。若要对该色板进行编辑，可右击鼠标，在弹出的快捷菜单中选择相应命令，例如新建、复制、删除、排序等，如图3-83所示。

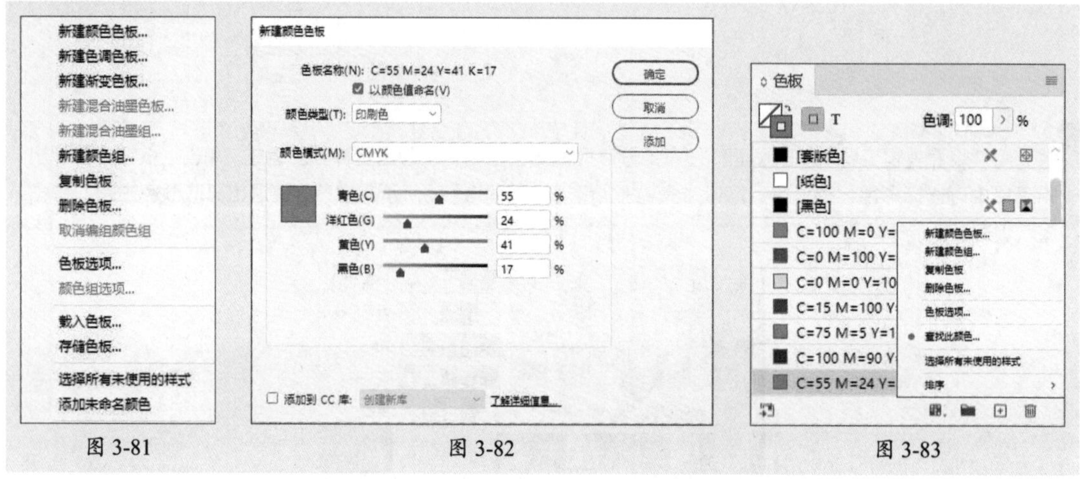

图 3-81　　图 3-82　　图 3-83

操作提示

除了可以在“色板”面板中新建色板外，还可以在“拾色器”对话框中单击创建CMYK、RGB和Lab色板。

3.3.5 “描边”面板——创建与编辑描边

描边颜色是针对路径定义的颜色，可将描边或线条设置应用于路径、形状、文本框架和文本轮廓。执行“窗口”|“描边”命令，弹出“描边”面板，如图3-84所示。

图 3-84

该面板中各选项的功能介绍如下。

- **粗细：** 设置描边的粗细。
- **端点：** 选择一个端点样式以设置开放路径两端的外观。此选项使描边粗细沿路径周围的所有方向均匀扩展。
  - **平头端点**▣**：** 创建邻接（终止于）端点的方形端点。
  - **圆头端点**◖**：** 创建在端点外扩展半个描边宽度的半圆端点。

■ **投射末端**：创建在端点外扩展半个描边宽度的方形端点。

操作提示

路径开放状态下端点显示，封闭路径的端点不显示。端点样式在描边较粗的情况下更易于查看。

- **斜接限制**：设置在斜角连接成为斜面连接之前，相对于描边宽度对拐点长度的限制。
- **连接**：设置角点处描边的外观。
  - **斜接连接**：创建当斜接的长度位于斜接限制范围内时扩展至端点之外的尖角。
  - **圆角连接**：创建在端点之外扩展半个描边宽度的圆角。
  - **斜面连接**：创建与端点邻接的方角。
- **对齐描边**：单击某个图标以指定描边相对于它的路径的位置。
- **类型**：在下拉列表框中选择一个描边类型，如图3-85所示。
- **起始处/结束处**：设置路径的起点和终点，如图3-86、图3-87所示。单击图标可互换箭头起始处和结束处。

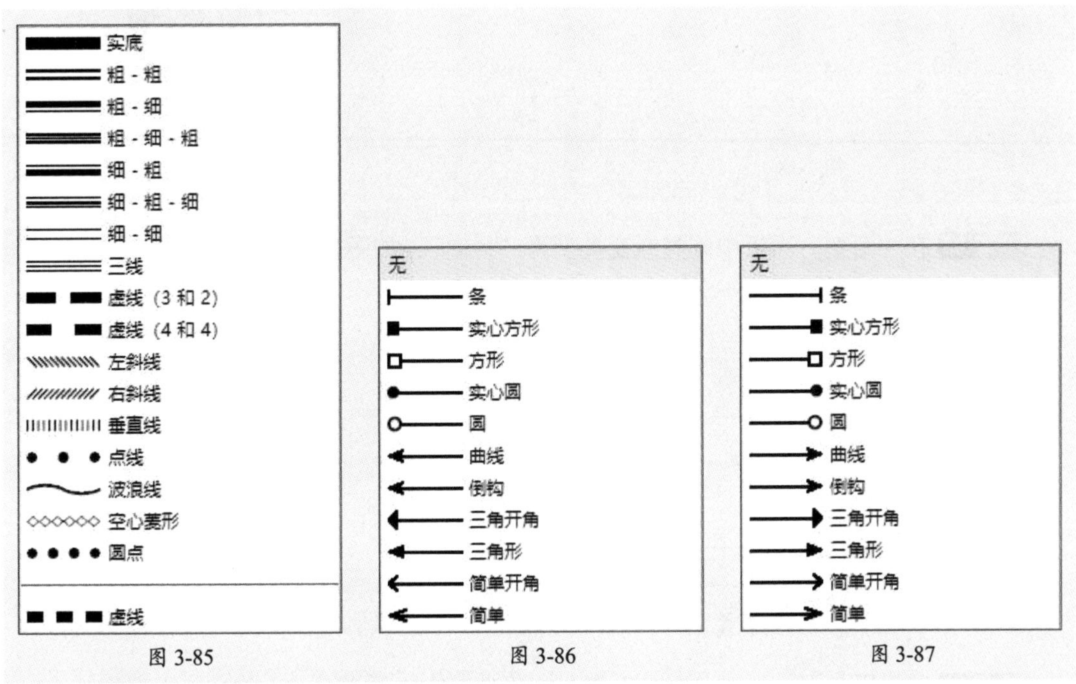

图 3-85　　图 3-86　　图 3-87

- **缩放**：设置起始处和结束处描边的缩放比例。
- **对齐**：调整路径以对齐箭头尖端或终点。"将箭头提示扩展到路径终点外"用于设置扩展箭头笔尖超过路径末端；"将箭头提示置于路径终点处"用于设置在路径末端放置箭头笔尖。
- **间隙颜色**：设置在应用图案描边中的虚线、点线或多条线条之间的间隙中显示的颜色。
- **间隙色调**：设置一个色调（当设置间隙颜色后）。

3.4 渐变编辑应用

渐变是指两种或多种颜色之间或同一颜色的两个色调之间的逐渐混合。本小节将介绍渐变的创建、编辑以及渐变羽化效果的创建。

3.4.1 案例解析：制作弥散圆

在学习渐变编辑应用之前，可以跟随以下操作步骤了解并熟悉，使用椭圆工具、渐变面板、渐变羽化工具制作弥散圆。

步骤 01 选择“椭圆工具”，按住Shift键绘制圆形，如图3-88所示。

步骤 02 单击“互换填色和描边”按钮后单击“应用渐变”按钮，如图3-89所示。

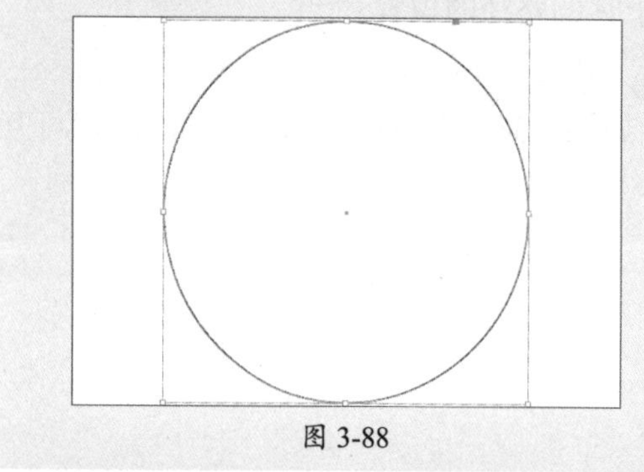

图 3-88

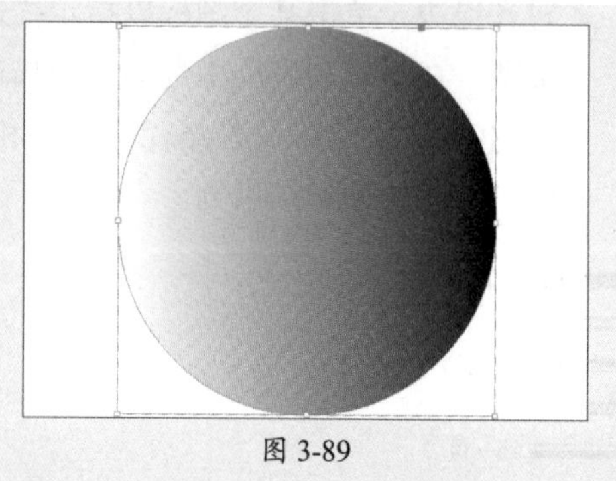

图 3-89

步骤 03 在“渐变”面板中调整渐变类型为“径向”，如图3-90、图3-91所示。

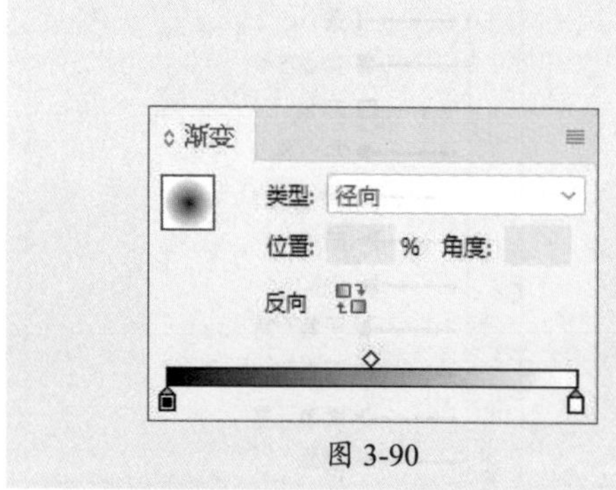

图 3-90

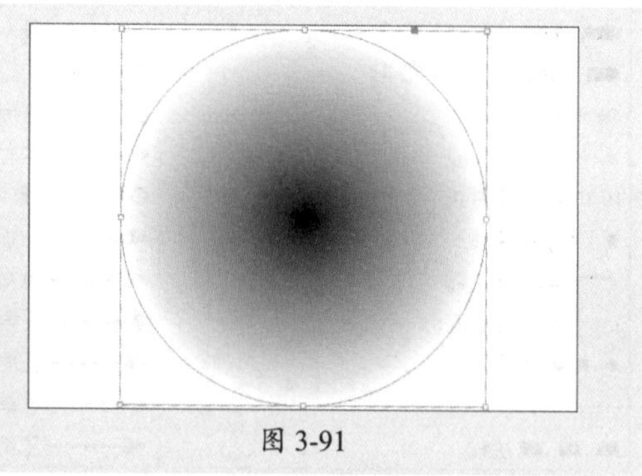

图 3-91

步骤 04 单击黑色图标，在“颜色”面板中设置颜色，如图3-92、图3-93所示。

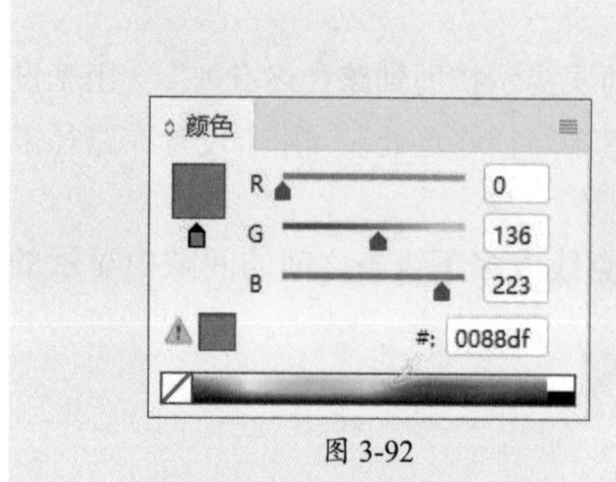

图 3-92

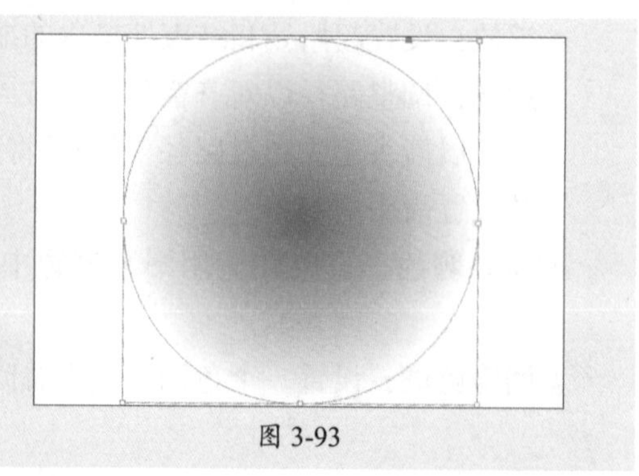

图 3-93

步骤 05 双击“渐变羽化工具”按钮，在弹出的“效果”对话框中设置参数，如图3-94所示。

步骤 06 单击工具栏中的“预览”按钮，查看最终输出显示图稿，如图3-95所示。

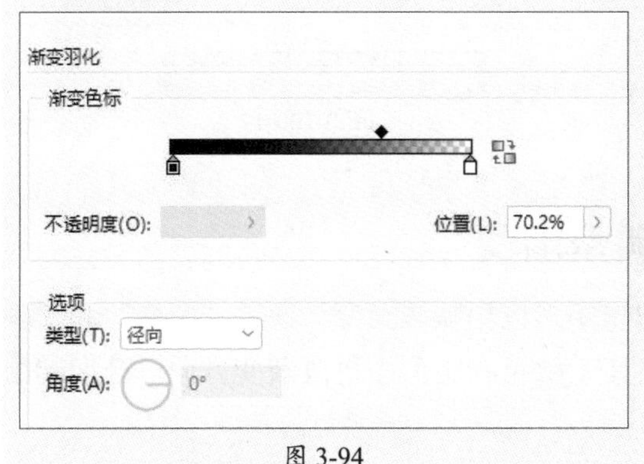

图 3-94

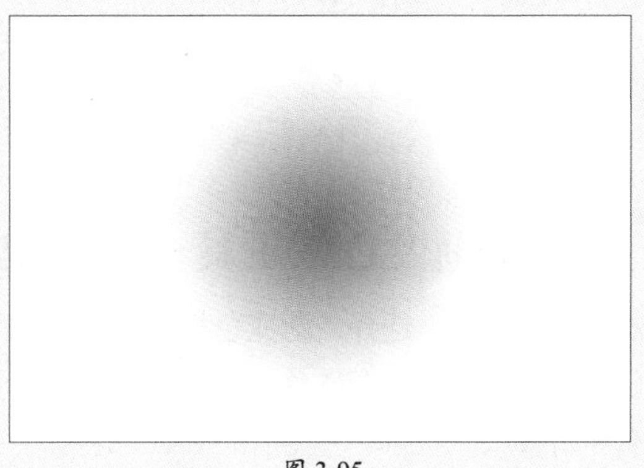

图 3-95

3.4.2 “渐变”“颜色”面板——编辑渐变

“渐变”面板用于设置或调整渐变色，包括渐变类型、角度、渐变颜色等。双击“渐变色板工具”按钮，或执行“窗口”|“颜色”|“渐变”命令，弹出“渐变”面板，如图3-96所示。

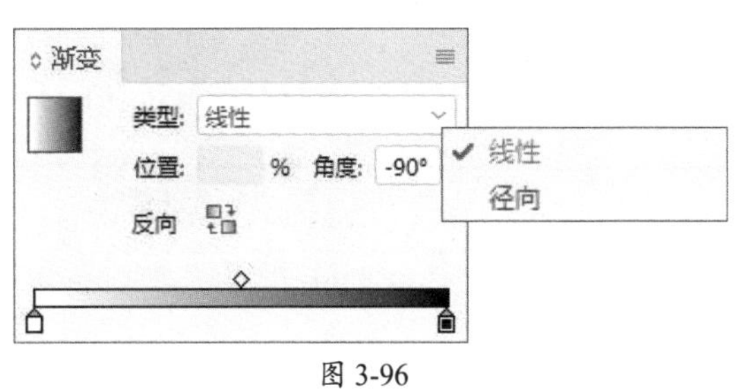

图 3-96

操作提示

在工具箱中的“标准颜色控制组件”中单击按钮可应用渐变。

若要对渐变的颜色进行编辑，可以在“渐变”面板中单击渐变色标，或执行“窗口”|“颜色”|“颜色”命令，在“颜色”面板进行颜色设置，如图3-97、图3-98所示。

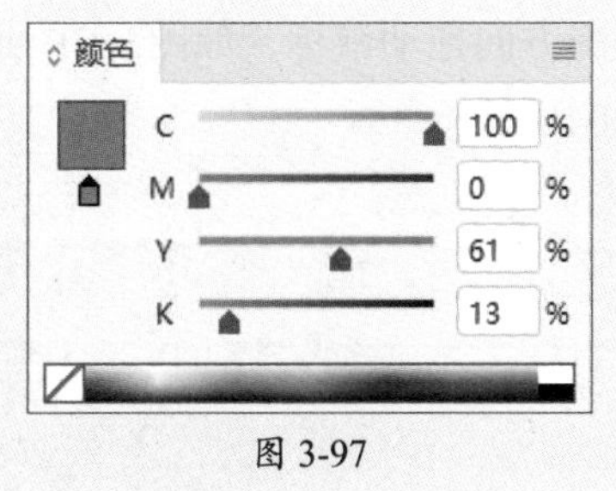

图 3-97

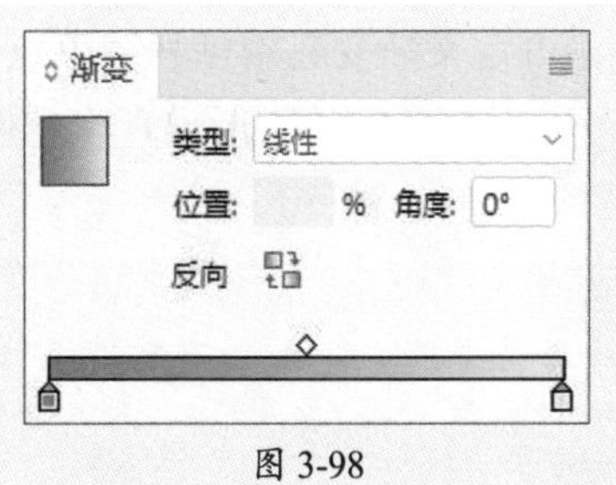

图 3-98

默认的渐变为双色渐变，在渐变颜色带上单击即可添加新的渐变色标，如图3-99所示。若要删除渐变，按住色标向下拖动即可。单击“反向渐变”按钮可更改渐变方向，如图3-100所示。

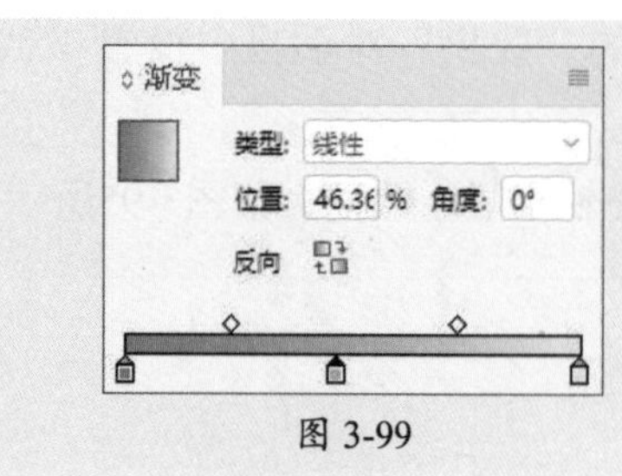

图 3-99

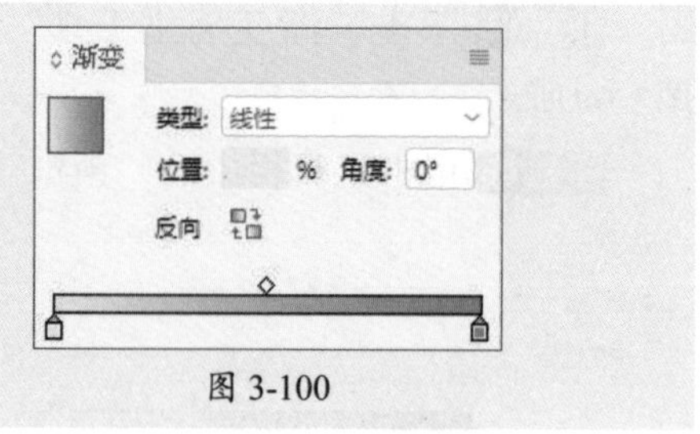

图 3-100

3.4.3 渐变色板工具——创建调整渐变

绘制矩形，选择“渐变色板工具”，单击矩形应用默认渐变。通过“渐变”和“颜色”色板可更改渐变颜色，使用“渐变色板工具”可在矩形中更改渐变方向、渐变起始点和结束点，如图3-101、图3-102所示。

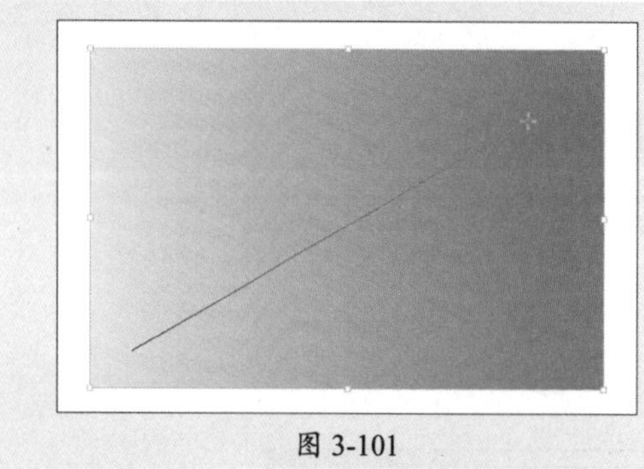
图 3-101

图 3-102

操作提示

使用渐变工具可以跨多个对象应用渐变。如果选择了带渐变的复合路径，则只需使用“渐变”面板即可跨渐变的所有子路径来编辑渐变，而无需使用渐变工具。

3.4.4 渐变羽化工具——创建柔化渐变

使用渐变羽化工具可以将矢量对象或者位图对象渐隐到背景中。选择“渐变羽化工具”，可定义渐变起始点和结束点。沿着应用渐变的方向拖动鼠标，如图3-103所示，释放鼠标可以看到选定的矩形出现半透明效果，如图3-104所示。

图 3-103

图 3-104

操作提示

在“效果”对话框中，可以在“渐变羽化”选项中对渐变效果进行精确设置。

课堂实战 绘制天气图标

本章课堂练习制作天气图标效果，综合运用本章的知识点，以熟练掌握和巩固创建路径形状、拼合图形以及填充描边等操作。下面介绍操作思路。

步骤 01 使用“椭圆工具”绘制大小相等的圆，使用“钢笔工具”绘制矩形并更改路径，如图3-105所示。

步骤 02 选择全部路径形状，在“路径查找器”面板中单击“相加”按钮，如图3-106所示。

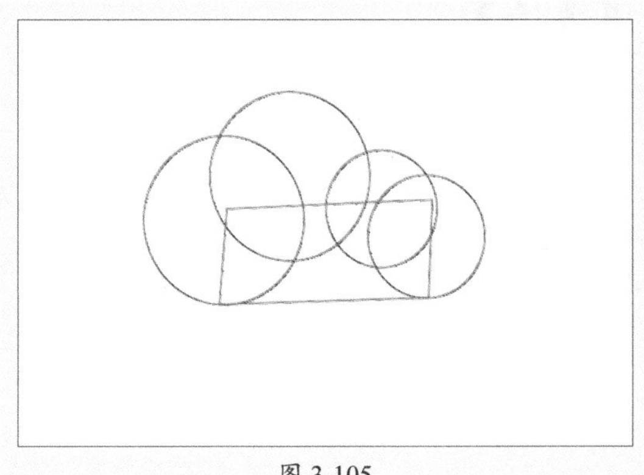

图 3-105

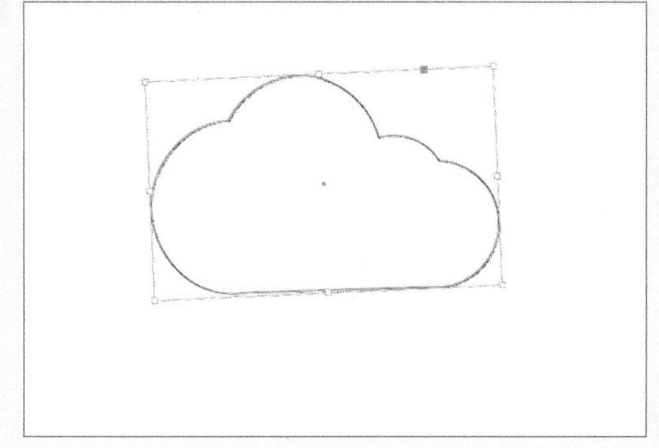

图 3-106

步骤 03 填充颜色和描边，如图3-107所示。

步骤 04 使用“矩形工具”和“钢笔工具”绘制雨滴等装饰效果，如图3-108所示。

图 3-107

图 3-108

课后练习 绘制创意图标

下面将综合使用工具绘制创意图标，效果如图3-109所示。

图 3-109

1. 技术要点

①使用“椭圆工具”“矩形工具”“钢笔工具”绘制正圆、矩形和路径。

②使用“直接选择工具”“剪刀工具”以及“路径查找器”调整路径。

③填充颜色。

2. 分步演示

本案例的分步演示效果如图3-110所示。

图 3-110

拓展赏析

版式设计中图案和纹样的应用

与使用单色填充比起来，使用图案和纹样可以在空间中营造一种氛围，让它看起来更加精彩和有创意，多一些放松，少一些沉闷。几乎所有的物体和表面都可以当成画布，运用图案和纹样在上面进行创作，进而形成一种版式效果。常见的纹样有以下几种。

1. 棋盘式纹样

棋盘纹样可以用来填涂表面，用一种或者多种重复或平铺的集合图形，这些图形既不重复也没有空隙。棋盘式纹样可以周而复始地进行延展，图案部分和空白区域可以进行交替式填补，如图3-111所示。

2. 马赛克纹样

马赛克是一种镶嵌艺术，按一定的规则拼贴出纹样，可以增强其装饰性。马赛克纹样单位面积小，色彩种类繁多，具有百变组合的特性。

3. 装饰纹样

装饰纹样往往是图案中的一部分，有可能重复出现也可能只出现一次，常见的装饰性图案包括几何、花鸟、动物、植物等，如图3-112所示。

图 3-111

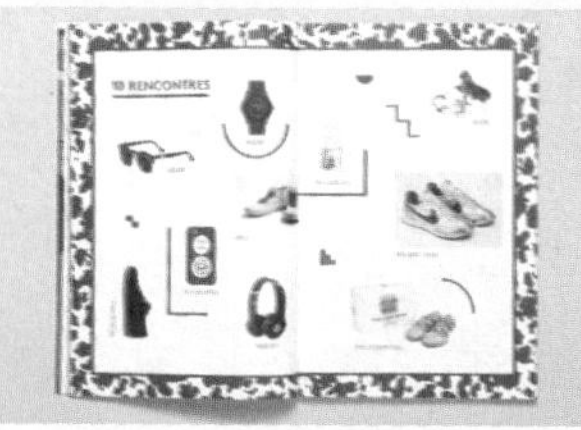

图 3-112

4. 重复纹样

重复纹样是指将相同的图形或者装饰图案不断地继续重复。当距离太近或者相交时，重复纹样便融合成了新的抽象图形，如图3-113所示。

5. 拼贴

拼贴是一种综合采用多种不同图案的技法，常用在杂志中。

6. 蒙太奇照片

蒙太奇照片技法是将多张照片的局部内容进行拼贴，从而创作出另外一种完整图形，这种方法经常用来创作不真实的主题，如图3-114所示。

图 3-113

图 3-114

第4章 文本的创建与编辑

内容导读

本章将对文本的创建与编辑进行讲解，包括使用文字工具、路径文字工具等方式创建文字与段落，使用字符、段落、串接文本以及插入命令等方式编辑文本，使用字符样式、段落样式快速应用字符效果以及转换文本和网格框架等操作。

思维导图

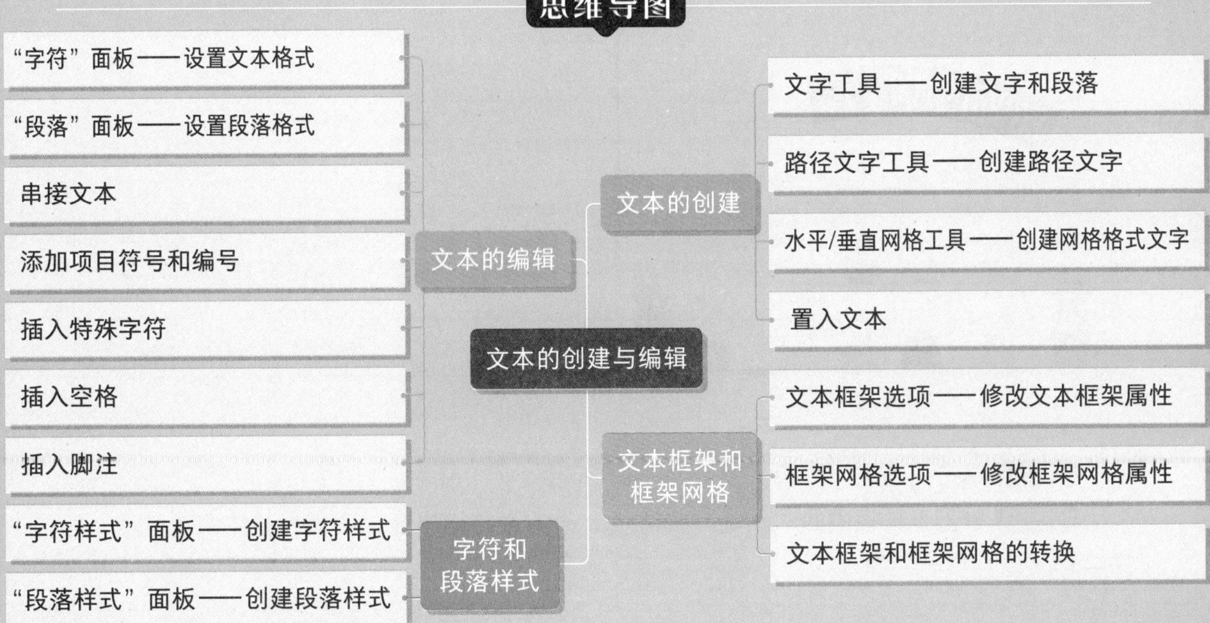

4.1 文本的创建

在InDesign中可以使用文字工具、路径文字工具、水平/垂直网格工具创建文字。执行“置入”命令可快速置入文本。

4.1.1 案例解析：创建阶梯路径文字效果

在学习文本的创建之前，可以跟随以下操作步骤了解并熟悉，使用钢笔工具和路径文字工具创建阶梯路径文字效果。

步骤 01 置入素材，调整显示后按Ctrl+L组合键锁定，如图4-1所示。

步骤 02 选择“钢笔工具”绘制路径，设置描边和填色都为无，如图4-2所示。

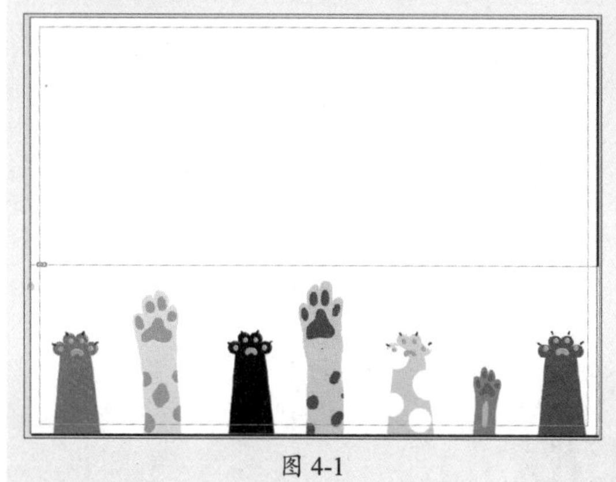

图 4-1

图 4-2

步骤 03 选择“路径文字工具”，将鼠标指针置于路径上单击后输入文字，在控制面板中设置参数，如图4-3所示。

步骤 04 双击“路径文字工具”按钮，在弹出的“路径文字选项”对话框中设置参数，如图4-4所示。

图 4-3

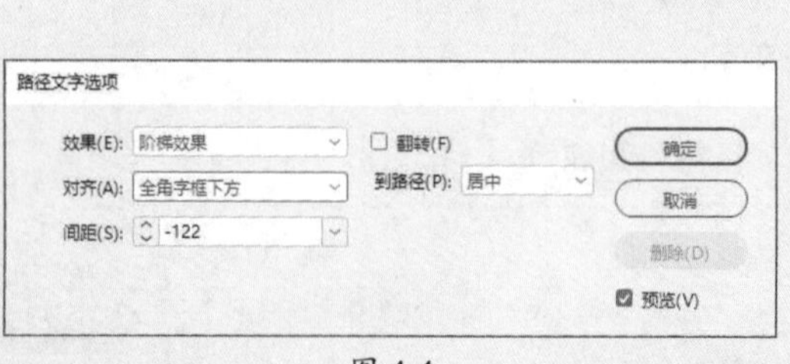

图 4-4

步骤 05 单击“确定”按钮，效果如图4-5所示。

步骤 06 单击工具栏中的“预览”按钮，查看最终输出显示图稿，整体调整显示，如图4-6所示。

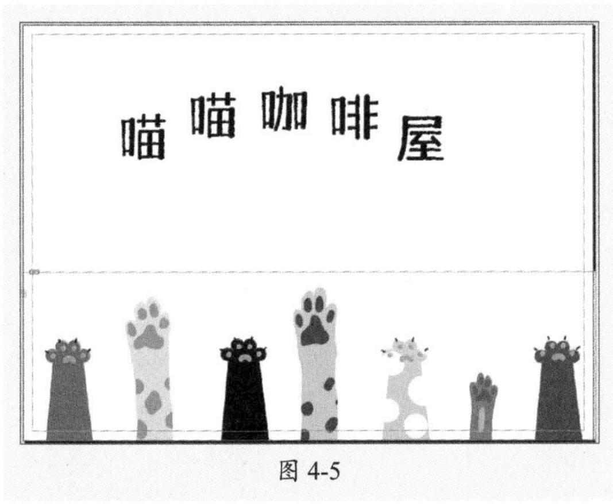

图 4-5

图 4-6

4.1.2 文字工具——创建文字和段落

选择“文字工具”T，当鼠标指针变为文字工具后，按住鼠标左键拖动即可创建文本框，如图4-7所示，在文本框中输入文字即可，如图4-8所示。

图 4-7

图 4-8

使用“直排文字工具”IT输入的文字是由右向左垂直排列的，如图4-9所示。

图 4-9

操作提示

在InDesign中，若要创建文字，必须先使用“文字工具”在页面上拖曳出一个文本框，在文本框中创建文字，直接在页面中不能创建文字。

4.1.3 路径文字工具——创建路径文字

路径文字是指沿着开放或封闭的路径排列的文字。使用“钢笔工具”创建一条路径，选择“路径文字工具”，将鼠标指针置于路径上单击后输入文字，如图4-10、图4-11所示。“垂直路径文字工具”和“路径文字工具”的使用方法一样，区别为文字方向为直排。

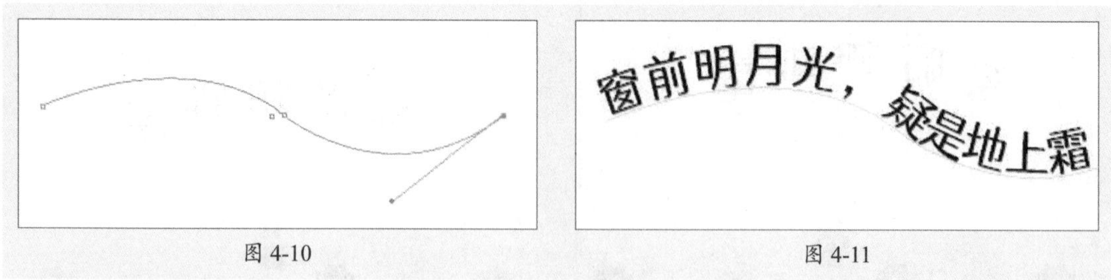

图 4-10　　图 4-11

选择路径文字后，双击“路径文字工具”按钮，在弹出的“路径文字选项”对话框中可更改路径文字效果，如图4-12所示。

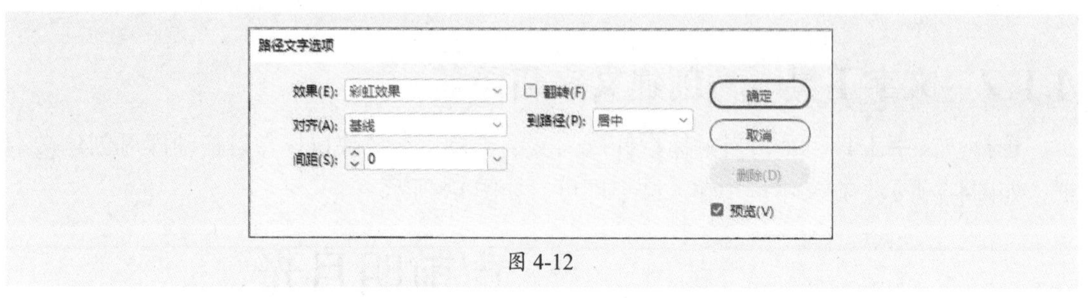

图 4-12

该对话框中各选项的功能介绍如下。

- **效果：**在该下拉列表框中可以选择对路径应用的效果，有“彩虹效果”“倾斜”“3D带状效果”“阶梯效果”“重力效果”。图4-13、图4-14分别为3D带状效果和阶梯效果。

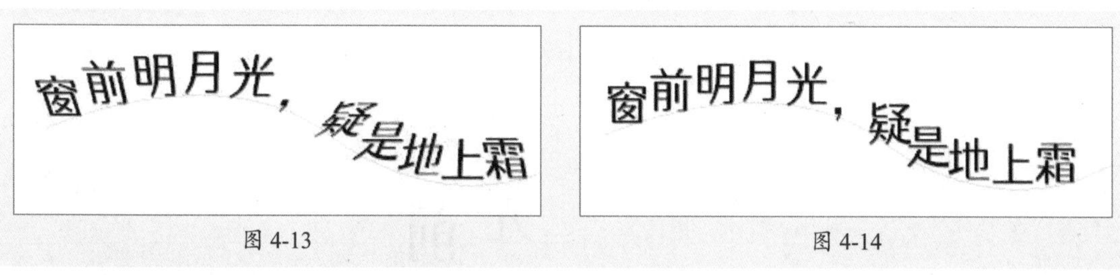

图 4-13　　图 4-14

- **翻转：**勾选此复选框可翻转路径文字。
- **对齐：**指定文字与路径的对齐方式。
- **到路径：**指定文字对于路径描边的对齐位置。
- **间距：**控制路径上位于尖锐曲线或锐角上的字符间的距离。

4.1.4　水平/垂直网格工具——创建网格格式文字

使用网格工具可以很方便地确定字符的大小与其内间距。选择“水平网格工具”或“垂直网格工具”，待鼠标指针发生变化后，在编辑区中单击并拖出文本框即可创建网格格式文字，如图4-15、图4-16所示。

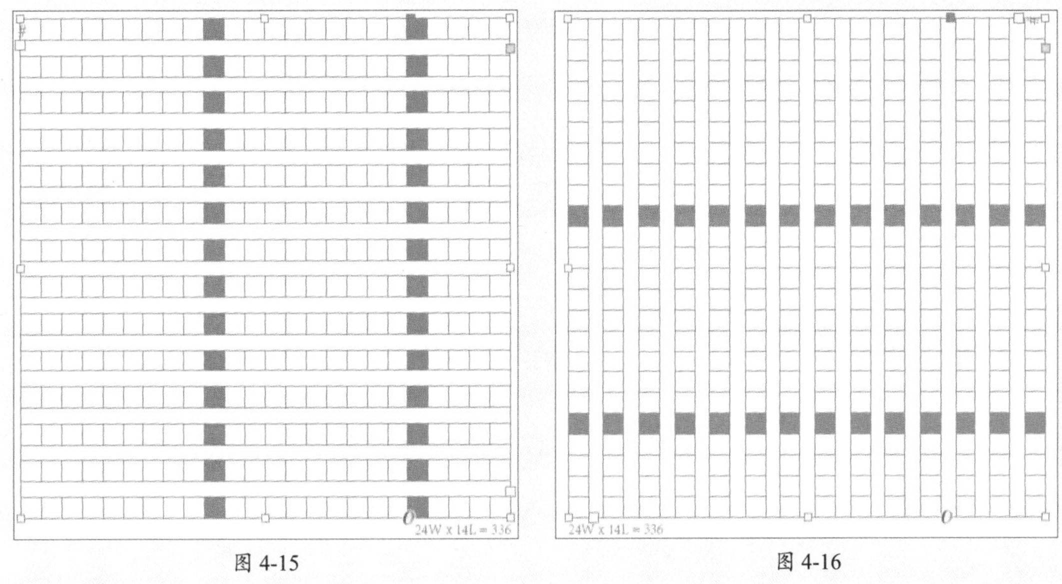

图 4-15　　　　图 4-16

操作提示

使用网格工具的同时按住Shift键可以创建出正方形框架。

4.1.5 置入文本

执行“文件”|“置入”命令或按Ctrl+D组合键，在弹出的“置入”对话框中选择文件，如图4-17所示。

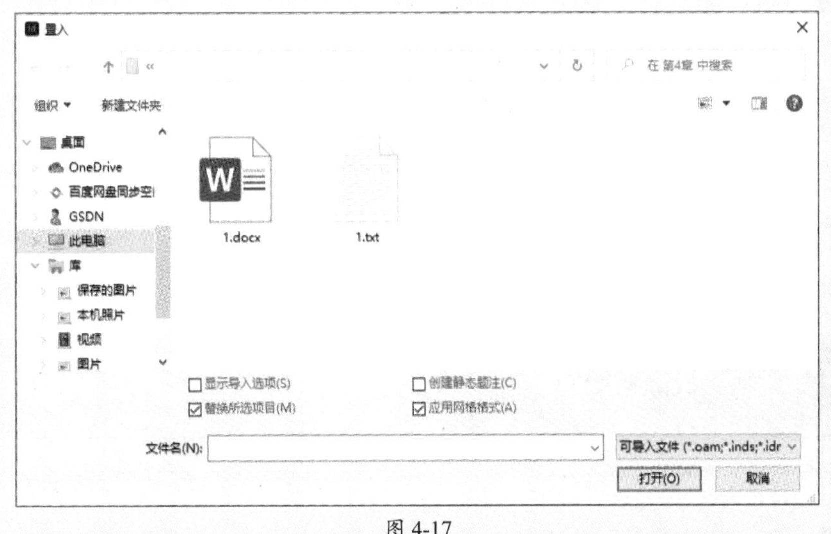

图 4-17

若勾选“应用网格格式”复选框，单击“确定”按钮后，拖动鼠标创建文本，效果如图4-18所示；若取消勾选“应用网格格式”复选框，拖动鼠标创建文本，效果如图4-19所示。

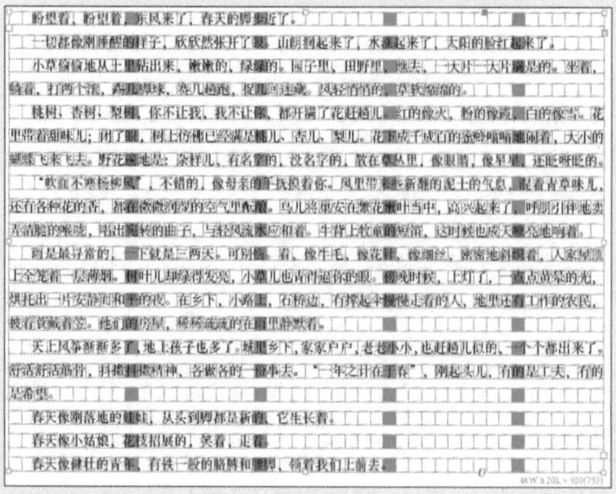

图 4-18

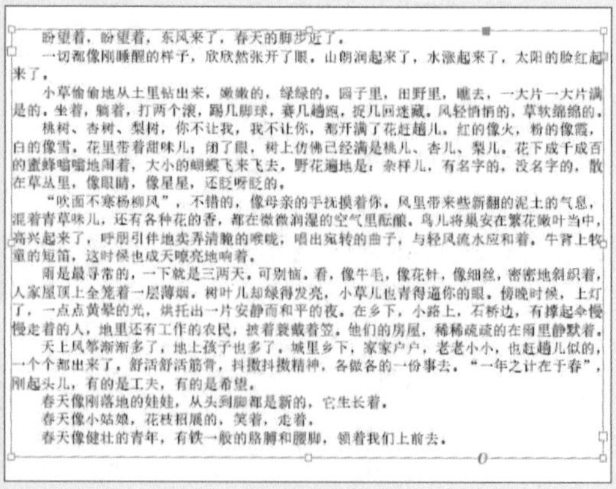

盼望着，盼望着，东风来了，春天的脚步近了。
一切都像刚睡醒的样子，欣欣然张开了眼，山朗润起来了，水涨起来了，太阳的脸红起来了。
小草偷偷地从土里钻出来，嫩嫩的，绿绿的，园子里，田野里，瞧去，一大片一大片满是的，坐着，躺着，打两个滚，踢几脚球，赛几趟跑，捉几回迷藏，风轻悄悄的，草软绵绵的。
桃树、杏树、梨树，你不让我，我不让你，都开满了花赶趟儿。红的像火，粉的像霞，白的像雪，花里带着甜味儿；闭了眼，树上仿佛已经满是桃儿、杏儿、梨儿。花下成千成百的蜜蜂嗡嗡地闹着，大小的蝴蝶飞来飞去。野花遍地是：杂样儿，有名字的，没名字的，散在草丛里，像眼睛，像星星，还眨呀眨的。
“吹面不寒杨柳风”，不错的，像母亲的手抚摸着你。风里带来些新翻的泥土的气息，混着青草味儿，还有各种花的香，都在微微润湿的空气里酝酿。鸟儿将巢安在繁花嫩叶当中，高兴起来了，呼朋引伴地卖弄清脆的喉咙，唱出宛转的曲子，与轻风流水应和着。牛背上牧童的短笛，这时候也成天嘹亮地响着。
雨是最寻常的，一下就是三两天。可别恼。看，像牛毛，像花针，像细丝，密密地斜织着，人家屋顶上全笼着一层薄烟。树叶儿却绿得发亮，小草儿也青得逼你的眼。傍晚时候，上灯了，一点点黄晕的光，烘托出一片安静而和平的夜。在乡下，小路上，石桥边，有撑起伞慢慢走着的人，地里还有工作的农民，披着蓑戴着笠。他们的房屋，稀稀疏疏的在雨里静默着。
天上风筝渐渐多了，地上孩子也多了。城里乡下，家家户户，老老小小，也赶趟儿似的，一个个都出来了。舒活舒活筋骨，抖擞抖擞精神，各做各的一份事去。“一年之计在于春”，刚起头儿，有的是工夫，有的是希望。
春天像刚落地的娃娃，从头到脚都是新的，它生长着。
春天像小姑娘，花枝招展的，笑着，走着。
春天像健壮的青年，有铁一般的胳膊和腰脚，领着我们上前去。

图 4-19

4.2 文本的编辑

在InDesign中可以在字符和段落面板中设置文本格式，串接文本框架，除此之外还可以添加项目符号和编号，插入特殊字符、空格字符以及脚注。

4.2.1 案例解析：制作描边文字效果

在学习编辑文本之前，可以先看看以下案例，即使用文字工具创建文字，在字符面板、控制面板、工具栏中编辑文本。

步骤 01 置入素材，如图4-20所示。

步骤 02 双击“渐变羽化工具”按钮，在弹出的“效果”对话框中设置渐变类型为“径向”，效果如图4-21所示。

图 4-20

图 4-21

步骤 03 选择“文字工具”绘制文本框，输入文字，在“字符”面板中设置参数，如图4-22、图4-23所示。

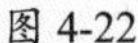

图 4-22

图 4-23

步骤 04 单击工具栏中的“格式针对文本”按钮T，单击“互换填色和描边”按钮，可将填色和描边的颜色进行互换，如图4-24所示。

步骤 05 在控制面板中设置“描边”为2点，如图4-25所示。

图 4-24

图 4-25

步骤 06 选择“文字工具”T绘制文本框，输入文字，在“字符”面板中设置参数，如图4-26、图4-27所示。

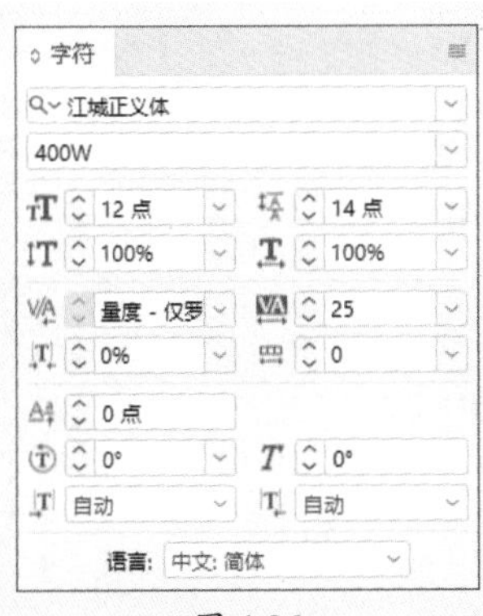

图 4-26

图 4-27

步骤 07 在控制面板中单击段按钮后单击“居中对齐”按钮，如图4-28所示。

步骤 08 单击工具栏中的“预览”按钮，查看最终输出显示图稿，如图4-29所示。

图 4-28

图 4-29

4.2.2 “字符”面板——设置文本格式

文本格式包括字号、字体、字间距、行距等各项属性。在置入文本后，若要对文本进行设置，有以下两种常用的方法。

1. 控制面板

使用“文字工具”选中文字，在控制面板中可对文字参数进行设置，如图4-30所示。

图 4-30

2. 字符面板

执行“窗口”|“文字和表”|“字符”命令，在弹出的“字符”面板中设置文字参数，如图4-31、图4-32所示。

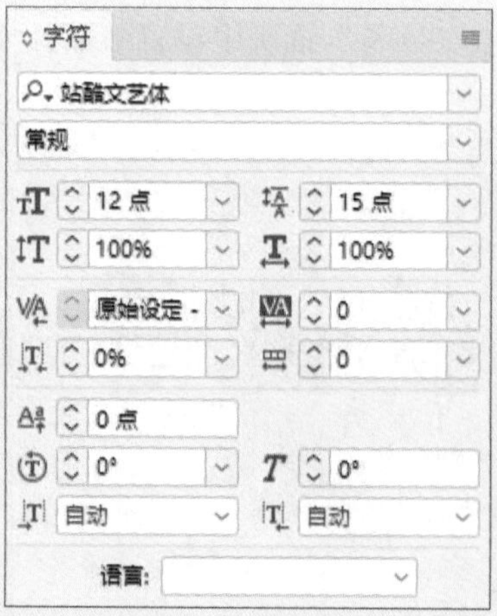

图 4-31

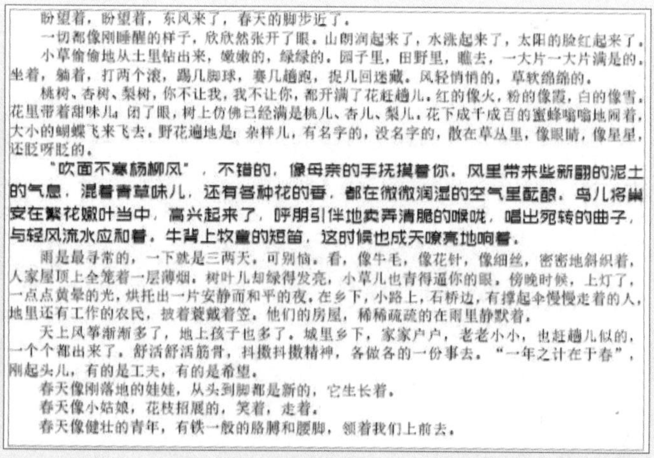

盼望着，盼望着，东风来了，春天的脚步近了。
一切都像刚睡醒的样子，欣欣然张开了眼。山朗润起来了，水涨起来了，太阳的脸红起来了。
小草偷偷地从土里钻出来，嫩嫩的，绿绿的。园子里，田野里，瞧去，一大片一大片满是的。坐着，躺着，打两个滚，踢几脚球，赛几趟跑，捉几回迷藏。风轻悄悄的，草软绵绵的。
桃树、杏树、梨树，你不让我，我不让你，都开满了花赶趟儿。红的像火，粉的像霞，白的像雪。花里带着甜味儿，闭了眼，树上仿佛已经满是桃儿、杏儿、梨儿。花下成千成百的蜜蜂嗡嗡地闹着，大小的蝴蝶飞来飞去。野花遍地是：杂样儿，有名字的，没名字的，散在草丛里，像眼睛，像星星，还眨呀眨的。
“吹面不寒杨柳风”，不错的，像母亲的手抚摸着你。风里带来些新翻的泥土的气息，混着青草味儿，还有各种花的香，都在微微润湿的空气里酝酿。鸟儿将巢安在繁花嫩叶当中，高兴起来了，呼朋引伴地卖弄清脆的喉咙，唱出宛转的曲子，与轻风流水应和着。牛背上牧童的短笛，这时候也成天嘹亮地响着。
雨是最寻常的，一下就是三两天。可别恼。看，像牛毛，像花针，像细丝，密密地斜织着，人家屋顶上全笼着一层薄烟。树叶儿却绿得发亮，小草儿也青得逼你的眼。傍晚时候，上灯了，一点点黄晕的光，烘托出一片安静而和平的夜。在乡下，小路上，石桥边，有撑起伞慢慢走着的人，地里还有工作的农民，披着蓑戴着笠。他们的房屋，稀稀疏疏的在雨里静默着。
天上风筝渐渐多了，地上孩子也多了。城里乡下，家家户户，老老小小，也赶趟儿似的，一个个都出来了。舒活舒活筋骨，抖擞抖擞精神，各做各的一份事去。“一年之计在于春”，刚起头儿，有的是工夫，有的是希望。
春天像刚落地的娃娃，从头到脚都是新的，它生长着。
春天像小姑娘，花枝招展的，笑着，走着。
春天像健壮的青年，有铁一般的胳膊和腰脚，领着我们上前去。

图 4-32

若要对文字的颜色进行设置，可以在控制面板中单击“填色”右侧的三角按钮，在下拉列表框中设置已有色板颜色，如图4-33所示。若要重新设置颜色，可以在工具箱中单击“格式针对文本”按钮，如图4-34所示。双击“填色”按钮，在弹出的“拾色器”对话框中设置颜色。单击“互换填色和描边”按钮，可将填色和描边的颜色进行互换，单击“描边”按钮选中描边，再次双击可对描边的颜色进行设置，如图4-35所示。

图 4-33

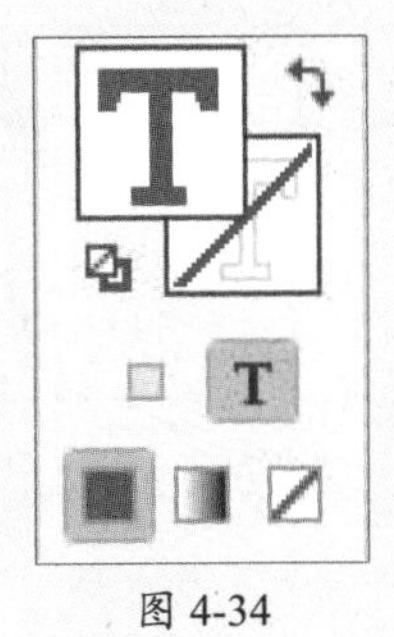

图 4-34

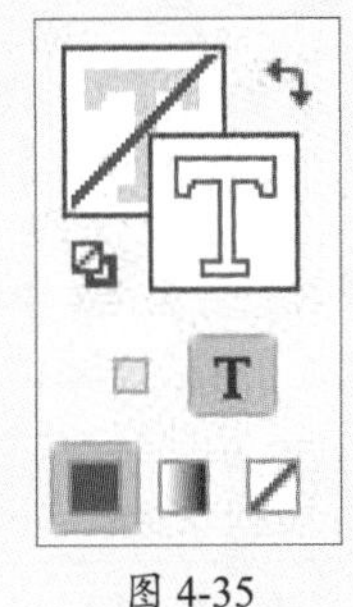

图 4-35

可利用“描边”与“颜色”面板设置文本描边与填充颜色，如图4-36、图4-37所示。

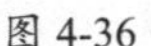

图 4-36

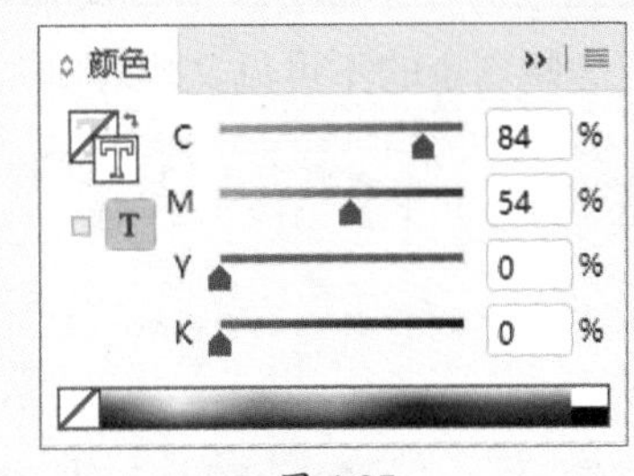

图 4-37

4.2.3 “段落”面板——设置段落格式

设置段落属性是文字排版的基础工作，正文中的段首缩进、文本的对齐方式、标题的控制均需在设置段落文本中实现。设置段落格式有以下两种常用的方法。

1. 控制面板

使用“文字工具”选中文字，在控制面板中单击按钮，可对段落文本参数进行设置，如图4-38所示。

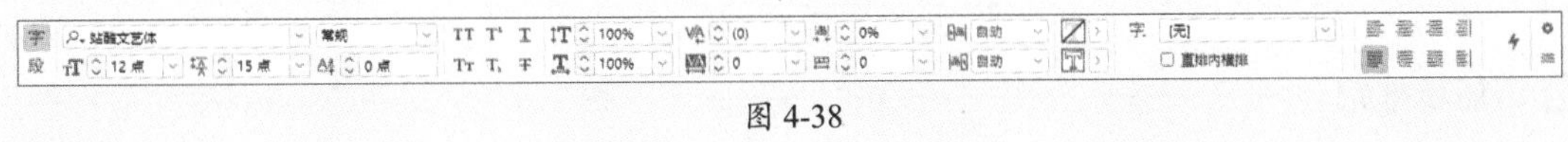

图 4-38

2. 段落面板

执行“窗口”|“文字和表”|“段落”命令，在弹出的“段落”面板中设置文字参数，如图4-39、图4-40所示。

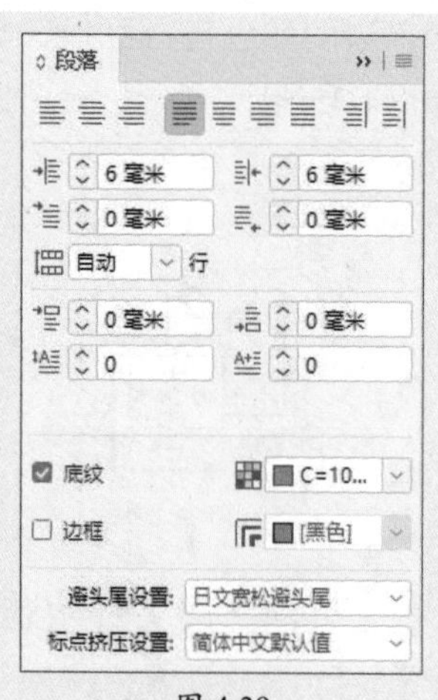

图 4-39

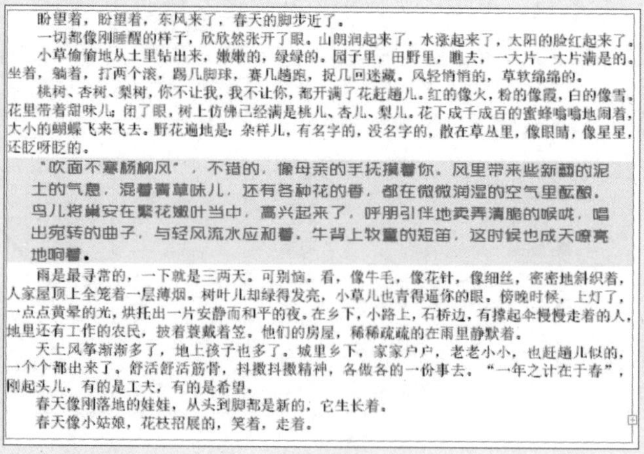

盼望着，盼望着，东风来了，春天的脚步近了。

一切都像刚睡醒的样子，欣欣然张开了眼。山朗润起来了，水涨起来了，太阳的脸红起来了。

小草偷偷地从土里钻出来，嫩嫩的，绿绿的。园子里，田野里，瞧去，一大片一大片满是的。坐着，躺着，打两个滚，踢几脚球，赛几趟跑，捉几回迷藏。风轻悄悄的，草软绵绵的。

桃树、杏树、梨树，你不让我，我不让你，都开满了花赶趟儿。红的像火，粉的像霞，白的像雪。花里带着甜味儿；闭了眼，树上仿佛已经满是桃儿、杏儿、梨儿。花下成千成百的蜜蜂嗡嗡地闹着，大小的蝴蝶飞来飞去。野花遍地是：杂样儿，有名字的，没名字的，散在草丛里，像眼睛，像星星，还眨呀眨的。

“吹面不寒杨柳风”，不错的，像母亲的手抚摸着你。风里带来些新翻的泥土的气息，混着青草味儿，还有各种花的香，都在微微润湿的空气里酝酿。鸟儿将巢安在繁花嫩叶当中，高兴起来了，呼朋引伴地卖弄清脆的喉咙，唱出宛转的曲子，与轻风流水应和着。牛背上牧童的短笛，这时候也成天嘹亮地响着。

雨是最寻常的，一下就是三两天。可别恼。看，像牛毛，像花针，像细丝，密密地斜织着，人家屋顶上全笼着一层薄烟。树叶儿却绿得发亮，小草儿也青得逼你的眼。傍晚时候，上灯了，一点点黄晕的光，烘托出一片安静而和平的夜。在乡下，小路上，石桥边，有撑起伞慢慢走着的人，地里还有工作的农民，披着蓑戴着笠。他们的房屋，稀稀疏疏的在雨里静默着。

天上风筝渐渐多了，地上孩子也多了。城里乡下，家家户户，老老小小，也赶趟儿似的，一个个都出来了。舒活舒活筋骨，抖擞抖擞精神，各做各的一份事去。“一年之计在于春”，刚起头儿，有的是工夫，有的是希望。

春天像刚落地的娃娃，从头到脚都是新的，它生长着。

春天像小姑娘，花枝招展的，笑着，走着。

图 4-40

4.2.4 串接文本

在框架之间连接文本的过程称为串接文本。

每个文本框架都包含一个入口和一个出口，这些端口用来与其他文本框架进行链接。空的入口和出口分别表示文档的开头和结尾。端口中的箭头表示该框架链接到另一框架。出口中的红色加号（⊞）表示该文章中有更多要置入的文本，但没有更多的文本框架可放置文本，这些剩余的不可见文本称为溢流文本，如图4-41所示。

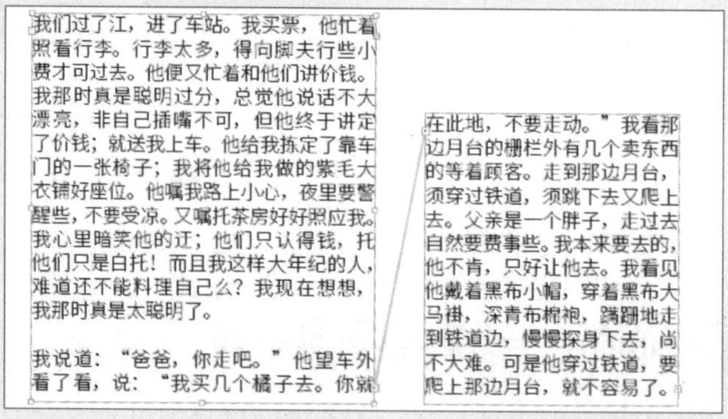

我们过了江，进了车站。我买票，他忙着照看行李。行李太多，得向脚夫行些小费才可过去。他便又忙着和他们讲价钱。我那时真是聪明过分，总觉他说话不大漂亮，非自己插嘴不可，但他终于讲定了价钱；就送我上车。他给我拣定了靠车门的一张椅子；我将他给我做的紫毛大衣铺好座位。他嘱我路上小心，夜里要警醒些，不要受凉。又嘱托茶房好好照应我。我心里暗笑他的迂；他们只认得钱，托他们只是白托！而且我这样大年纪的人，难道还不能料理自己么？我现在想想，我那时真是太聪明了。

我说道：“爸爸，你走吧。”他望车外看了看，说：“我买几个橘子去。你就

在此地，不要走动。”我看那边月台的栅栏外有几个卖东西的等着顾客。走到那边月台，须穿过铁道，须跳下去又爬上去。父亲是一个胖子，走过去自然要费事些。我本来要去的，他不肯，只好让他去。我看见他戴着黑布小帽，穿着黑布大马褂，深青布棉袍，蹒跚地走到铁道边，慢慢探身下去，尚不大难。可是他穿过铁道，要爬上那边月台，就不容易了。

图 4-41

操作提示

执行“视图”|“其他”|“显示文本串接”命令，可以查看串接框架的可视化表示。无论文本框架是否包含文本，都可进行串接。

1. 添加新框架

使用“选择工具”选择一个文本框架，单击入口或出口以载入文本图标，将载入的文本图标放置到希望新文本框架出现的地方，单击或拖动鼠标以创建一个新文本框架。单击入口可在所选框架之前添加一个框架，如图4-42所示；单击出口可在所选框架之后添加一个框架，如图4-43所示。

图 4-42

图 4-43

2. 与已有框架串接

在文档中除了创建的溢流文本框架处，还包含其他框架，可以将其与溢流文本框架进行串接。使用“选择工具”单击文本的入口或出口，载入的文本图标将更改为串接图标，在第二个框架内部单击以将其串接到第一个框架，如图4-44、图4-45所示。

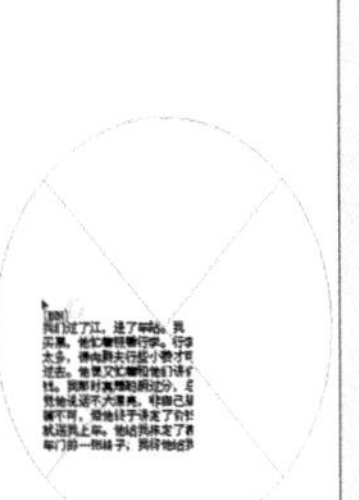

图 4-44

图 4-45

3. 取消串接文本框架

取消串接文本框架时，将断开该框架与串接中的所有后续框架之间的链接。之前显示在这些框架中的文本将成为溢流文本（不会删除文本），所有的后续框架都为空。

在一个由两个框架组成的串接中，单击第一个框架的出口或第二个框架的入口，将载入的文本图标放置到上一个框架或下一个框架之上，以显示取消串接图标，单击要从串接文本中删除的框架即可删除以后的所有串接框架的文本，如图4-46、图4-47所示。

图 4-46

图 4-47

4. 剪切或删除串接文本框架

在剪切或删除文本框架时不会删除文本，文本仍包含在串接中。

（1）从串接文本中剪切框架

可以从串接中剪切框架，然后将其粘贴到其他位置。剪切的框架将使用文本的副本，不会从原文章中移去任何文本。在一次剪切和粘贴一系列串接文本框架时，粘贴的框架将保持彼此之间的链接，但将失去与原文章中任何其他框架的链接。

使用“选择工具”，选择一个或多个框架（按住Shift键并单击可选择多个对象）。执行“编辑”|“剪切”命令或按Ctrl+X组合键，选中的框架将消失，其中包含的所有文本都排列到该文章内的下一个框架中。剪切文章的最后一个框架时，其中的文本存储为上一个框架的溢流文本，如图4-48、图4-49所示。

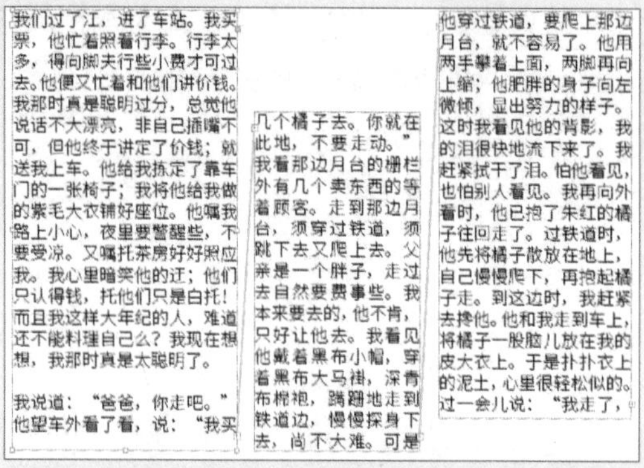

图 4-48

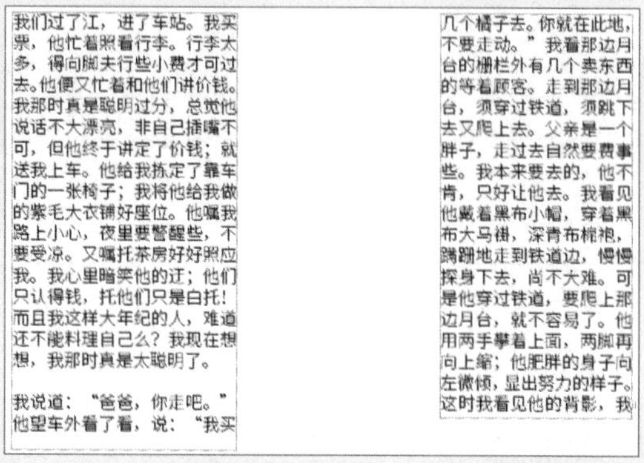

图 4-49

若要在文档的其他位置使用断开链接的框架，可以在希望断开链接的文本页面中，选择“编辑”|“粘贴”命令或按Ctrl+V组合键，如图4-50所示。

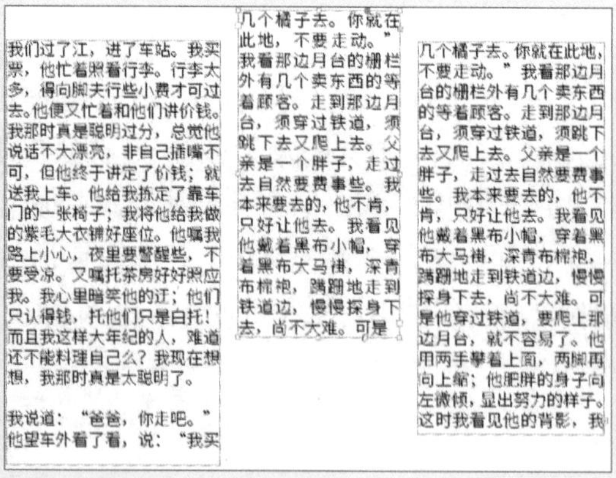

图 4-50

（2）从串接文本中删除框架

当删除串接中的文本框架时，不会删除任何文本，文本将成为溢流文本，或排列到连续的下一个框架中。如果文本框架未链接到其他任何框架，则会删除框架和文本。

选择文本框架，使用“选择工具”单击框架，按Delete 键即可删除框架，如图4-51、图4-52所示。

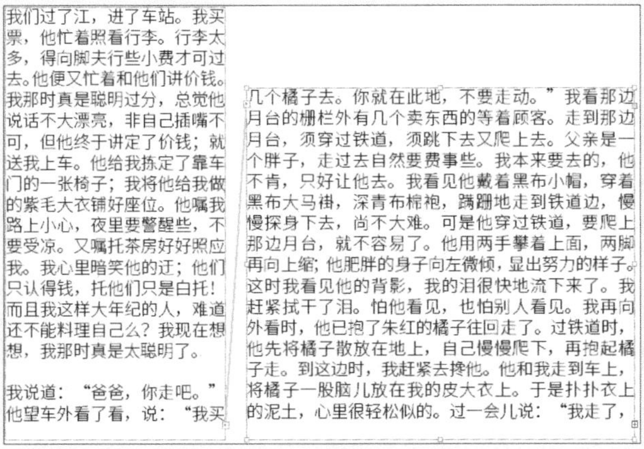

我们过了江，进了车站。我买票，他忙着照看行李。行李太多，得向脚夫行些小费才可过去。他便又忙着和他们讲价钱。我那时真是聪明过分，总觉他说话不大漂亮，非自己插嘴不可，但他终于讲定了价钱；就送我上车。他给我拣定了靠车门的一张椅子；我将他给我做的紫毛大衣铺好座位。他嘱我路上小心，夜里要警醒些，不要受凉。又嘱托茶房好好照应我。我心里暗笑他的迂；他们只认得钱，托他们只是白托！而且我这样大年纪的人，难道还不能料理自己么？我现在想想，我那时真是太聪明了。
我说道："爸爸，你走吧。"他望车外看了看，说："我买
几个橘子去。你就在此地，不要走动。"我看那边月台的栅栏外有几个卖东西的等着顾客。走到那边月台，须穿过铁道，须跳下去又爬上去。父亲是一个胖子，走过去自然要费事些。我本来要去的，他不肯，只好让他去。我看见他戴着黑布小帽，穿着黑布大马褂，深青布棉袍，蹒跚地走到铁道边，慢慢探身下去，尚不大难。可是他穿过铁道，要爬上那边月台，就不容易了。他用两手攀着上面，两脚再向上缩；他肥胖的身子向左微倾，显出努力的样子。这时我看见他的背影，我的泪很快地流下来了。我赶紧拭干了泪。怕他看见，也怕别人看见。我再向外看时，他已抱了朱红的橘子往回走了。过铁道时，他先将橘子散放在地上，自己慢慢爬下，再抱起橘子走。到这边时，我赶紧去搀他。他和我走到车上，将橘子一股脑儿放在我的皮大衣上。于是扑扑衣上的泥土，心里很轻松似的。过一会儿说："我走了，

图 4-51

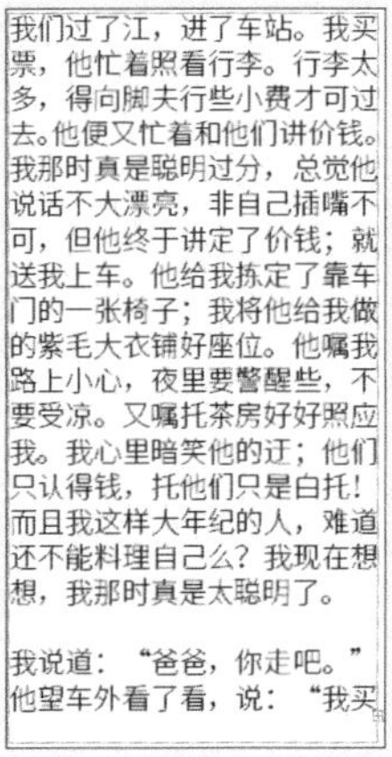

我们过了江，进了车站。我买票，他忙着照看行李。行李太多，得向脚夫行些小费才可过去。他便又忙着和他们讲价钱。我那时真是聪明过分，总觉他说话不大漂亮，非自己插嘴不可，但他终于讲定了价钱；就送我上车。他给我拣定了靠车门的一张椅子；我将他给我做的紫毛大衣铺好座位。他嘱我路上小心，夜里要警醒些，不要受凉。又嘱托茶房好好照应我。我心里暗笑他的迂；他们只认得钱，托他们只是白托！而且我这样大年纪的人，难道还不能料理自己么？我现在想想，我那时真是太聪明了。
我说道："爸爸，你走吧。"他望车外看了看，说："我买

图 4-52

4.2.5 添加项目符号和编号

项目符号是指为每一段添加的符号。编号是指为每一段添加的序号。如果向添加了编号列表的段落中添加段落或从中移去段落，则其中的编号会自动更新。

1. 项目符号

选择需要添加项目符号的段落，在"段落"面板中单击"菜单"按钮，在弹出的下拉菜单中选择"项目符号和编号"命令。打开"项目符号和编号"对话框，单击"列表类型"的下拉三角按钮，在弹出的下拉列表中选择"项目符号"选项，如图4-53所示。在"项目符号字符"选项组中选择需要添加的符号，单击"确定"按钮，即可更改项目符号。

项目符号和编号
列表类型(L): 项目符号
列表(S): [默认]
级别(E): 1
项目符号字符
添加(A)...
删除(D)
此后的文本(T): ^t
字符样式(C): [无]
项目符号或编号位置
对齐方式(G): 左
左缩进(I): 0 毫米
首行缩进(R): 0 毫米
制表符位置(B): 12.7 毫米
预览(P)
确定
取消

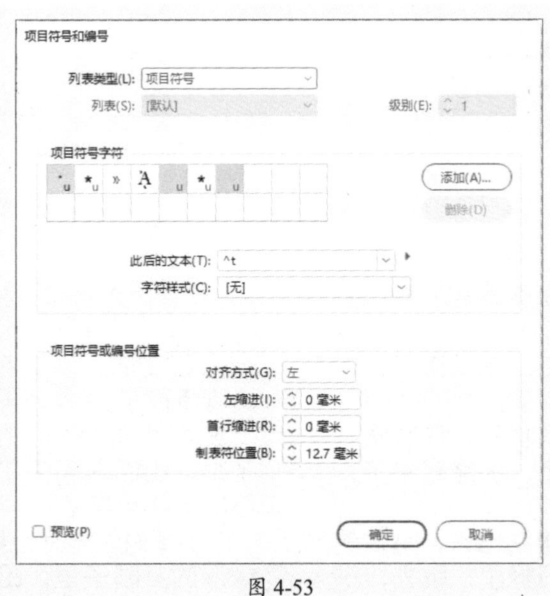

图 4-53

2. 编号

在"项目符号和编号"对话框中的"列表类型"下拉列表中选择"编号"选项，可以为选择的段落添加编号，如图4-54所示。

项目符号和编号
列表类型(L): 编号
列表(S): [默认]
级别(E): 1
编号样式
格式(F): 1, 2, 3, 4...
编号(N): ^#.^t
字符样式(C): [无]
模式(M): 从上一个编号继续
此后在此级别处重新开始编号(T): 任何上一级别
项目符号或编号位置
对齐方式(G): 左
左缩进(I): 0 毫米
首行缩进(R): 0 毫米
制表符位置(B): 12.7 毫米
预览(P)
确定
取消
无
1, 2, 3, 4...
01,02,03...
I, II, III, IV...
i, ii, iii, iv...
A, B, C, D...
a, b, c, d...
001,002,003...
0001,0002,0003...
一、二、三、四...
(一)、(二)、(三)、(四)...
①、②、③、④...
甲、乙、丙、丁...
子、丑、寅、卯...

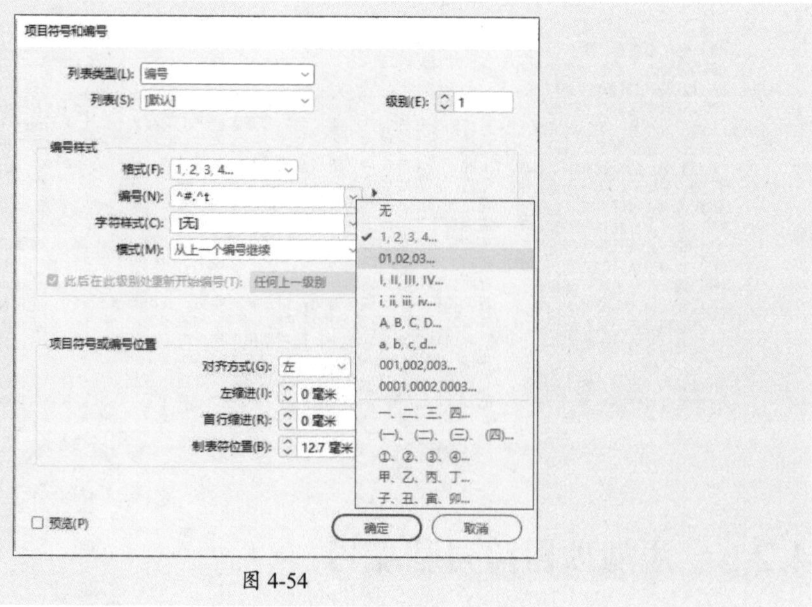

图 4-54

4.2.6 插入特殊字符

选择“文字工具”，在要插入字符的地方单击，执行“文字”|“插入特殊字符”命令，或者右击鼠标，在弹出的快捷菜单中选择“插入特殊字符”命令，在子菜单中选择所要插入的符号选项即可，如图4-55所示。

插入特殊字符(S)
插入空格(W)
插入分隔符(K)
用假字填充(I)
给文本添加标签
符号(S)
标志符(M)
连字符和破折号(H)
引号(Q)
其他(O)

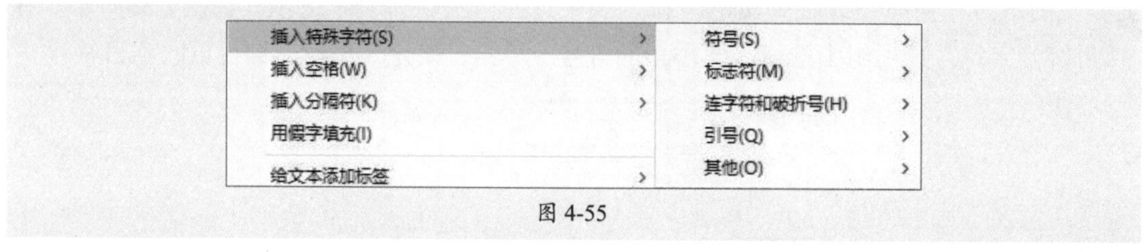

图 4-55

例如，执行“文字”|“插入特殊字符”|“符号”|“版权符号”命令，即可插入版权符号，如图4-56所示；执行“文字”|“插入特殊字符”|“引号”|“指引双引号”命令，即可插入指引双引号，如图4-57所示。

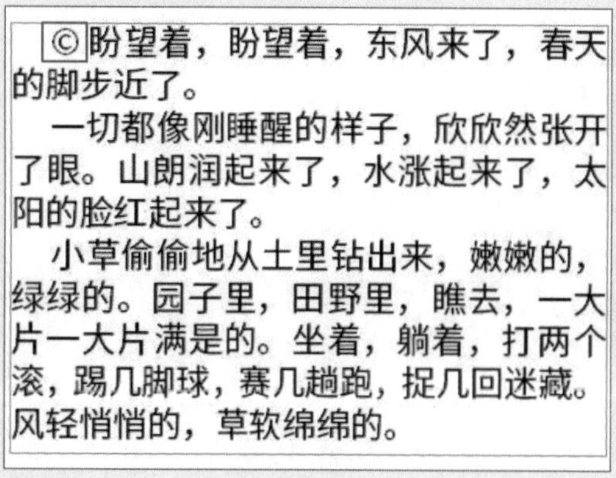

©盼望着，盼望着，东风来了，春天的脚步近了。
一切都像刚睡醒的样子，欣欣然张开了眼。山朗润起来了，水涨起来了，太阳的脸红起来了。
小草偷偷地从土里钻出来，嫩嫩的，绿绿的。园子里，田野里，瞧去，一大片一大片满是的。坐着，躺着，打两个滚，踢几脚球，赛几趟跑，捉几回迷藏。风轻悄悄的，草软绵绵的。

图 4-56

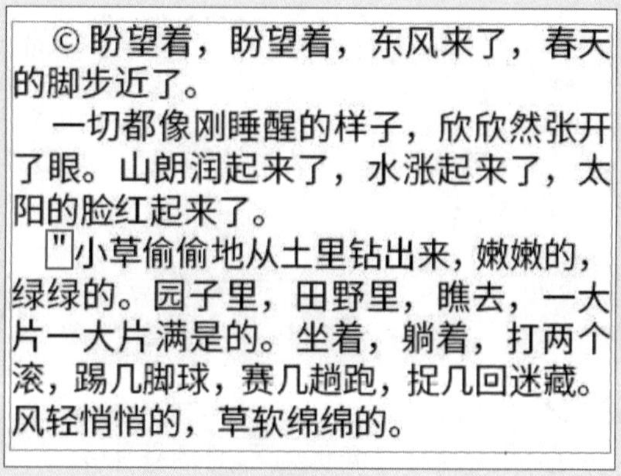

© 盼望着，盼望着，东风来了，春天的脚步近了。
一切都像刚睡醒的样子，欣欣然张开了眼。山朗润起来了，水涨起来了，太阳的脸红起来了。
"小草偷偷地从土里钻出来，嫩嫩的，绿绿的。园子里，田野里，瞧去，一大片一大片满是的。坐着，躺着，打两个滚，踢几脚球，赛几趟跑，捉几回迷藏。风轻悄悄的，草软绵绵的。

图 4-57

4.2.7 插入空格

在文本中插入不同的空格字符可以实现不同的效果。选择“文字工具”，将鼠标指针定位在要插入空格字符的位置，执行“文字”|“插入空格”命令，或者右击鼠标，在弹出的快捷菜单中选择“插入空格字符”命令，在子菜单中选择所需的空格字符选项即可，如图4-58所示。

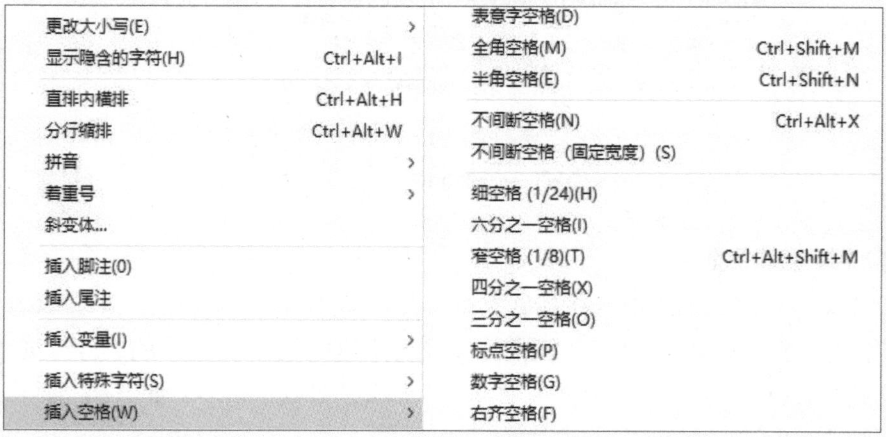

菜单	快捷键	子菜单	快捷键
更改大小写(E)	>	表意字空格(D)	
显示隐含的字符(H)	Ctrl+Alt+I	全角空格(M)	Ctrl+Shift+M
直排内横排	Ctrl+Alt+H	半角空格(E)	Ctrl+Shift+N
分行缩排	Ctrl+Alt+W	不间断空格(N)	Ctrl+Alt+X
拼音	>	不间断空格（固定宽度）(S)	
着重号	>	细空格 (1/24)(H)	
斜变体...		六分之一空格(I)	
插入脚注(O)		窄空格 (1/8)(T)	Ctrl+Alt+Shift+M
插入尾注		四分之一空格(X)	
插入变量(I)	>	三分之一空格(O)	
插入特殊字符(S)	>	标点空格(P)	
插入空格(W)	>	数字空格(G)	
		右齐空格(F)	

图 4-58

例如，执行“文字”|“插入空格”|“表意字空格”命令，即可插入表意字空格，如图4-59所示；执行“文字”|“插入空格”|“右齐空格”命令，即可插入右齐空格，如图4-60所示。

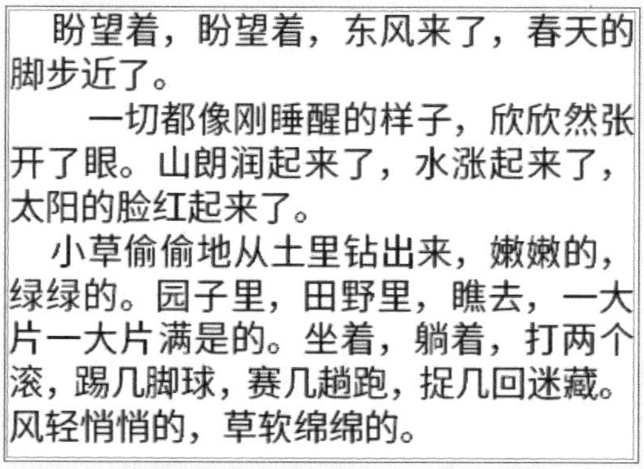

盼望着，盼望着，东风来了，春天的脚步近了。
一切都像刚睡醒的样子，欣欣然张开了眼。山朗润起来了，水涨起来了，太阳的脸红起来了。
小草偷偷地从土里钻出来，嫩嫩的，绿绿的。园子里，田野里，瞧去，一大片一大片满是的。坐着，躺着，打两个滚，踢几脚球，赛几趟跑，捉几回迷藏。风轻悄悄的，草软绵绵的。

图 4-59

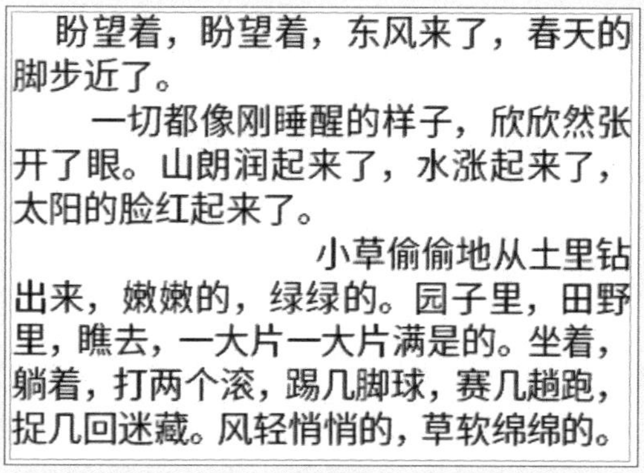

盼望着，盼望着，东风来了，春天的脚步近了。
一切都像刚睡醒的样子，欣欣然张开了眼。山朗润起来了，水涨起来了，太阳的脸红起来了。
小草偷偷地从土里钻出来，嫩嫩的，绿绿的。园子里，田野里，瞧去，一大片一大片满是的。坐着，躺着，打两个滚，踢几脚球，赛几趟跑，捉几回迷藏。风轻悄悄的，草软绵绵的。

图 4-60

4.2.8 插入脚注

脚注一般位于页面的底部，可以作为文档某处内容的注释。脚注由两部分组成，即显示在文本中的脚注引用编号，以及显示在栏底部的脚注文本。

1. 创建脚注

在需要添加脚注引用编号的地方单击，执行“文字”|“插入脚注”命令，输入脚注文本，如图4-61所示。

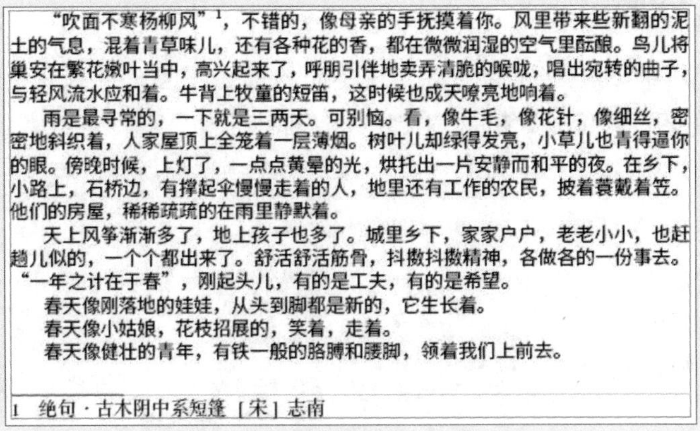

"吹面不寒杨柳风"[1]，不错的，像母亲的手抚摸着你。风里带来些新翻的泥土的气息，混着青草味儿，还有各种花的香，都在微微润湿的空气里酝酿。鸟儿将巢安在繁花嫩叶当中，高兴起来了，呼朋引伴地卖弄清脆的喉咙，唱出宛转的曲子，与轻风流水应和着。牛背上牧童的短笛，这时候也成天嘹亮地响着。

雨是最寻常的，一下就是三两天。可别恼。看，像牛毛，像花针，像细丝，密密地斜织着，人家屋顶上全笼着一层薄烟。树叶儿却绿得发亮，小草儿也青得逼你的眼。傍晚时候，上灯了，一点点黄晕的光，烘托出一片安静而和平的夜。在乡下，小路上，石桥边，有撑起伞慢慢走着的人，地里还有工作的农民，披着蓑戴着笠。他们的房屋，稀稀疏疏的在雨里静默着。

天上风筝渐渐多了，地上孩子也多了。城里乡下，家家户户，老老小小，也赶趟儿似的，一个个都出来了。舒活舒活筋骨，抖擞抖擞精神，各做各的一份事去。"一年之计在于春"，刚起头儿，有的是工夫，有的是希望。

春天像刚落地的娃娃，从头到脚都是新的，它生长着。

春天像小姑娘，花枝招展的，笑着，走着。

春天像健壮的青年，有铁一般的胳膊和腰脚，领着我们上前去。

1　绝句 · 古木阴中系短篷［宋］志南

图 4-61

2. 更改脚注编号和版面

执行"文字"|"文档脚注选项"命令，弹出"脚注选项"对话框，如图4-62所示。在"编号与格式"选项卡中，选择相关选项，设置引用编号和脚注文本的编号方案和格式外观。切换到"版面"选项卡，选择控制页面脚注部分的外观的选项，如图4-63所示。

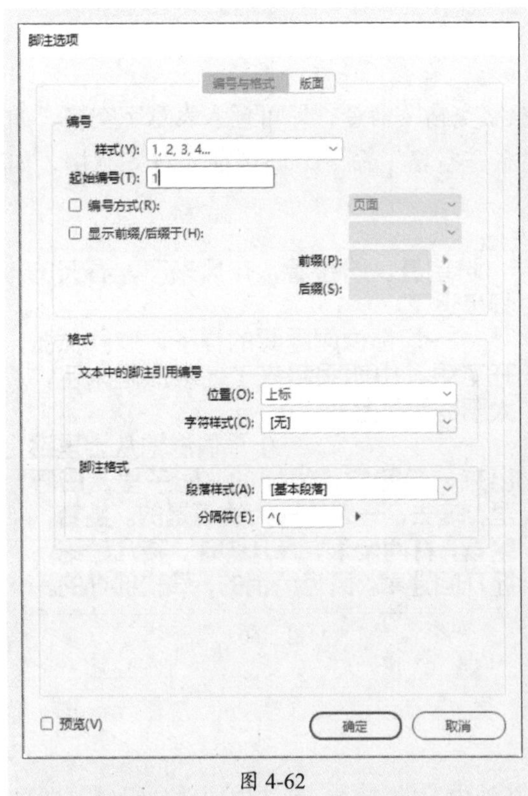

图 4-62

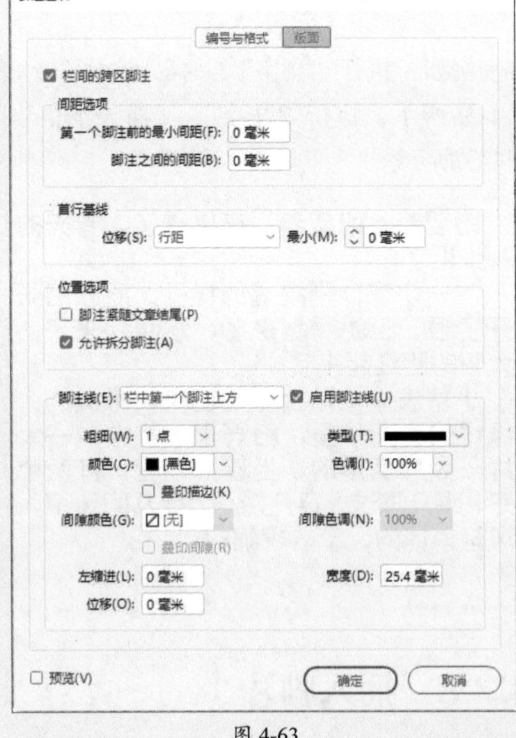

图 4-63

3. 删除脚注

若要删除脚注，选择文本中显示的脚注引用编号，按空格（Backspace）键或Delete键。如果仅删除脚注文本，则脚注引用编号和脚注结构将被保留。

4.3 字符和段落样式

在InDesign中，可以利用字符和段落面板设置文本格式，除此之外还可以设置字符和段落样式。

4.3.1 案例解析：创建并应用字符、段落样式

在学习字符和段落样式之前，可以先看看以下案例，即使用文字工具创建文字，以及创建字符、段落样式并快速应用样式效果。

步骤 01 选择“矩形框架工具”绘制框架并置入素材图像，如图4-64所示。

步骤 02 选择“文字工具”，拖动鼠标绘制文本框并输入文字，在“字符”面板设置参数，如图4-65所示。

图 4-64

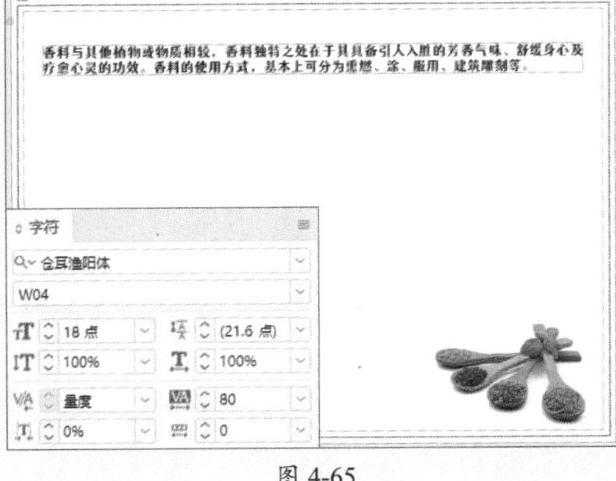

图 4-65

步骤 03 按住Alt键移动复制文本框，更改文字后在控制面板设置字重为W03，如图4-66所示。

步骤 04 按住Alt键移动复制文本框，更改文字后在控制面板设置字号为13点，如图4-67所示。

图 4-66

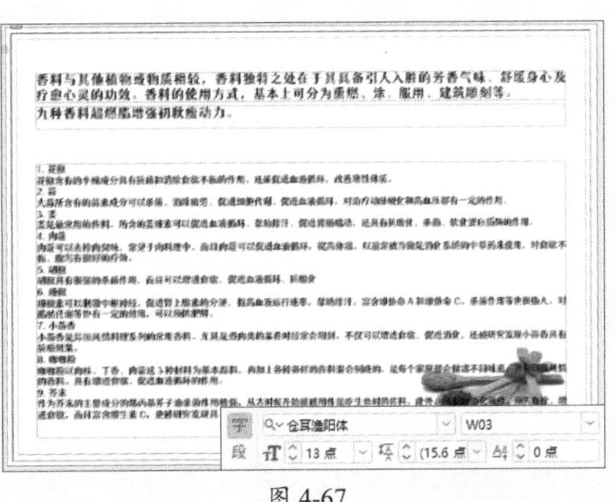

图 4-67

步骤 05 右击鼠标，在弹出的快捷菜单中选择“文本框架选项”命令，在弹出的“文本框架选项”对话框中设置参数，单击“确定”按钮，如图4-68、图4-69所示。

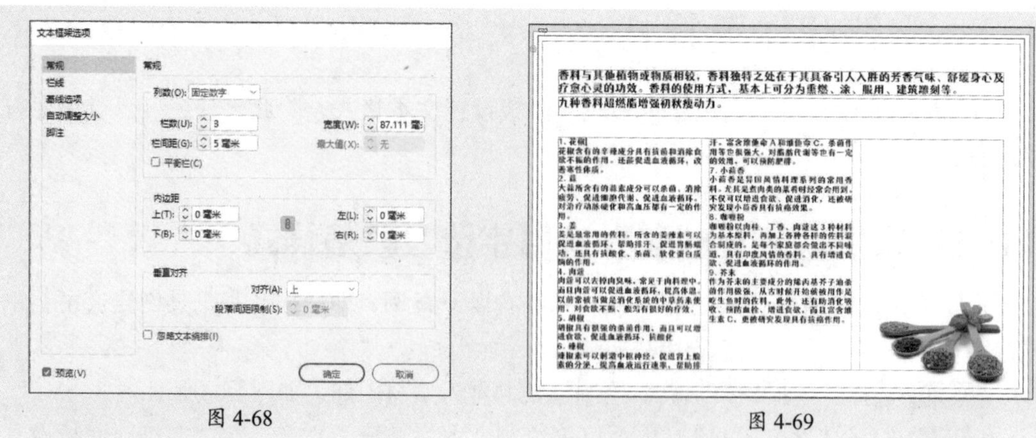

图 4-68　　图 4-69

步骤06 选择文本框中的小标题，在“字符”面板中设置参数，如图4-70所示。

步骤07 更改文字颜色，效果如图4-71所示。

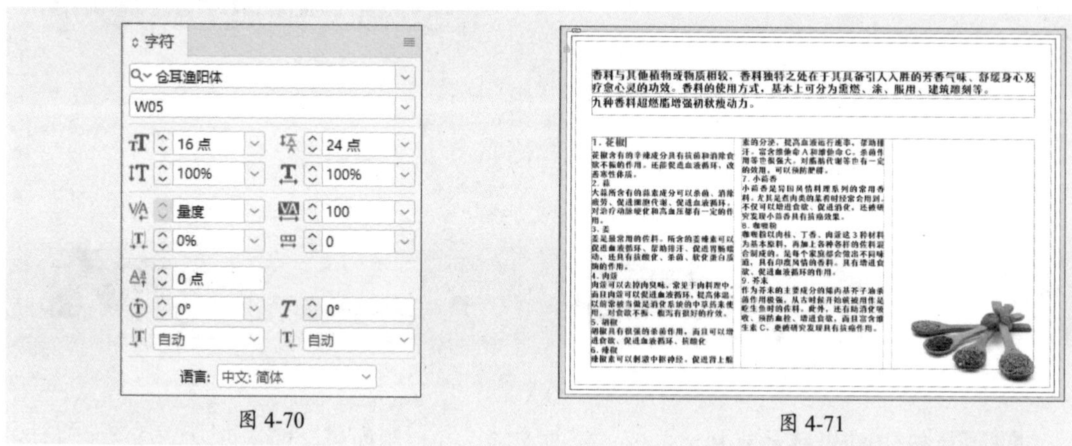

图 4-70　　图 4-71

步骤08 选择文字，在“字符样式”面板中单击“创建新样式”按钮，双击重命名为“标题”，如图4-72所示。

步骤09 分别选中小标题单击“字符样式”面板中的“标题”，效果如图4-73所示。

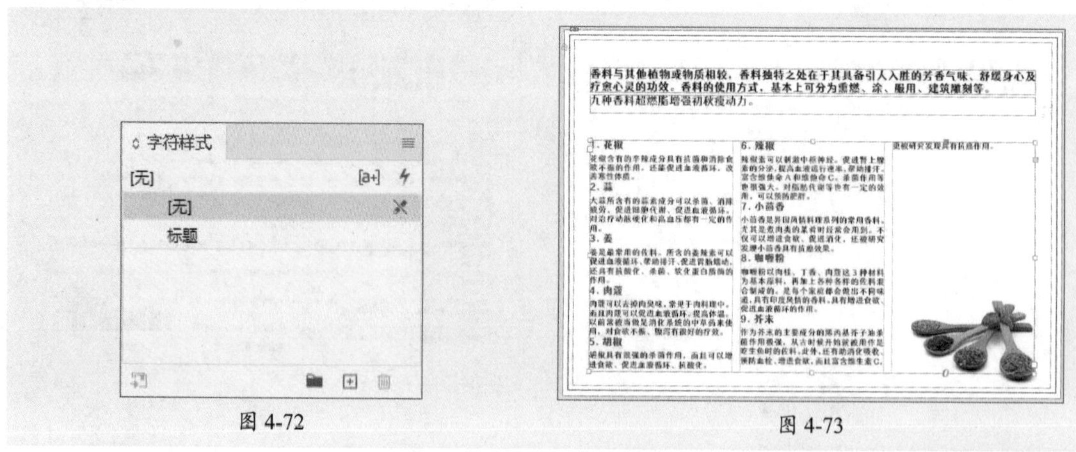

图 4-72　　图 4-73

步骤10 将鼠标光标放置在每段段尾，按Enter键调整距离，效果如图4-74所示。

步骤 11 选择第一段文字，在“字符”面板中设置参数，如图4-75所示。

图 4-74

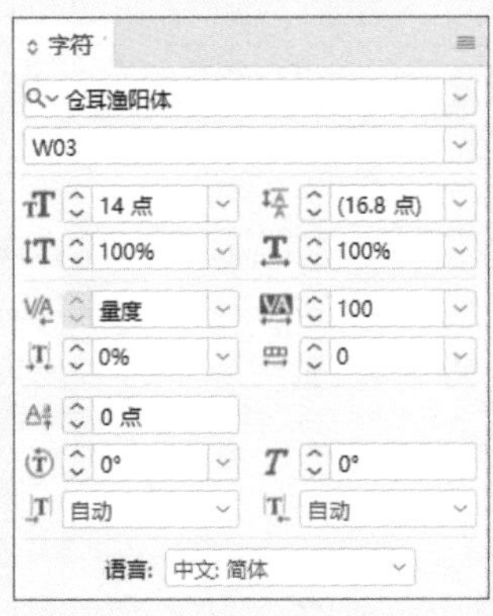

图 4-75

步骤 12 在控制面板中单击设置参数，在工具栏中单击段按钮设置参数，如图4-76所示。

步骤 13 选择文字，在“段落样式”面板中单击“创建新样式”按钮，双击重命名为“正文”，如图4-77所示。

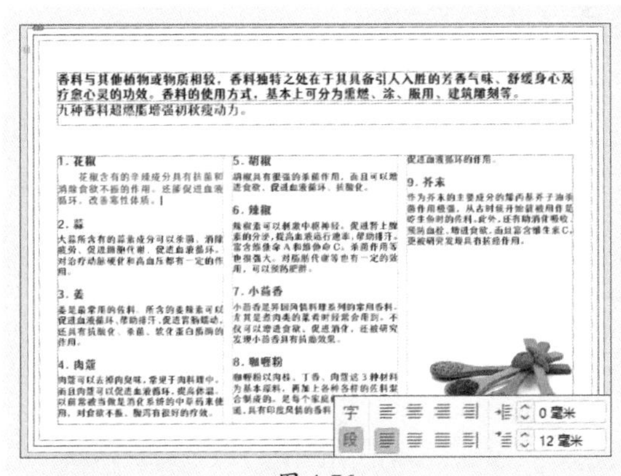

图 4-76

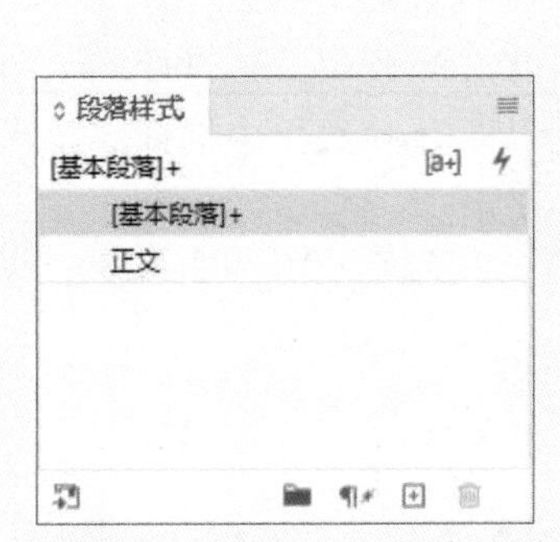

图 4-77

步骤 14 分别选中各标题后的正文，单击“段落样式”面板中的“正文”，效果如图4-78所示。

步骤 15 调整框架的大小与位置，效果如图4-79所示。

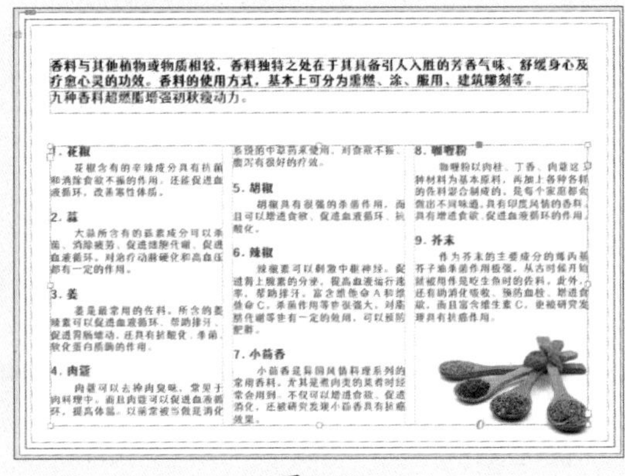

图 4-78

图 4-79

步骤 16 选择“直线工具”，按住Shift键绘制直线，在控制面板中设置参数，如图4-80所示。

步骤 17 单击工具栏中的“预览”按钮，查看最终输出显示图稿，如图4-81所示。

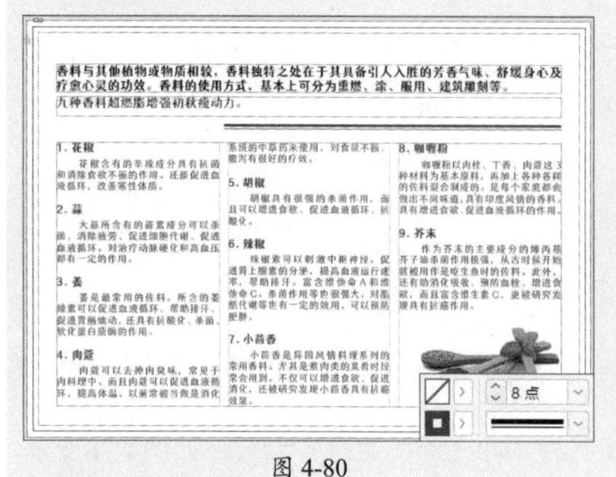

图 4-80

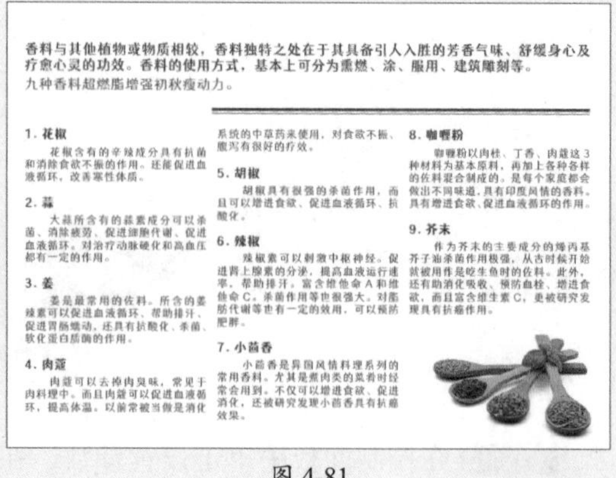

图 4-81

4.3.2 “字符样式”面板——创建字符样式

字符样式是指应用于文本的一系列字符格式属性的集合。执行“窗口”|“样式”|“字符样式”命令，弹出“字符样式”面板，如图4-82所示。单击面板右上角的“菜单”按钮，在弹出的下拉菜单中选择“新建字符样式”命令，则显示“新建字符样式”对话框，如图4-83所示。

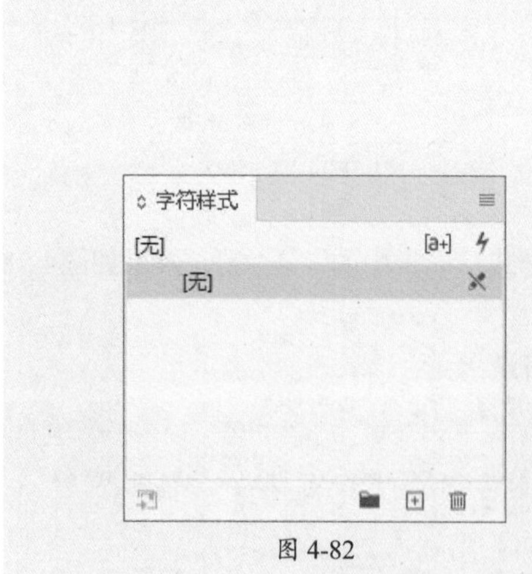

图 4-82

新建字符样式
常规
基本字符格式
高级字符格式
字符颜色
OpenType 功能
下划线选项
删除线选项
直排内横排设置
拼音位置和间距
拼音字体和大小
当拼音较正文长时调整
拼音颜色
着重号设置
着重号颜色
斜变体
导出标记
样式名称(N): 字符样式1
位置:
常规
基于(B): [无]
快捷键(S):
样式设置:
重置为基准样式(R)
[无] + 语言:中文: 简体
将样式应用于选区(A)
添加到 CC 库:
预览(P)
确定
取消

图 4-83

该对话框中主要选项的功能介绍如下。

- **样式名称：**在文本框中输入样式名称。
- **基于：**在其下拉列表框中选择当前样式所基于的样式。
- **快捷键：**添加键盘快捷键，将光标置于“快捷键”文本框中，打开NumLock键，按Shift、Alt和Ctrl键的任意组合键来定义样式快捷键。
- **将样式应用于选区：**勾选此复选框，将样式应用于选定的文本。

选择“基本字符格式”选项，在右侧可以设置样式中具有的基本字符格式，如图4-84所示。用同样的方法，还可以在此对话框中设置字符的其他属性，如高级字符格式、字符颜色、着重号设置、着重号颜色等，设置完成后单击“确定”按钮，在“字符样式”面板中可看到新建的字符样式，如图4-85所示。

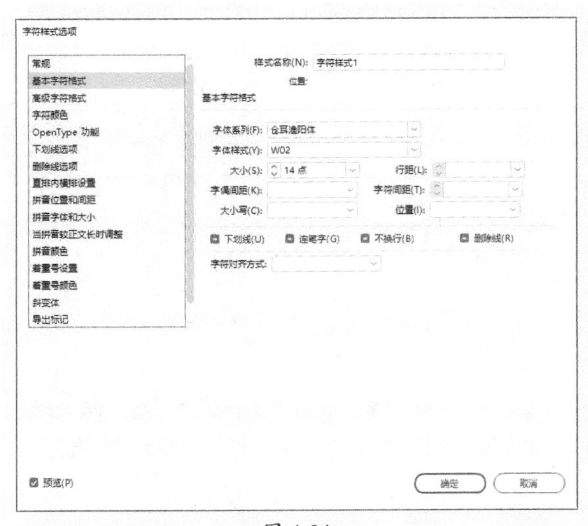

图 4-84

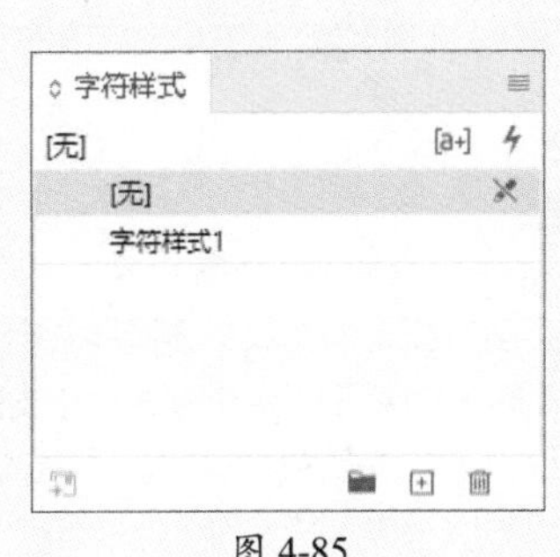

图 4-85

选择需要应用样式的字符，在“字符样式”面板中单击新建的“字符样式1”，可以在文档中快速应用创建好的字符样式，而不用逐一设置字符样式，如图4-86、图4-87所示。

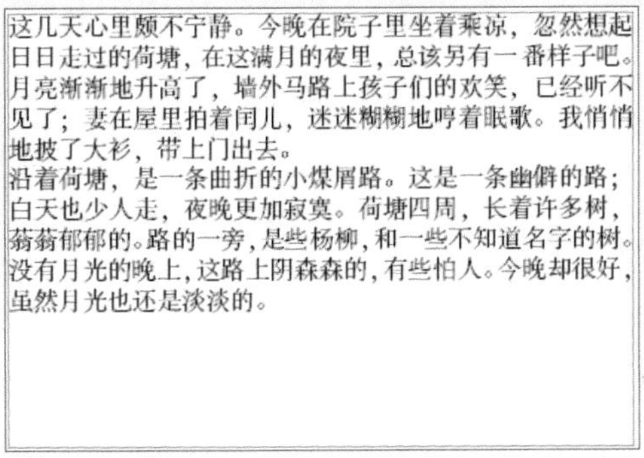

这几天心里颇不宁静。今晚在院子里坐着乘凉，忽然想起日日走过的荷塘，在这满月的夜里，总该另有一番样子吧。月亮渐渐地升高了，墙外马路上孩子们的欢笑，已经听不见了；妻在屋里拍着闰儿，迷迷糊糊地哼着眠歌。我悄悄地披了大衫，带上门出去。

沿着荷塘，是一条曲折的小煤屑路。这是一条幽僻的路；白天也少人走，夜晚更加寂寞。荷塘四周，长着许多树，蓊蓊郁郁的。路的一旁，是些杨柳，和一些不知道名字的树。没有月光的晚上，这路上阴森森的，有些怕人。今晚却很好，虽然月光也还是淡淡的。

图 4-86

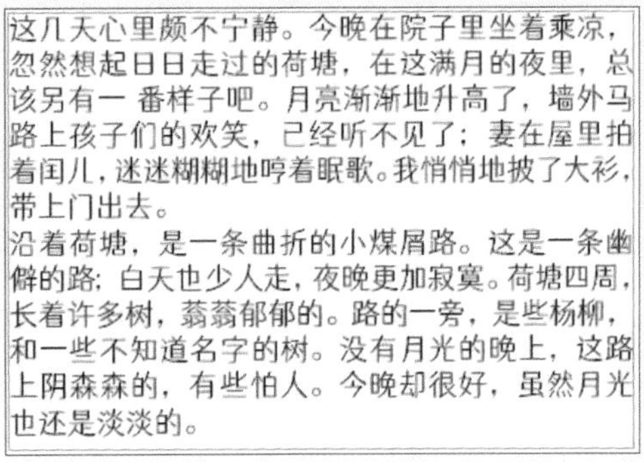

这几天心里颇不宁静。今晚在院子里坐着乘凉，忽然想起日日走过的荷塘，在这满月的夜里，总该另有一番样子吧。月亮渐渐地升高了，墙外马路上孩子们的欢笑，已经听不见了；妻在屋里拍着闰儿，迷迷糊糊地哼着眠歌。我悄悄地披了大衫，带上门出去。

沿着荷塘，是一条曲折的小煤屑路。这是一条幽僻的路；白天也少人走，夜晚更加寂寞。荷塘四周，长着许多树，蓊蓊郁郁的。路的一旁，是些杨柳，和一些不知道名字的树。没有月光的晚上，这路上阴森森的，有些怕人。今晚却很好，虽然月光也还是淡淡的。

图 4-87

当需要更改样式中的某个属性时，双击该样式，或者单击选中该样式，右击鼠标，在弹出的快捷菜单中选择“编辑‘字符样式1’”命令，如图4-88所示。

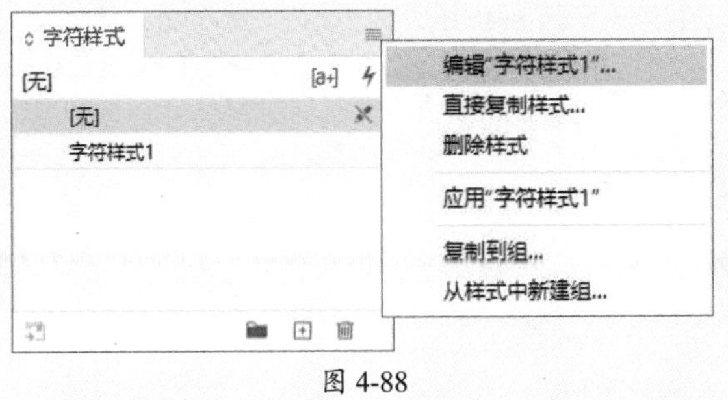

图 4-88

在弹出的“新建字符样式”对话框中更改设置，如图4-89、图4-90所示分别为更改“字符颜色”参数及其效果。

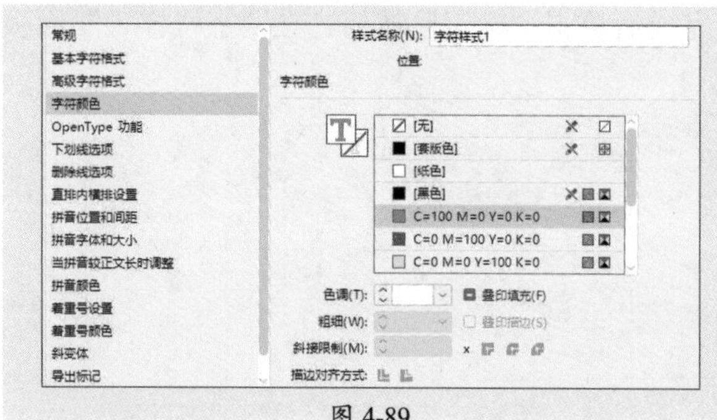

图 4-89

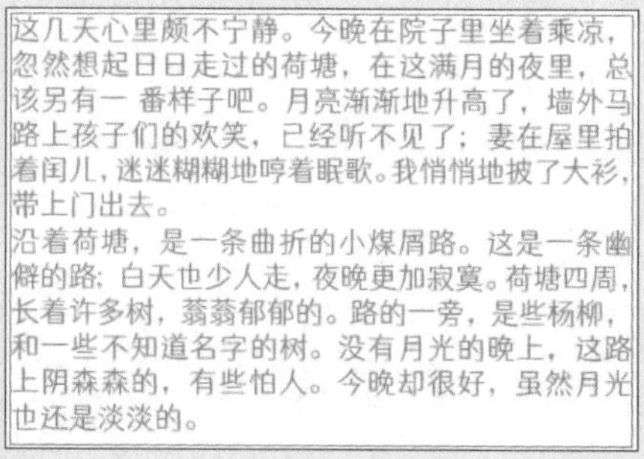

这几天心里颇不宁静。今晚在院子里坐着乘凉，忽然想起日日走过的荷塘，在这满月的夜里，总该另有一 番样子吧。月亮渐渐地升高了，墙外马路上孩子们的欢笑，已经听不见了；妻在屋里拍着闰儿，迷迷糊糊地哼着眠歌。我悄悄地披了大衫，带上门出去。

沿着荷塘，是一条曲折的小煤屑路。这是一条幽僻的路；白天也少人走，夜晚更加寂寞。荷塘四周，长着许多树，蓊蓊郁郁的。路的一旁，是些杨柳，和一些不知道名字的树。没有月光的晚上，这路上阴森森的，有些怕人。今晚却很好，虽然月光也还是淡淡的。

图 4-90

操作提示

在“字符样式”面板中选择样式向下拖曳至“创建新样式”按钮上，复制的样式为“字符样式1副本”，如图4-91所示。选中样式后单击面板底部的“删除选定样式/组”按钮进行删除，弹出提示框，在该提示框中可以选择替换的样式，如图4-92所示。

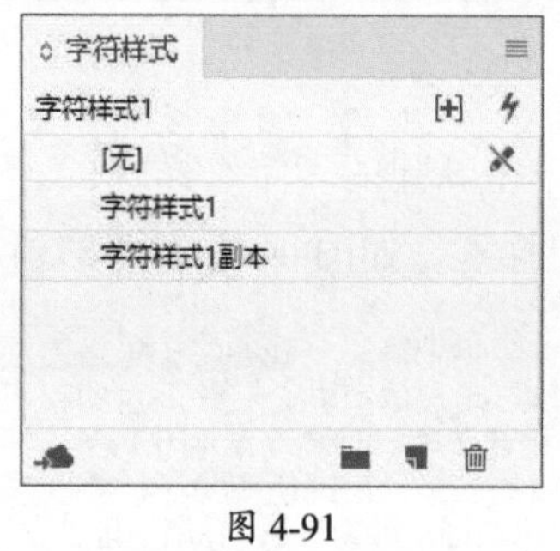

图 4-91

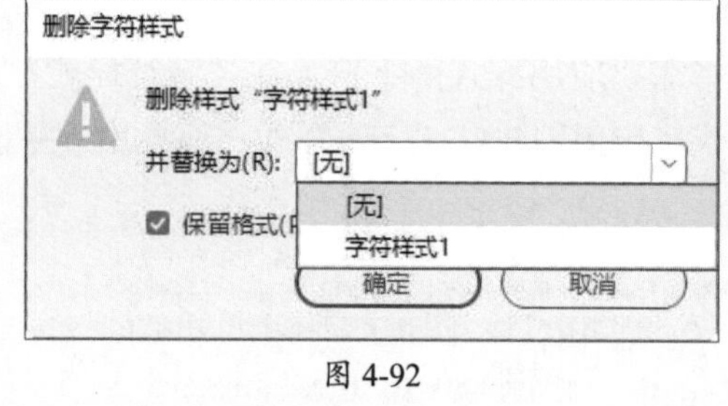

图 4-92

4.3.3 “段落样式”面板——创建段落样式

段落样式能够将样式应用于文本以及对格式进行全局性修改，从而增强整体设计的一致性。

执行“窗口”|“样式”|“段落样式”命令，弹出“段落样式”面板，如图4-93所示。单击“段落样式”面板右上角的“菜单”按钮，在弹出的下拉菜单中选择“新建段落样式”命令，弹出“新建段落样式”对话框，如图4-94所示。

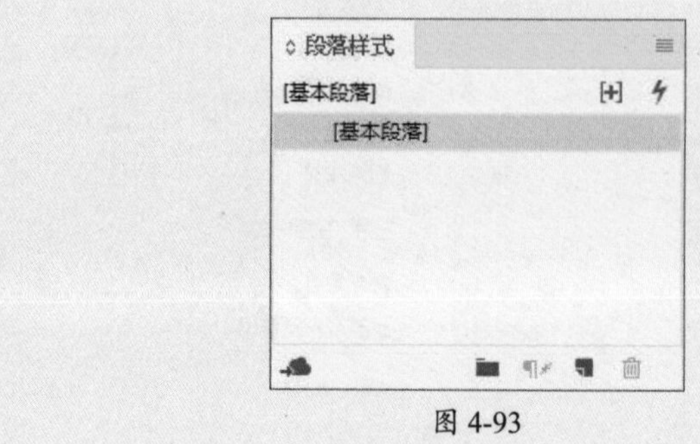

图 4-93

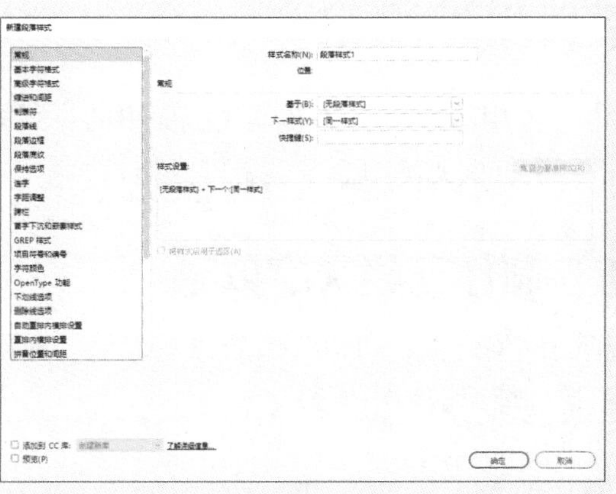

图 4-94

选择需要应用样式的段落，在“段落样式”面板中单击新建的样式“段落样式1”，应用段落样式前后的效果如图4-95、图4-96所示。使用同样的方法，可以为文档中的其余段落应用段落样式，而不用逐一设置。

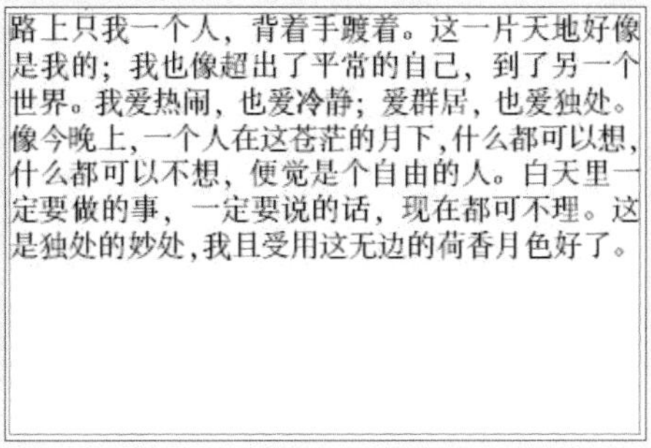

路上只我一个人，背着手踱着。这一片天地好像是我的；我也像超出了平常的自己，到了另一个世界。我爱热闹，也爱冷静；爱群居，也爱独处。像今晚上，一个人在这苍茫的月下，什么都可以想，什么都可以不想，便觉是个自由的人。白天里一定要做的事，一定要说的话，现在都可不理。这是独处的妙处，我且受用这无边的荷香月色好了。

图 4-95

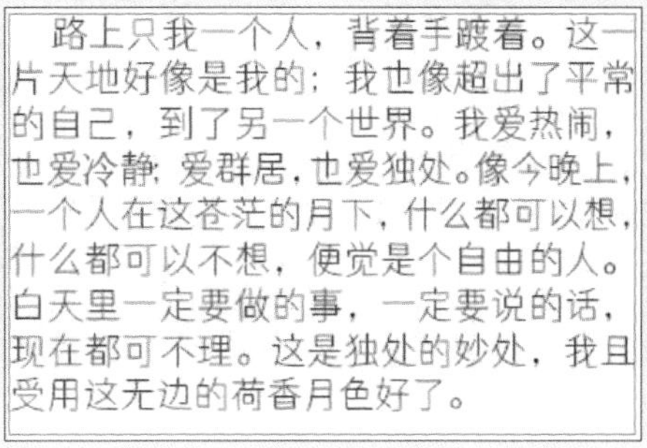

路上只我一个人，背着手踱着。这一片天地好像是我的；我也像超出了平常的自己，到了另一个世界。我爱热闹，也爱冷静；爱群居，也爱独处。像今晚上，一个人在这苍茫的月下，什么都可以想，什么都可以不想，便觉是个自由的人。白天里一定要做的事，一定要说的话，现在都可不理。这是独处的妙处，我且受用这无边的荷香月色好了。

图 4-96

编辑段落样式和编辑字符样式的方法类似，在“段落样式”面板中双击需要更改的段落样式，或右键单击要更改的段落样式，在弹出的快捷菜单中选择“编辑‘段落样式1’”命令，即可在弹出的对话框中重新编辑。图4-97、图4-98所示分别为更改“段落边框”参数及其效果。

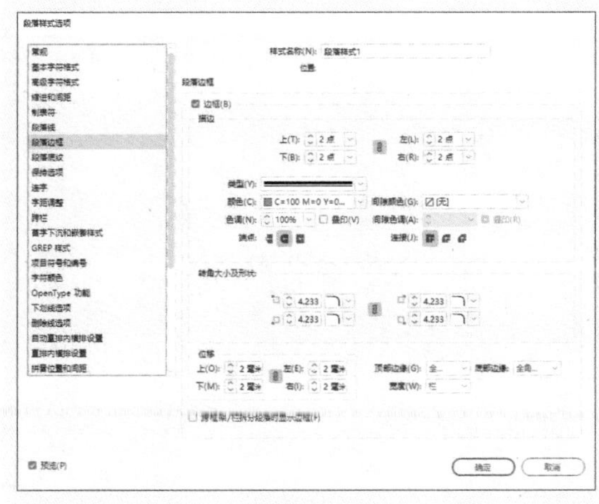

图 4-97

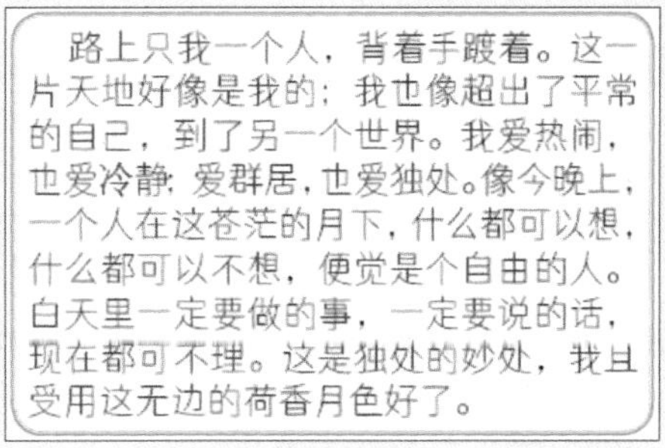

路上只我一个人，背着手踱着。这一片天地好像是我的；我也像超出了平常的自己，到了另一个世界。我爱热闹，也爱冷静；爱群居，也爱独处。像今晚上，一个人在这苍茫的月下，什么都可以想，什么都可以不想，便觉是个自由的人。白天里一定要做的事，一定要说的话，现在都可不理。这是独处的妙处，我且受用这无边的荷香月色好了。

图 4-98

4.4 文本框架和框架网格

文本框架确定了文本要占用的区域以及文本在版面中的排列方式。在InDesign中可以编辑文本框架和框架网格，执行框架类型命令二者可以相互转换。

4.4.1 案例解析：制作三栏文字效果

在学习文本框架和框架网格之前，可以先看看以下案例，即使用文字工具创建文字，然后在字符面板、文本框架选项对话框中编辑文本。

步骤 01 置入素材，如图4-99所示。

步骤 02 右击鼠标，在弹出的快捷菜单中选择“效果”|“透明度”命令，设置“不透明度”为60%，按Ctrl+L组合键锁定，如图4-100所示。

图 4-99

图 4-100

步骤 03 执行“文件”|“置入”命令或按Ctrl+D组合键，在弹出的“置入”对话框中选择文件，取消勾选“应用网格格式”复选框，如图4-101所示。

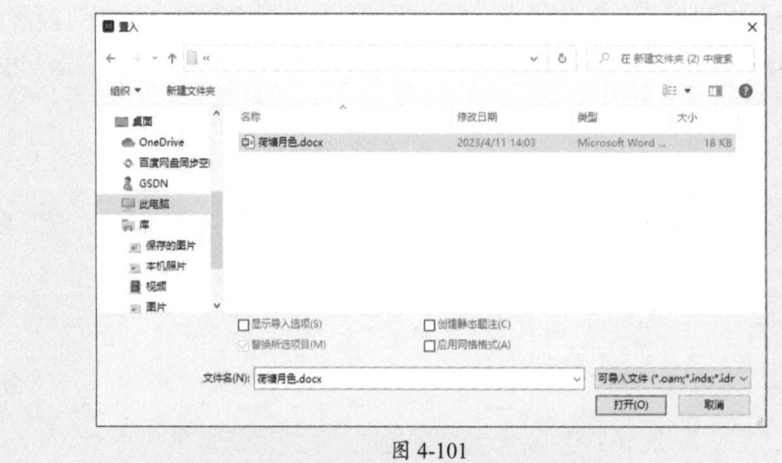

图 4-101

步骤 04 拖动鼠标创建文本框并置入文本，如图4-102所示。

步骤 05 右击鼠标，在弹出的快捷菜单中选择“文本框架选项”命令，在弹出的“文本框架选项”对话框中设置参数，如图4-103所示。

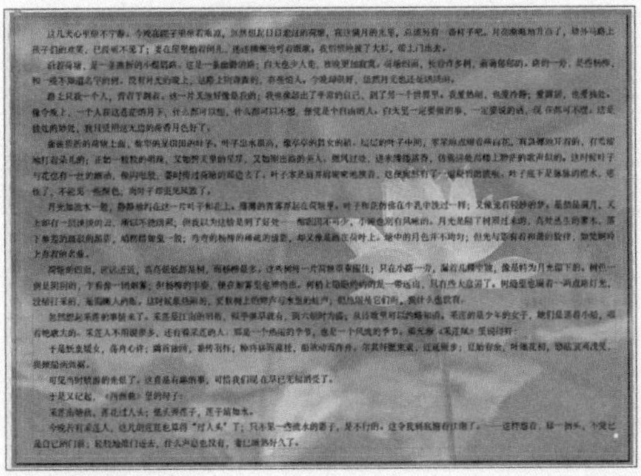

图 4-102

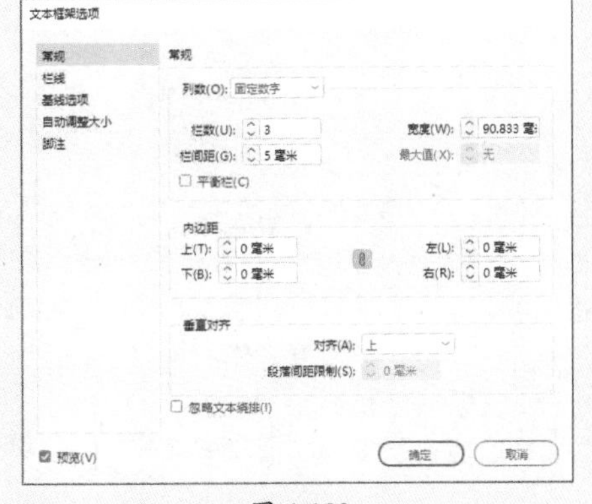

图 4-103

步骤 06 选择“栏线”选项，勾选“插入栏线”复选框，如图4-104所示。

步骤 07 设置效果如图4-105所示。

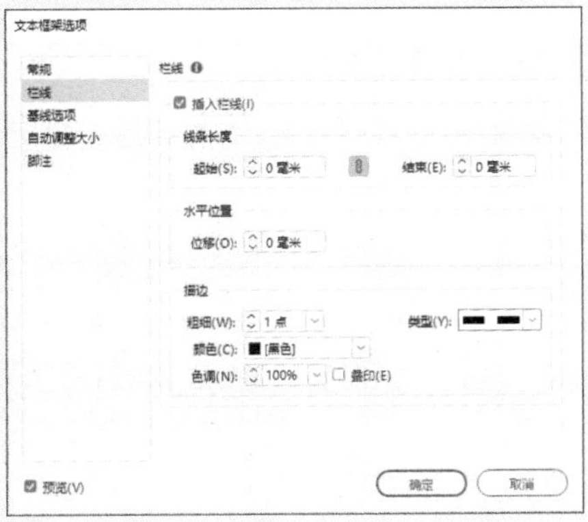

图 4-104

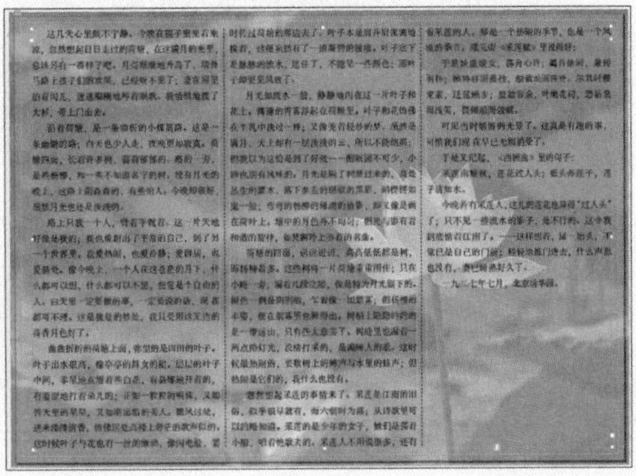

图 4-105

步骤 08 框选全部文字，在“字符”面板中设置参数，如图4-106、图4-107所示。

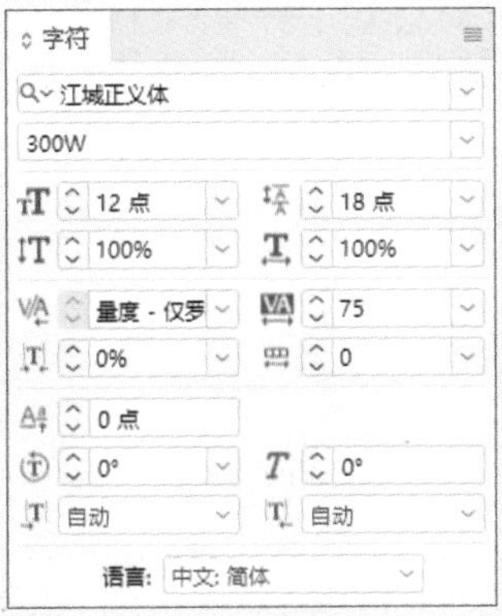

图 4-106

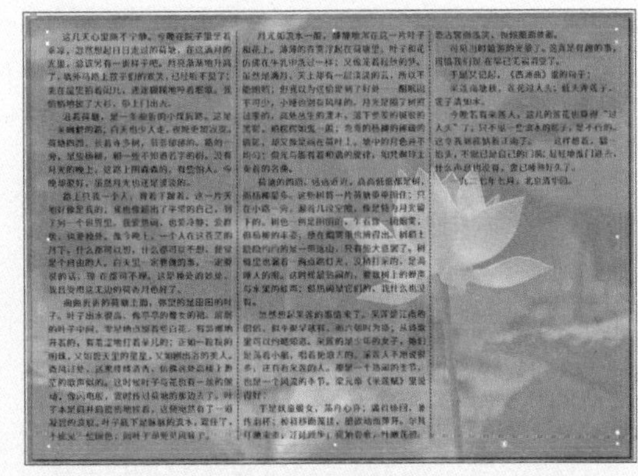

图 4-107

步骤 09 调整文本框架高度，如图4-108所示。

步骤 10 使用“文字工具”创建文本框，输入文本后设置参数，单击工具栏中的“预览”按钮，查看最终输出显示图稿，如图4-109所示。

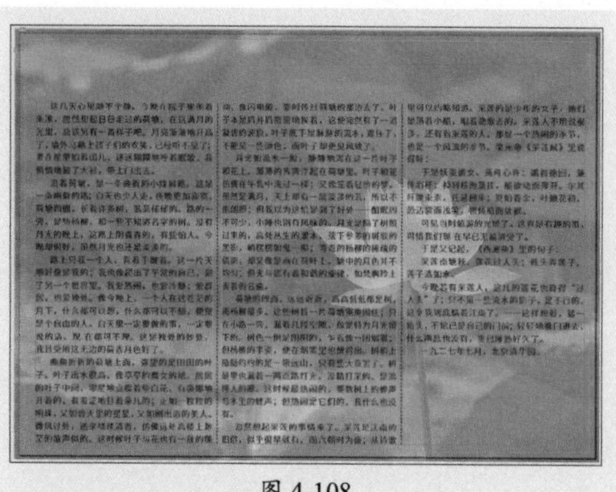

图 4-108

荷塘月色
朱自清

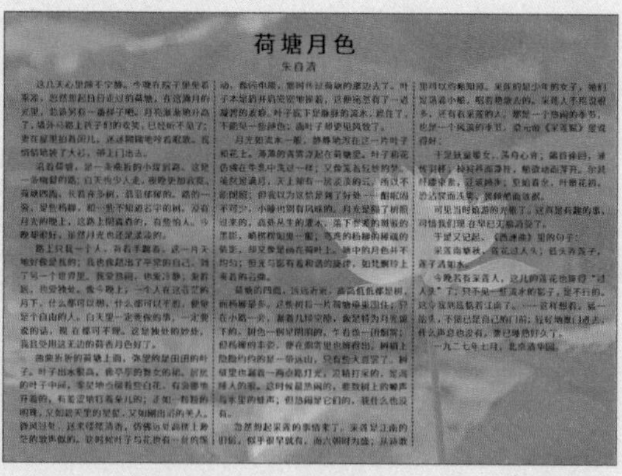

图 4-109

4.4.2 文本框架选项——修改文本框架属性

InDesign有两种类型的文本框架：框架网格和纯文本框架。框架网格中字符的全角字框和间距都显示为网格；纯文本框架是不显示任何网格的空文本框架。

选择“文字工具”，拖动鼠标绘制文本框并进行设置，输入文字，如图4-110、图4-111所示。

图 4-110

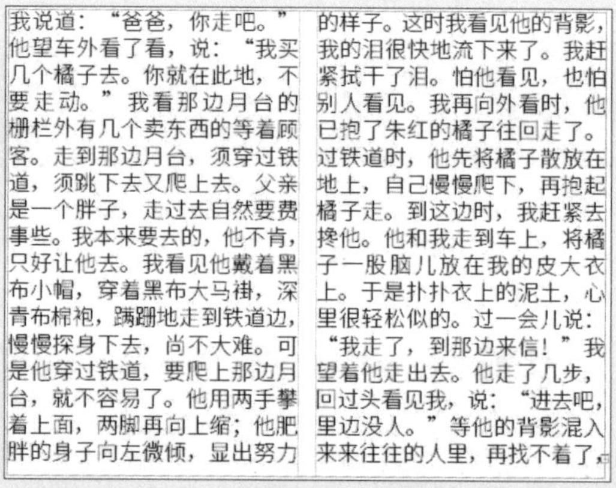

我说道：“爸爸，你走吧。”他望车外看了看，说：“我买几个橘子去。你就在此地，不要走动。”我看那边月台的栅栏外有几个卖东西的等着顾客。走到那边月台，须穿过铁道，须跳下去又爬上去。父亲是一个胖子，走过去自然要费事些。我本来要去的，他不肯，只好让他去。我看见他戴着黑布小帽，穿着黑布大马褂，深青布棉袍，蹒跚地走到铁道边，慢慢探身下去，尚不大难。可是他穿过铁道，要爬上那边月台，就不容易了。他用两手攀着上面，两脚再向上缩；他肥胖的身子向左微倾，显出努力
的样子。这时我看见他的背影，我的泪很快地流下来了。我赶紧拭干了泪。怕他看见，也怕别人看见。我再向外看时，他已抱了朱红的橘子往回走了。过铁道时，他先将橘子散放在地上，自己慢慢爬下，再抱起橘子走。到这边时，我赶紧去搀他。他和我走到车上，将橘子一股脑儿放在我的皮大衣上。于是扑扑衣上的泥土，心里很轻松似的。过一会儿说：“我走了，到那边来信！”我望着他走出去。他走了几步，回过头看见我，说：“进去吧，里边没人。”等他的背影混入来来往往的人里，再找不着了，

图 4-111

若要对文本框架进行编辑调整，可以执行“对象”|“文本框架选项”命令，打开“文本框架选项”对话框，如图4-112所示。

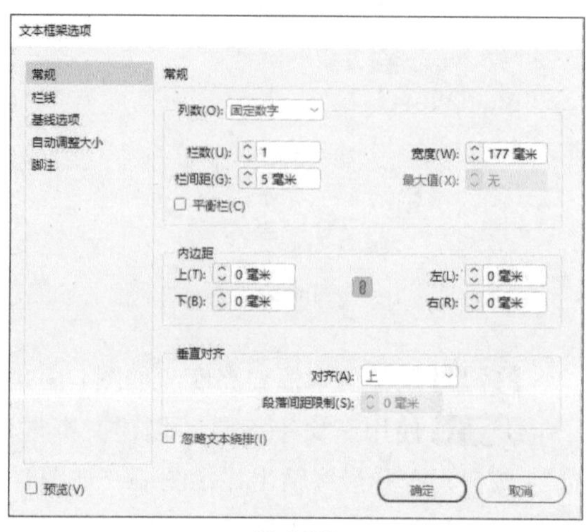

该对话框中各选项的功能介绍如下。

- **常规**：设置列数、栏数、栏间距、内边距等，如图4-113、图4-114所示。
- **栏线**：勾选“插入栏线”复选框，设置线条长度、位置与描边参数。
- **基线选项**：设置首行基线和基线网格参数。
- **自动调整大小**：可选择自动调整仅高

文本框架选项
常规
栏线
基线选项
自动调整大小
脚注
常规
列数(O): 固定数字
栏数(U): 1
宽度(W): 177 毫米
栏间距(G): 5 毫米
最大值(X): 无
平衡栏(C)
内边距
上(T): 0 毫米
左(L): 0 毫米
下(B): 0 毫米
右(R): 0 毫米
垂直对齐
对齐(A): 上
段落间距限制(S): 0 毫米
忽略文本绕排(I)
预览(V)
确定
取消

图 4-112

度、仅宽度、高度和宽度、高度和宽度（保持比例）选项，也可以约束高度和宽度。

- **脚注：** 勾选“启用优先选项”复选框，设置间距参数。

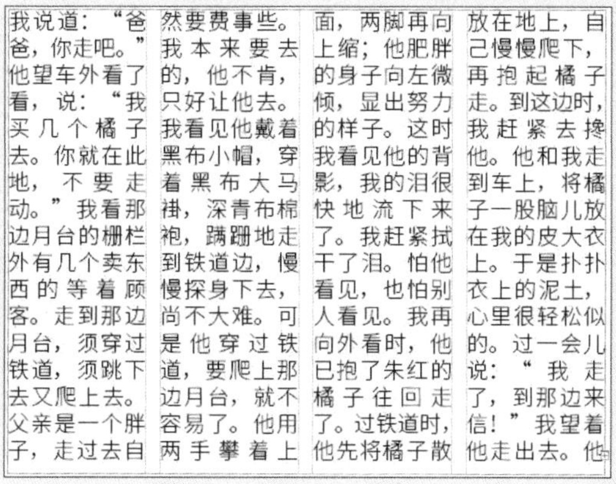

我说道：“爸爸，你走吧。”他望车外看了看，说：“我买几个橘子去。你就在此地，不要走动。”我看那边月台的栅栏外有几个卖东西的等着顾客。走到那边月台，须穿过铁道，须跳下去又爬上去。父亲是一个胖子，走过去自
然要费事些。我本来要去的，他不肯，只好让他去。我看见他戴着黑布小帽，穿着黑布大马褂，深青布棉袍，蹒跚地走到铁道边，慢慢探身下去，尚不大难。可是他穿过铁道，要爬上那边月台，就不容易了。他用两手攀着上
面，两脚再向上缩；他肥胖的身子向左微倾，显出努力的样子。这时我看见他的背影，我的泪很快地流下来了。我赶紧拭干了泪。怕他看见，也怕别人看见。我再向外看时，他已抱了朱红的橘子往回走了。过铁道时，他先将橘子散
放在地上，自己慢慢爬下，再抱起橘子走。到这边时，我赶紧去搀他。他和我走到车上，将橘子一股脑儿放在我的皮大衣上。于是扑扑衣上的泥土，心里很轻松似的。过一会儿说：“我走了，到那边来信！”我望着他走出去。他

图 4-113

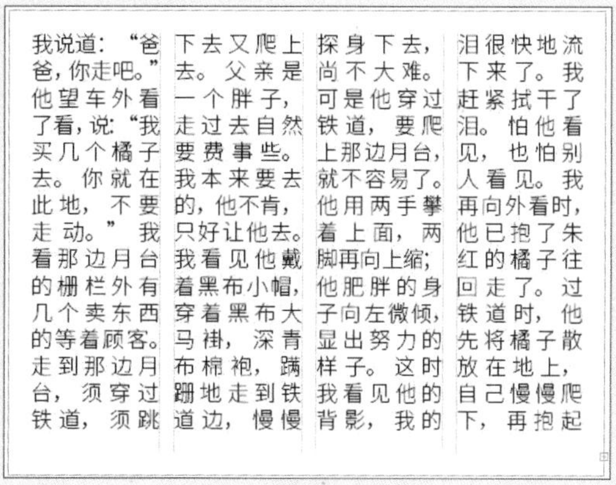

我说道：“爸爸，你走吧。”他望车外看了看，说：“我买几个橘子去。你就在此地，不要走动。”我看那边月台的栅栏外有几个卖东西的等着顾客。走到那边月台，须穿过铁道，须跳
下去又爬上去。父亲是一个胖子，走过去自然要费事些。我本来要去的，他不肯，只好让他去。我看见他戴着黑布小帽，穿着黑布大马褂，深青布棉袍，蹒跚地走到铁道边，慢慢
探身下去，尚不大难。可是他穿过铁道，要爬上那边月台，就不容易了。他用两手攀着上面，两脚再向上缩；他肥胖的身子向左微倾，显出努力的样子。这时我看见他的背影，我的
泪很快地流下来了。我赶紧拭干了泪。怕他看见，也怕别人看见。我再向外看时，他已抱了朱红的橘子往回走了。过铁道时，他先将橘子散放在地上，自己慢慢爬下，再抱起

图 4-114

4.4.3 框架网格选项——修改框架网格属性

创建网格文字后，执行“对象”|“框架网格选项”命令，弹出“框架网格”对话框，如图4-115所示。在对话框中可以更改框架网格设置，例如，字体、大小、间距、行数和字数。

框架网格
网格属性
字体: 思源宋体 CN
ExtraLight
大小: 12 点
垂直: 100%
水平: 100%
字间距: 0 点
字符间距: 12 点
行间距: 9 点
行距: 21 点
确定
取消
预览(P)
对齐方式选项
行对齐: 双齐末行齐左
网格对齐: 全角字框, 居中
字符对齐: 全角字框, 居中
视图选项
字数统计: 下
大小: 12 点
视图: 网格
行和栏
字数: 49
行数: 17
栏数: 1
栏间距: 5 毫米
框架大小: 高度 122.767 毫米 x 宽度 207.433 毫米

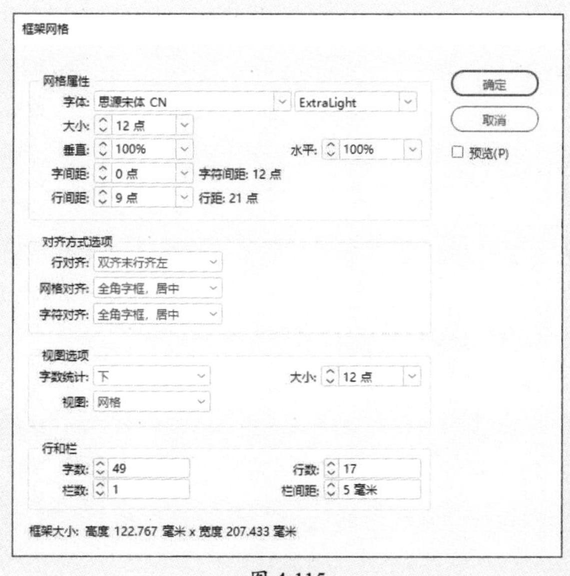

图 4-115

该对话框中各选项的功能介绍如下。

- **网格属性：** 设置字体、大小、字间距、行间距等参数。
- **对齐方式选项：** 设置文本的对齐方式。
- **视图选项：** 设置框架的显示方式、框架尺寸和字数统计，如图4-116～图4-119所示。
- **行和栏：** 设置字数、行数、栏数、栏间距等参数。

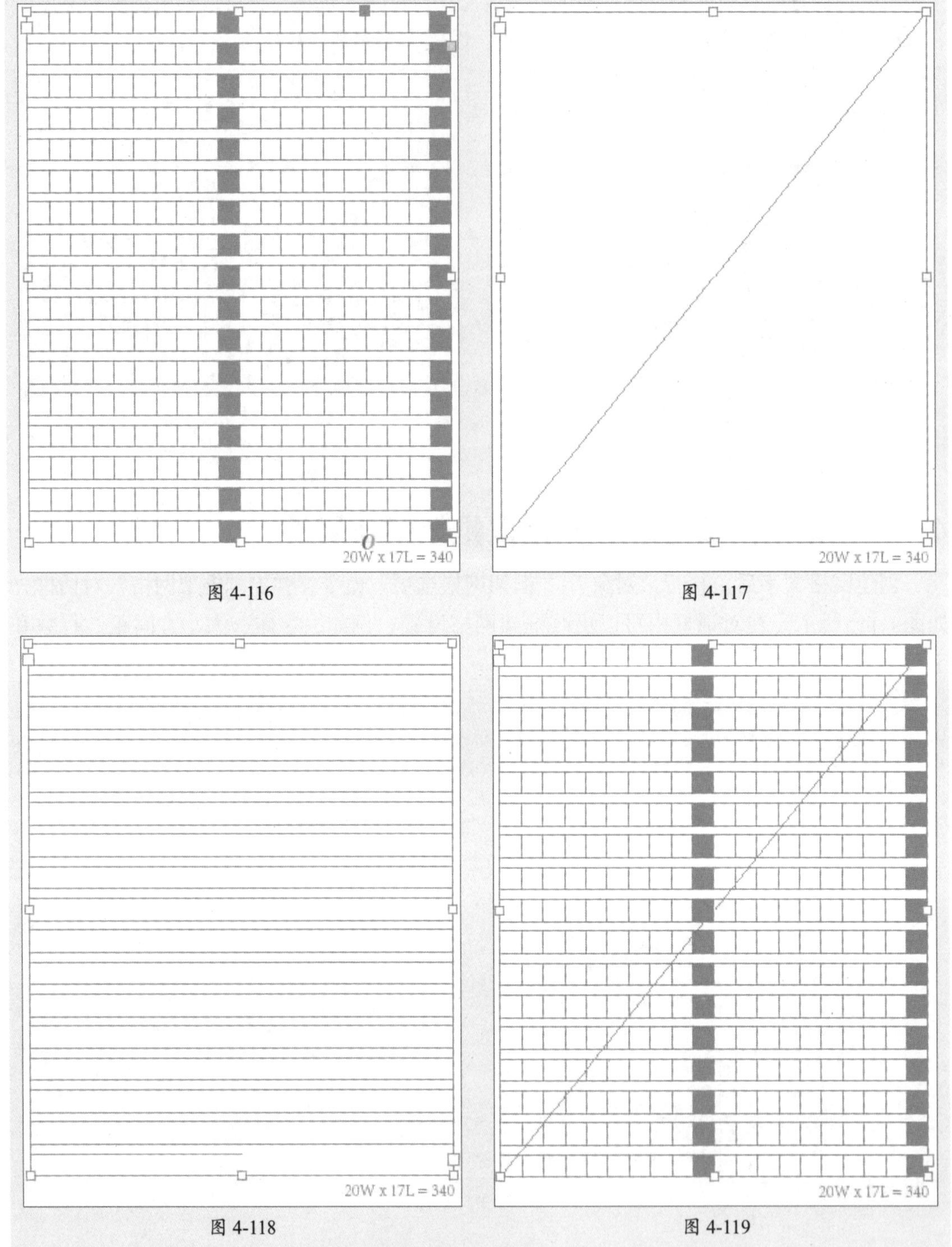

图 4-116

图 4-117

图 4-118

图 4-119

4.4.4 文本框架和框架网格的转换

可以将文本框架转换为框架网格，也可以将框架网格转换为纯文本框架。通过框架类型之间的相互转换，可以将某些复杂的图形框架轻松地转换为文本框架，省去了编辑文本的麻烦。

1. 框架网格转换为文本框架

选中目标框架网格，执行“对象”|“框架类型”|“文本网格”命令，即可将框架网格转换为文本框架，如图4-120所示。

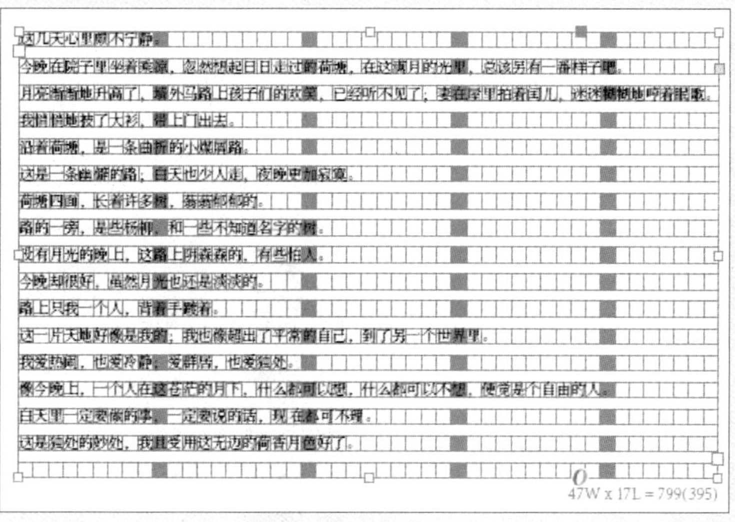

图 4-120

2. 文本框架转换为框架网格

选中目标框架网格，执行“对象”|“框架类型”|“框架网格”命令，即可将文本框架转换为框架网格，如图4-121所示。

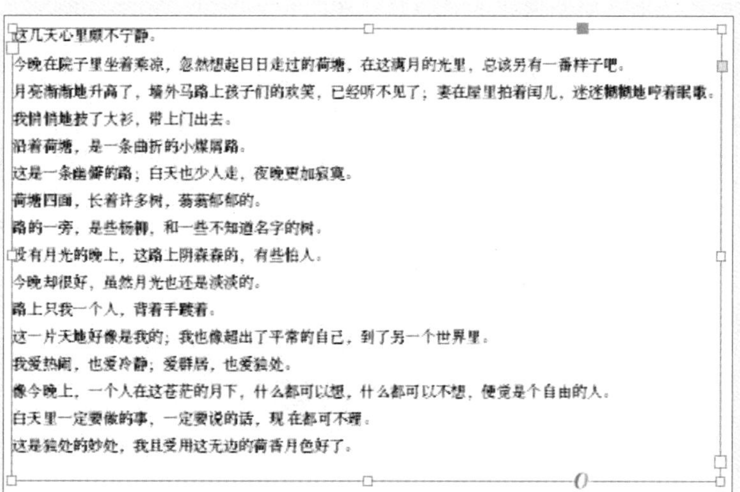

图 4-121

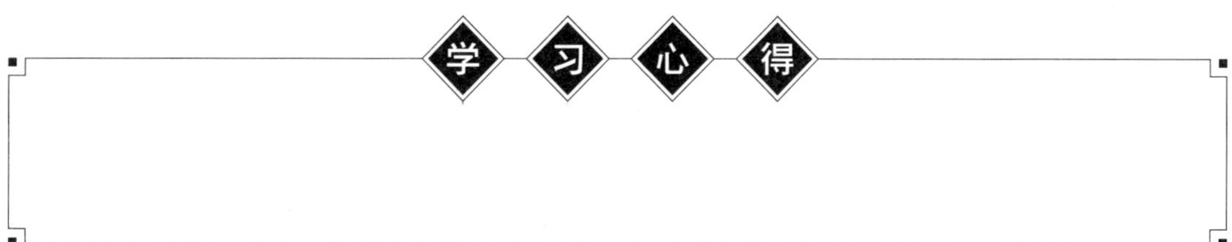

课堂实战 制作二十四节气宣传海报

本章课堂练习制作二十四节气宣传海报，综合运用本章的知识点，以熟练掌握和巩固文本的创建、编辑操作，并添加项目符号和编号。下面介绍操作思路。

步骤 01 置入素材，调整显示，如图4-122所示。

步骤 02 选择“文字工具”T，绘制文本框并输入文字，在“字符”面板中设置参数，如图4-123所示。

图 4-122

图 4-123

步骤 03 复制文本框，然后更改文字内容和大小，添加项目符号，如图4-124所示。

步骤 04 复制文本框，然后更改文字内容，如图4-125所示。

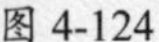

图 4-124

图 4-125

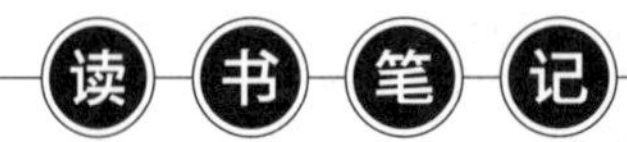

课后练习 制作电梯安全须知

下面将综合使用文字工具制作电梯安全须知，效果如图4-126所示。

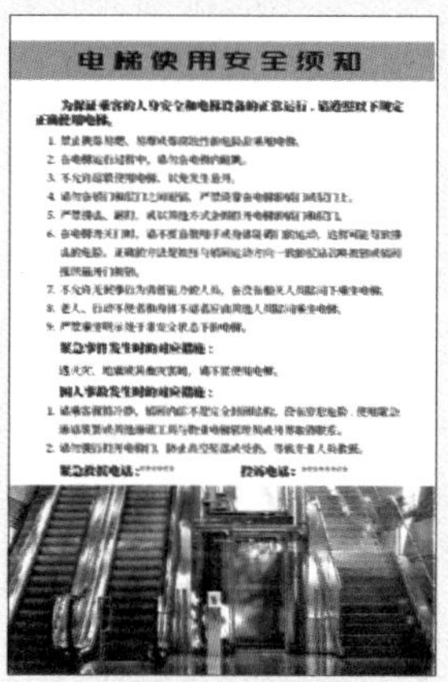

图 4-126

1. 技术要点

①使用“矩形工具”“文字工具”绘制矩形并输入文字。

②在“字符”“段落”面板中设置参数。

③在“项目符号和编号”对话框中添加编号。

2. 分步演示

本案例的分步演示效果如图4-127所示。

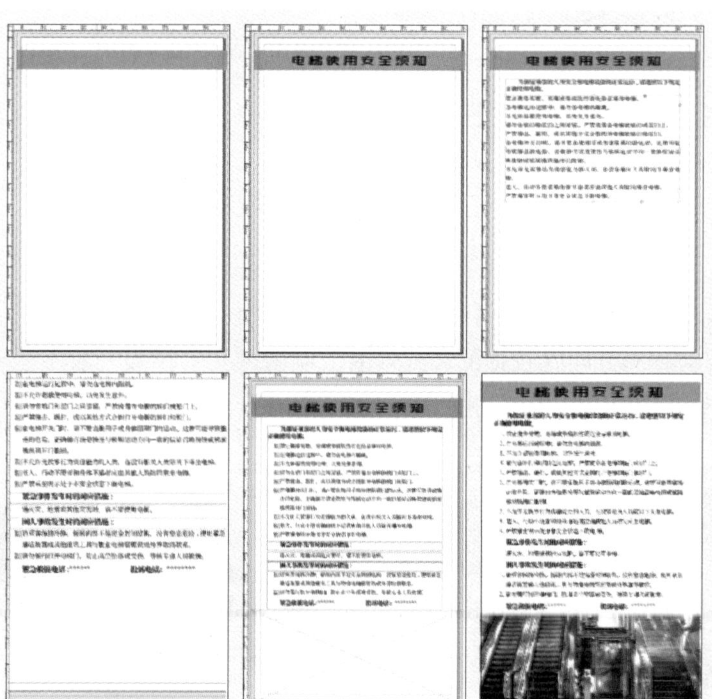

图 4-127

拓展赏析

思政课堂

如何在版式设计中排列文字

文字的排列效果决定了阅读效率，常见的排列方式有以下五种。

1. 左端对齐

左端对齐是指文字内容在页面的左边对齐的排列方式。此类型的排列使得文字块的左端整齐而另一端能够自由地张弛，从而产生节奏变化。左端对齐是常见的排列方式，符合阅读的习惯，如图4-128所示。

2. 右端对齐

右端对齐是指文字内容在页面的右边对齐的排列方式。右端对齐在版面设计中使用比较少，但合理使用可以使版面具有新颖的视觉效果。

3. 居中对齐

居中对齐是指以版面中轴线为轴心对齐，其主要特点是使视线更集中，对称性加强。这种排列方式常用于目录设计、菜单设计、电影片尾字幕等设计中，如图4-129所示。

图 4-128

图 4-129

4. 左右对齐（两端对齐）

左右对齐是指文字从左端到右端的长度统一，使文字显得端正、严谨、美观。在常见的网格版式设计中左右对齐方式使用较多，如图4-130所示。

5. 倾斜式

倾斜式是指将文字整体或局部排列成倾斜型，形成非对称的版面构图，运用这样的排列方式可以形成动感和方向感较强的版式效果。倾斜式文字排版一般用于招贴设计、书籍版面设计和DM单的版面设计中，如图4-131所示。

图 4-130

图 4-131

第5章

表格的创建与编辑

内容导读

本章将对表格的创建与编辑进行讲解，包括表格的创建、编辑、设置表选项，以及选取表格元素、插入行与列、调整表格大小、拆分与合并单元格、设置单元格选项等操作。

思维导图

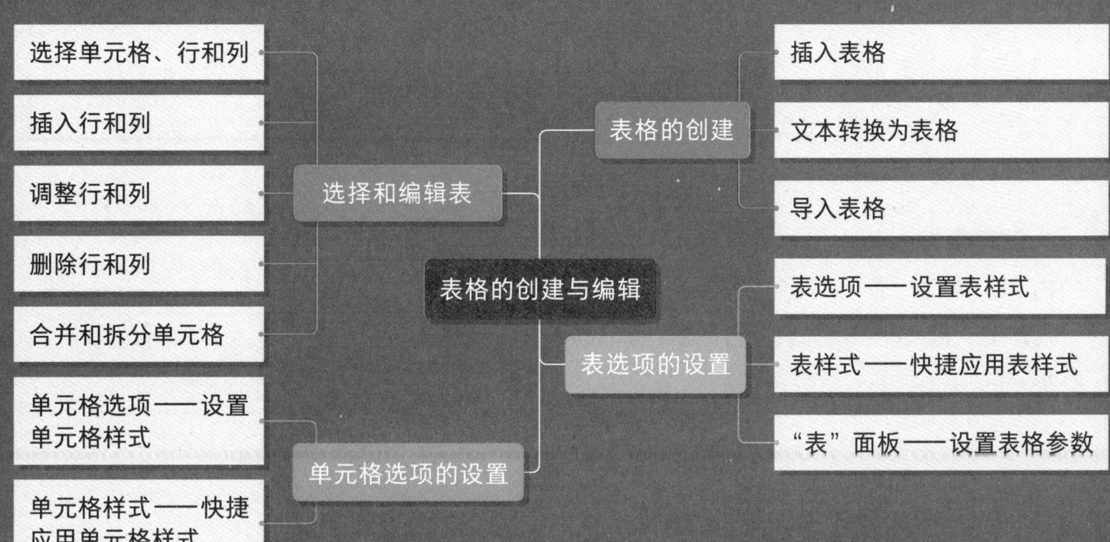

5.1 表格的创建

表格又可以称为表，是由成行成列的单元格所组成的，是一种可视化交流模式，又是一种组织整理数据的手段，如图5-1所示。

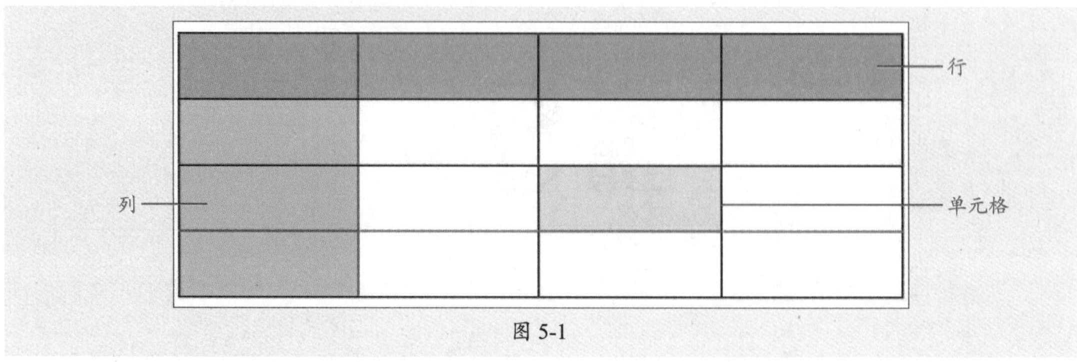

图 5-1

5.1.1 案例解析：创建表格

在学习文本的创建之前，可以跟随以下操作步骤了解并熟悉，使用钢笔工具和路径文字工具创建路径文字效果。

步骤 01 执行“文件”|“置入”命令，弹出“置入”对话框，选择“表格.xlsx”格式文件，如图5-2所示。

步骤 02 单击“打开”按钮，置入表格，如图5-3所示。

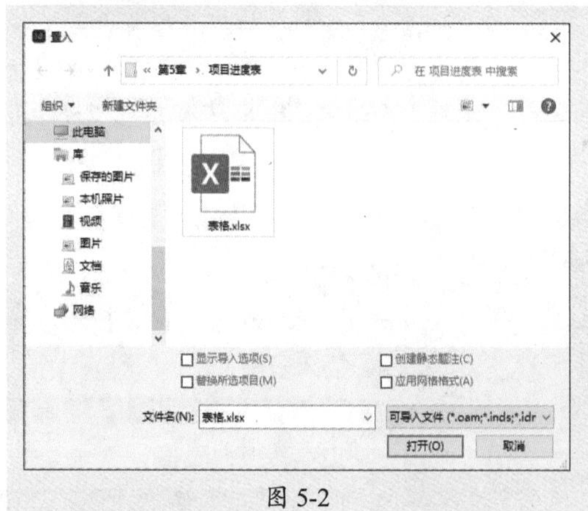

图 5-2

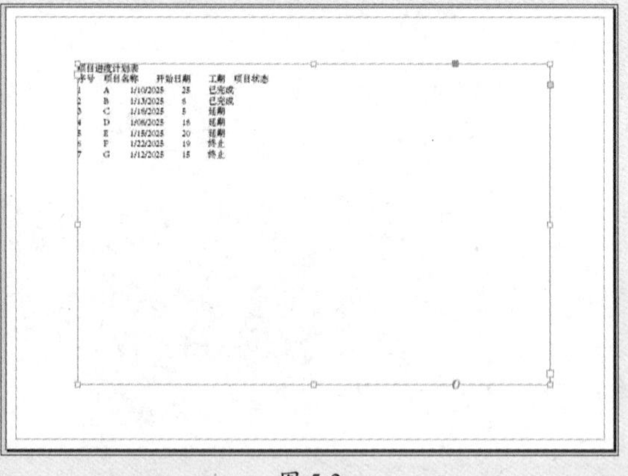

图 5-3

步骤 03 使用“文字工具”选中文本框中的内容，执行“表”|“将文本转换为表”命令，弹出“将文本转换为表”对话框，如图5-4所示。

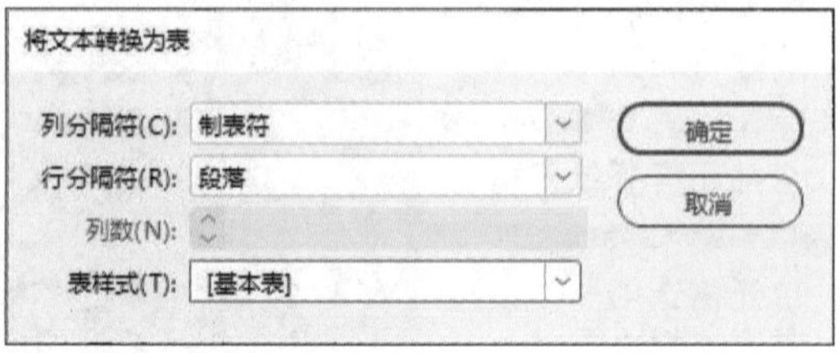

将文本转换为表
列分隔符(C): 制表符
行分隔符(R): 段落
列数(N):
表样式(T): [基本表]
确定
取消

图 5-4

步骤 04 单击“确定”按钮，效果如图5-5所示。

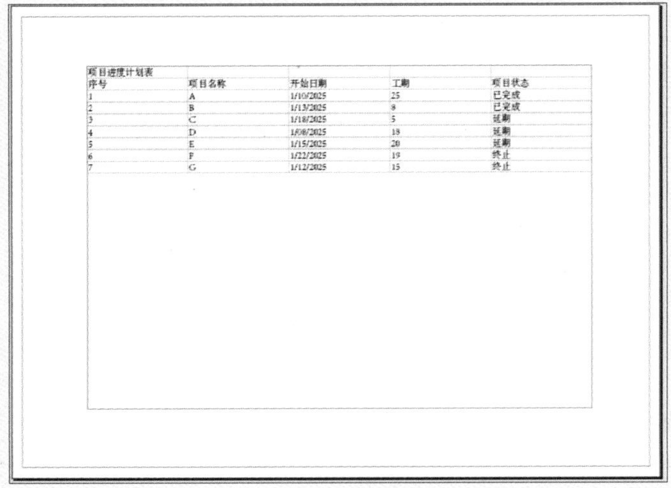

项目进度计划表				
序号	项目名称	开始日期	工期	项目状态
1	A	1/10/2025	25	已完成
2	B	1/13/2025	8	已完成
3	C	1/18/2025	5	延期
4	D	1/08/2025	18	延期
5	E	1/15/2025	20	延期
6	F	1/22/2025	19	终止
7	G	1/12/2025	15	终止

图 5-5

5.1.2 插入表格

选择“文字工具”拖动鼠标绘制一个文本框，执行“表”|“插入表”命令，或按Alt+Shift+Ctrl+T组合键，弹出“插入表”对话框，如图5-6所示。

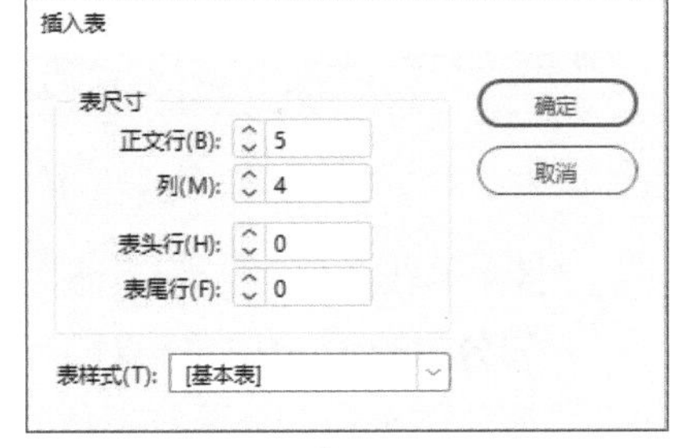

图 5-6

该对话框中主要选项的功能介绍如下。

- **正文行：** 指定表格横向行数。
- **列：** 指定表格纵向列数。
- **表头行：** 设置表格的表头行数，如表格的标题，在表格的最上方。
- **表尾行：** 设置表格的表尾行数，它与表头行一样，不过位于表格最下方。
- **表样式：** 设置表格样式。可以选择和创建新的表格样式。

表的排版方向取决于文本框架的方向，如图5-7、图5-8所示。

图 5-7

图 5-8

5.1.3 文本转换为表格

在将文本转换为表格时，需要使用指定的分隔符，如按Tab键、逗号、句号等，并且分成制表符和段落分隔符。图5-9所示为在文本中使用“逗号”分隔列，使用回车符分隔行。

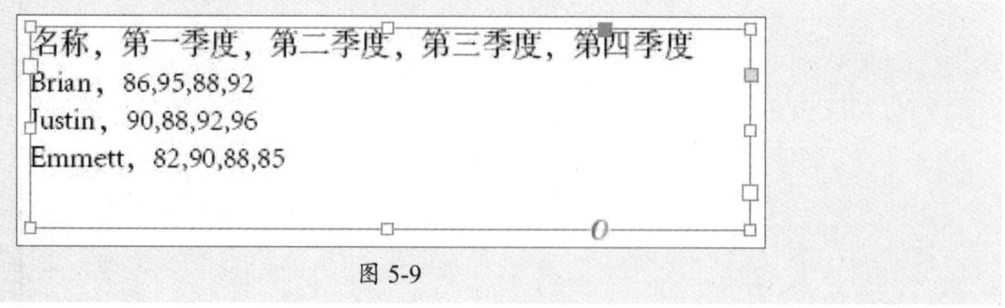

图 5-9

1. 将文本转换为表

使用“文字工具”选中要转换为表格的文本，执行“表”|“将文本转换为表”命令，在弹出的“将文本转换为表”对话框中设置参数，如图5-10、图5-11所示。

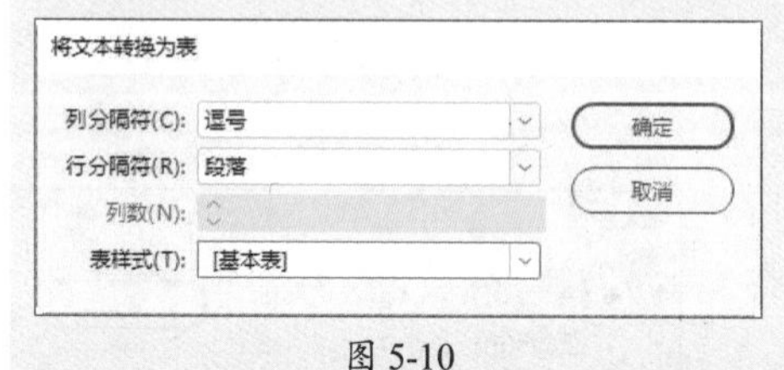

图 5-10

名称	第一季度	第二季度	第三季度	第四季度
Brian	86	95	88	92
Justin	90	88	92	96
Emmett	82	90	88	85

图 5-11

“将文本转换为表”对话框中主要选项的功能介绍如下。

- **列分隔符/行分隔符：**对于列分隔符和行分隔符，指出新行和新列应开始的位置。在列分隔符和行分隔符下拉列表中，选择“制表符”“逗号”“段落”选项，或者输入字符（如分号）。
- **列数：**如果为列和行指定了相同的分隔符，则需要指定表包含的列数。
- **表样式：**设置一种表样式以及设置表的格式。

2. 将表转换为文本

使用“文字工具”选中要转换为文本的表格，执行“表”|“将表转换为文本”命令，在弹出的“将表转换为文本”对话框中设置参数，如图5-12所示。

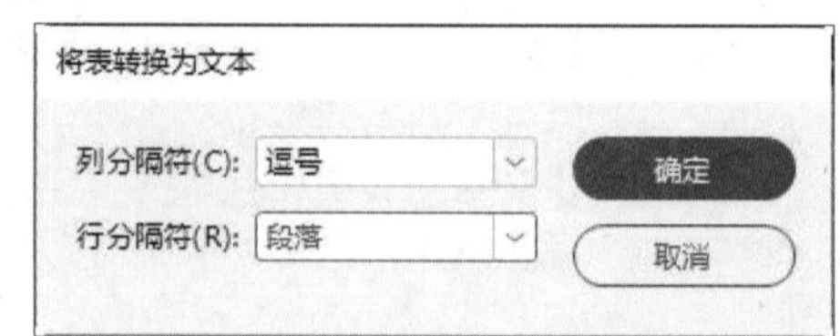

图 5-12

操作提示

将表转换为文本时，表格线会被去除并在每一行和列的末尾插入指定的分隔符。对表格中设置的字符样式也会有保留。

5.1.4 导入表格

可以将Word文档表格、Excel表格等导入到InDesign中。执行“文件”|“置入”命令，在弹出的“置入”对话框左下角勾选“显示导入选项”复选框，弹出“Microsoft Excel 导入选项”对话框，如图5-13所示。

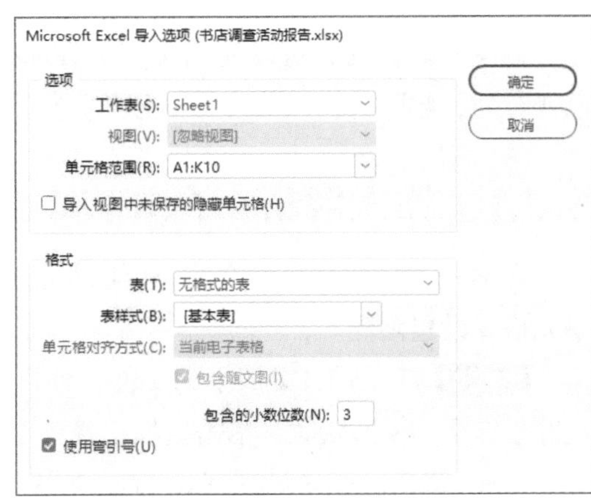

图 5-13

该对话框中主要选项的功能介绍如下。

- **工作表：** 指定要导入的工作表。
- **视图：** 指定是导入任何存储的自定义或个人视图，或是忽略这些视图。
- **单元格范围：** 指定单元格的范围，使用冒号（:）来指定范围（如A1:K10）。如果工作表中存在指定的范围，则在“单元格范围”下拉列表框中将显示这些名称。
- **导入视图中未保存的隐藏单元格：** 包括设置为Excel电子表格的未保存的隐藏单元格在内的任何单元格。
- **表：** 指定电子表格信息在文档中显示的方式，包括“有格式的表”“无格式的表”“无格式制表符分隔文本”“仅设置一次格式”四种方式。
- **表样式：** 将指定的表样式应用于导入的文档。仅当选择“无格式的表”选项才可以用。
- **单元格对齐方式：** 设置导入文档的单元格对齐方式。
- **包含的小数位数：** 设置表格中的小数位数。
- **包含随文图：** 保留置入文档的随文图。

操作提示

执行“编辑”|“首选项”|“剪贴板处理”命令，在弹出的对话框中选中“所有信息（索引标志符、色板、样式等）”单选按钮，可以直接将制表软件中的表格复制粘贴到InDesign中，如图5-14所示。

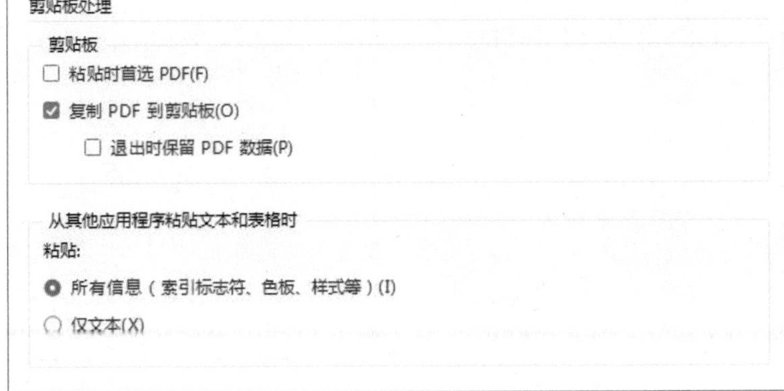

图 5-14

5.2 选择和编辑表

创建好表格后，可以使用文字工具选择单元格、行和列，根据需要调整行高、列宽、插入行列、删除行列以及合并拆分单元格。

5.2.1 案例解析：合并表中的单元格

在学习选择和编辑表之前，可以跟随以下操作步骤了解并熟悉，调整表的行高、合并单元格并设置参数。

步骤 01 打开5.1.1案例中的文件，使用“文字工具”，将鼠标指针移至表的左上角，当鼠标指针变为↘形状时，单击鼠标选择整个表，在控制面板中设置参数，如图5-15所示。

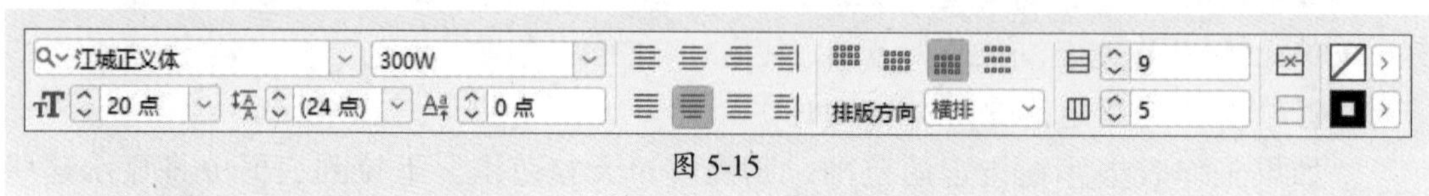

图 5-15

步骤 02 效果如图5-16所示。

步骤 03 将光标移至第一行的左边缘，当鼠标指针变为➡形状时，单击鼠标选择整行，然后单击“合并单元格”按钮，如图5-17所示。

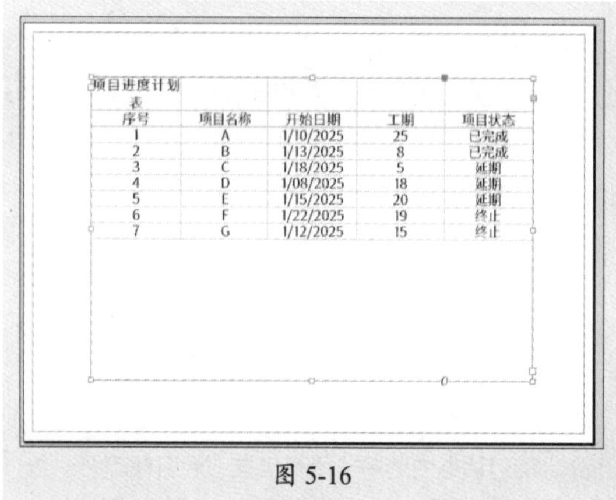

项目进度计划表				
序号	项目名称	开始日期	工期	项目状态
1	A	1/10/2025	25	已完成
2	B	1/13/2025	8	已完成
3	C	1/18/2025	5	延期
4	D	1/08/2025	18	延期
5	E	1/15/2025	20	延期
6	F	1/22/2025	19	终止
7	G	1/12/2025	15	终止

图 5-16

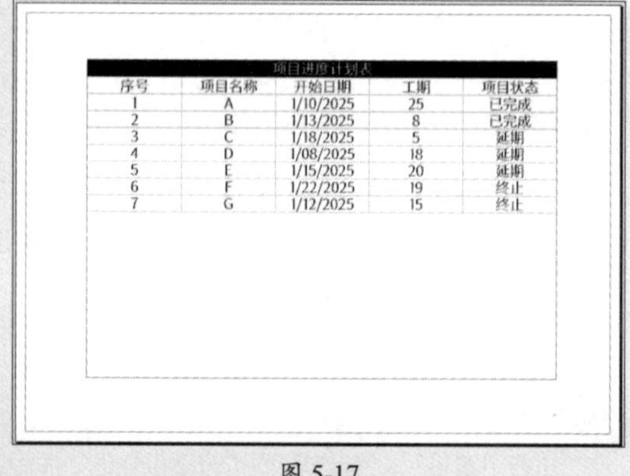

图 5-17

步骤 04 设置字号为36点，调整行高后单击“居中对齐”按钮，如图5-18所示。

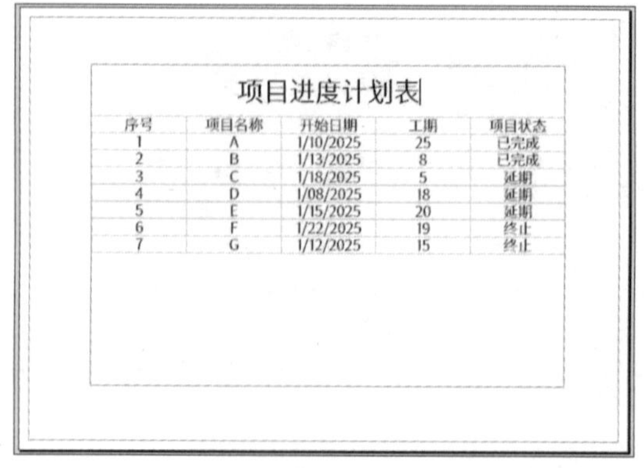

图 5-18

步骤 05 在“项目状态”列中合并相同单元格，删除多余的文字，全选整个表格，单击“居中对齐”按钮▦，如图5-19所示。

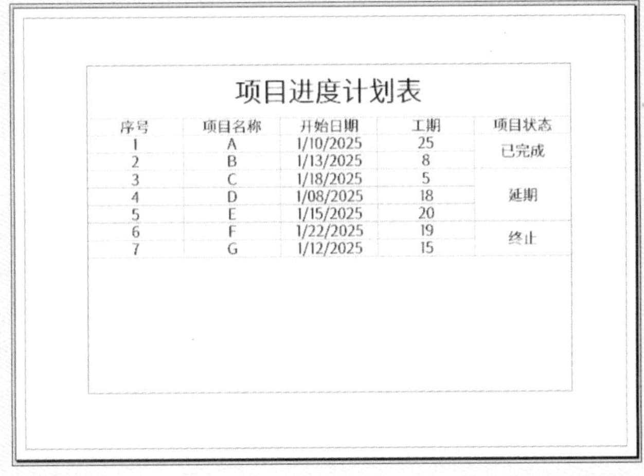

项目进度计划表

序号	项目名称	开始日期	工期	项目状态
1	A	1/10/2025	25	已完成
2	B	1/13/2025	8	
3	C	1/18/2025	5	延期
4	D	1/08/2025	18	
5	E	1/15/2025	20	
6	F	1/22/2025	19	终止
7	G	1/12/2025	15	

图 5-19

5.2.2 选择单元格、行和列

在编辑表格之前，使用“文字工具”在要选择的单元格内单击，可执行以下操作选择目标单元格、行/列以及整个表。

1. 选择单元格

- 执行“表”|“选择”|“单元格”命令，即可选择当前单元格。
- 要选择多个单元格，可跨单元格边框拖动选择。

2. 选择行 / 列

若要选择行和列，有以下两种方法。

- 执行“表”|“选择”|“行”/“列”命令，即可选择当前行或列。
- 将鼠标指针移至列的上边缘或行的左边缘，当鼠标指针变为↓或→形状时，单击鼠标即可选择整列或整行。

3. 选择整个表

若要选择整个表，有以下两种方法。

- 执行“表”|“选择”|“表”命令，即可选择整个表。
- 将鼠标指针移至表的左上角，当鼠标指针变为↘形状时，单击鼠标即可选择整个表。

5.2.3 插入行和列

对于已经创建好的表格，如果表格中的行或列不能满足要求，可以通过相关命令自由添加行与列。

1. 插入行

选择“文字工具”，在要插入行的前一行或后一行中的任意单元格中单击，定位插入

点，执行“表”|“插入”|“行”命令或按Ctrl+9组合键，打开“插入行”对话框，如图5-20所示。

在设置好需要的行数以及要插入行的位置后，单击“确定”按钮完成操作，前后效果如图5-21、图5-22所示。

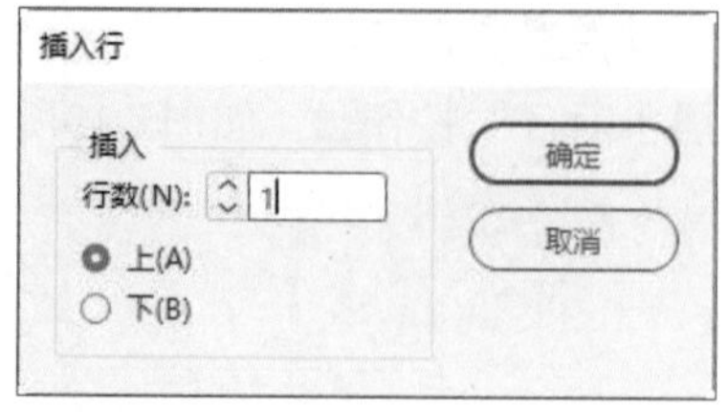

图 5-20

名称	第一季度	第二季度	第三季度	第四季度
Brian	86	95	88	92
Justin	90	88	92	96
Emmett	82	90	88	85

图 5-21

名称	第一季度	第二季度	第三季度	第四季度
Brian	86	95	88	92
Justin	90	88	92	96
Emmett	82	90	88	85

图 5-22

2. 插入列

插入列与插入行的操作相似。选择“文字工具”，在要插入列的左一列或者右一列中的任意一列单击，定位插入点，执行“表”|“插入”|“列”命令，弹出“插入列”对话框，如图5-23所示。设置好相关参数后单击“确定”按钮就可以完成插入列的操作。

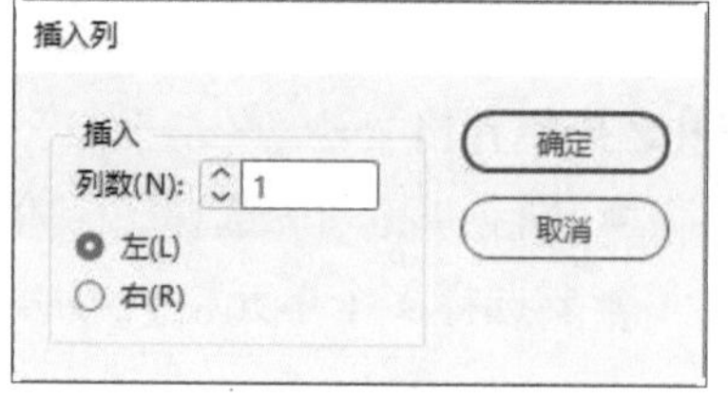

图 5-23

操作提示

直接框选需要复制的内容，按Ctrl+C组合键进行复制，将光标定位在需要粘贴的位置后按Ctrl+V组合键进行粘贴，即可生成新的行/列。按Ctrl+X组合键进行剪切，使用同样的方法进行粘贴。

5.2.4 调整行和列

当表格中的行或列变得过大或者过小时，可通过以下3种方法调整行和列的大小。

1. 直接拖动调整

选择“文字工具”，将鼠标指针放置在要改变大小的行或列的边缘位置，当鼠标指针变成↔形状时，按住鼠标左键向左或向右拖动，可以增大或减小列宽；当鼠标指针变成↕形状时，按住鼠标左键向上或向下拖动，可以增大或减小行高，如图5-24、图5-25所示。

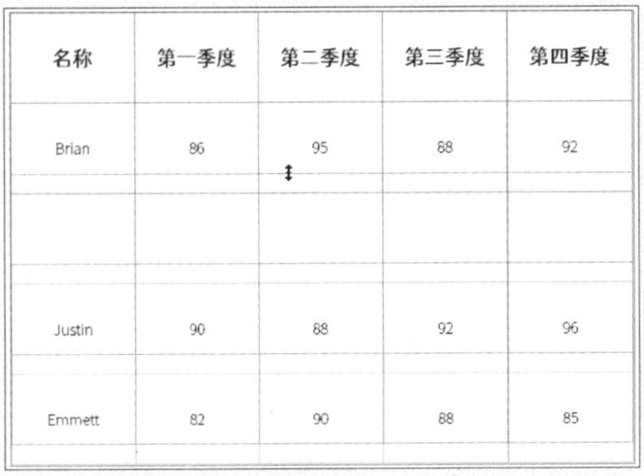

名称	第一季度	第二季度	第三季度	第四季度
Brian	86	95	88	92
Justin	90	88	92	96
Emmett	82	90	88	85

图 5-24

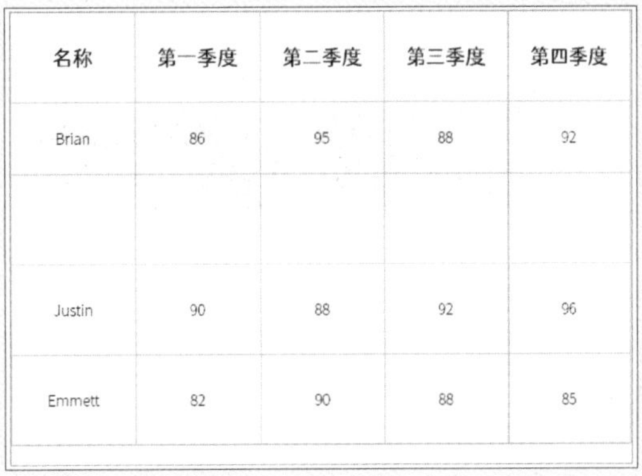

名称	第一季度	第二季度	第三季度	第四季度
Brian	86	95	88	92
Justin	90	88	92	96
Emmett	82	90	88	85

图 5-25

将鼠标指针放置在表格的右下角位置，当鼠标指针变为↘形状时，按住鼠标左键向右下方拖动即可放大或缩小表格。在拖动时按住Shift键可以等比例缩放表格。

操作提示

当文本框架太小，表格中的单元格出现溢流时，框架出口处变为红色加号⊞，表示该框架中有更多要置入的单元格，此时单击框架出口。出现载入单元格图标时，单击页面载入溢出的行。

2. 使用菜单命令精确调整

- 执行“表”|“均匀分布行/均匀分布列”命令。
- 执行“表”|“单元格选项”|“行和列”命令。

3. 使用“表”面板精确调整

执行“窗口”|“文字和表”|“表”命令或按Shift+F9组合键，在弹出的“表”面板中设置参数。

5.2.5 删除行和列

使用“文字工具”在要删除行中的任意单元格中单击，定位插入点，执行“表”|“删除”|“行”/“列”命令，即可删除行/列。若要删除整个表，则执行“表”|“删除”|“表”命令即可。

5.2.6 合并和拆分单元格

在表格制作过程中为了排版需要，可以将多个单元格合并成一个大的单元格，也可以将一个单元格拆分为多个小的单元格。

1. 水平 / 垂直拆分单元格

使用“文字工具”选择要拆分的单元格，如图5-26所示。执行“表”|“水平拆分单元格”命令，即可将选择的单元格进行水平拆分，如图5-27所示。

名称	第一季度	第二季度	第三季度	第四季度
Brian	86	95	88	92
Justin	90	88	92	96
Emmett	82	90	88	85

图 5-26

名称	第一季度	第二季度	第三季度	第四季度
Brian	86	95	88	92
Justin	90	88	92	96
Emmett	82	90	88	85

图 5-27

使用“文字工具”选择要拆分的单元格，如图5-28所示。执行“表”|“垂直拆分单元格”命令，即可将选择的单元格进行垂直拆分，如图5-29所示。

名称	第一季度	第二季度	第三季度	第四季度
Brian	86	95	88	92
Justin	90	88	92	96
Emmett	82	90	88	85

图 5-28

名称	第一季度	第二季度	第三季度		第四季度
Brian	86	95	88		92
Justin	90	88	92		96
Emmett	82	90	88		85

图 5-29

2. 合并或取消合并单元格

使用“文字工具”选择要合并的多个单元格，如图5-30所示。执行“表”|“合并单元格”命令，或者直接单击控制面板中的“合并单元格”按钮，均可直接把选择的多个单元格合并成一个单元格，如图5-31所示。

名称	第一季度	第二季度	第三季度		第四季度
Brian	86	95	88		92
Justin	90	88	92		96
Emmett	82	90	88		85

图 5-30

名称	第一季度	第二季度	第三季度		第四季度
Brian	86	95	88		92
Justin	90	88	92		96
Emmett	82	90	88		85

图 5-31

若要取消合并单元格，将光标置于合并的单元格中，执行“表”|“取消合并单元格”命令，或单击控制面板中的“取消合并单元格”按钮。

5.3 表选项的设置

通过表选项和表面板可以设置表格大小、表外框、表间距和表格线、填充颜色以及表头和表尾等参数。

5.3.1 案例解析：设置表样式

在学习表设置之前，可以跟随以下操作步骤了解并熟悉，通过表面板和表选项设置表格样式。

步骤 01 选择表格中的2～9行，在“表”面板中设置参数，如图5-32、图5-33所示。

图 5-32

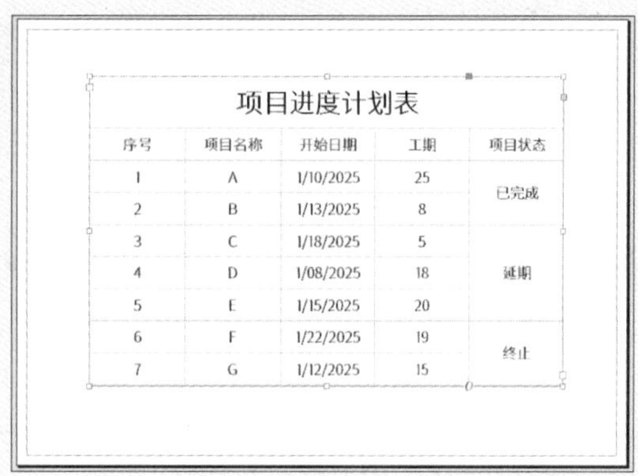

项目进度计划表

序号	项目名称	开始日期	工期	项目状态
1	A	1/10/2025	25	已完成
2	B	1/13/2025	8	
3	C	1/18/2025	5	延期
4	D	1/08/2025	18	
5	E	1/15/2025	20	
6	F	1/22/2025	19	终止
7	G	1/12/2025	15	

图 5-33

步骤 02 选择整个表，右击鼠标，在弹出的快捷菜单中选择“表选项”|“表设置”命令，在弹出的“表选项”对话框设置参数，如图5-34所示。

步骤 03 切换到“行线”选项卡，设置参数，如图5-35所示。

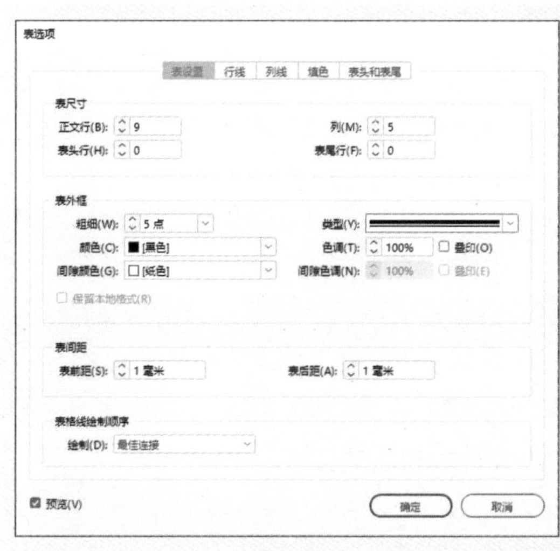

图 5-34

图 5-35

步骤 04 切换到“列线”选项卡，设置参数，如图5-36所示。

步骤 05 单击工具栏中的“预览”按钮▣，查看最终输出显示图稿，如图5-37所示。

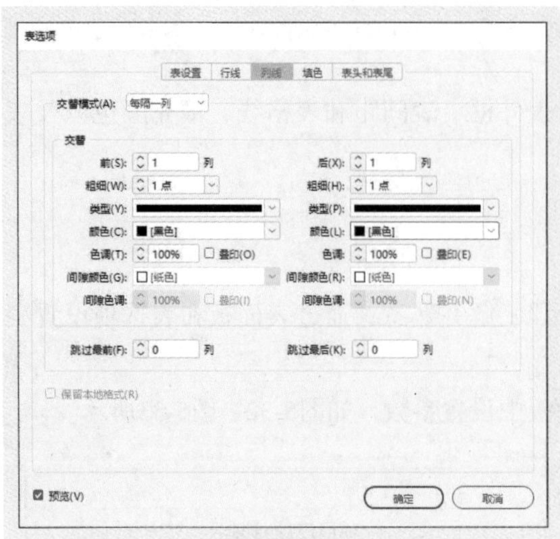

图 5-36

项目进度计划表				
序号	项目名称	开始日期	工期	项目状态
1	A	1/10/2025	25	已完成
2	B	1/13/2025	8	
3	C	1/18/2025	5	延期
4	D	1/08/2025	18	
5	E	1/15/2025	20	
6	F	1/22/2025	19	终止
7	G	1/12/2025	15	

图 5-37

5.3.2 表选项——设置表样式

使用“文字工具”选中表格后，执行“表”|“表选项”|“表设置”命令，或右击鼠标，在弹出的快捷菜单中选择“表选项”|“表设置”命令，弹出“表选项”对话框，如图5-38所示。

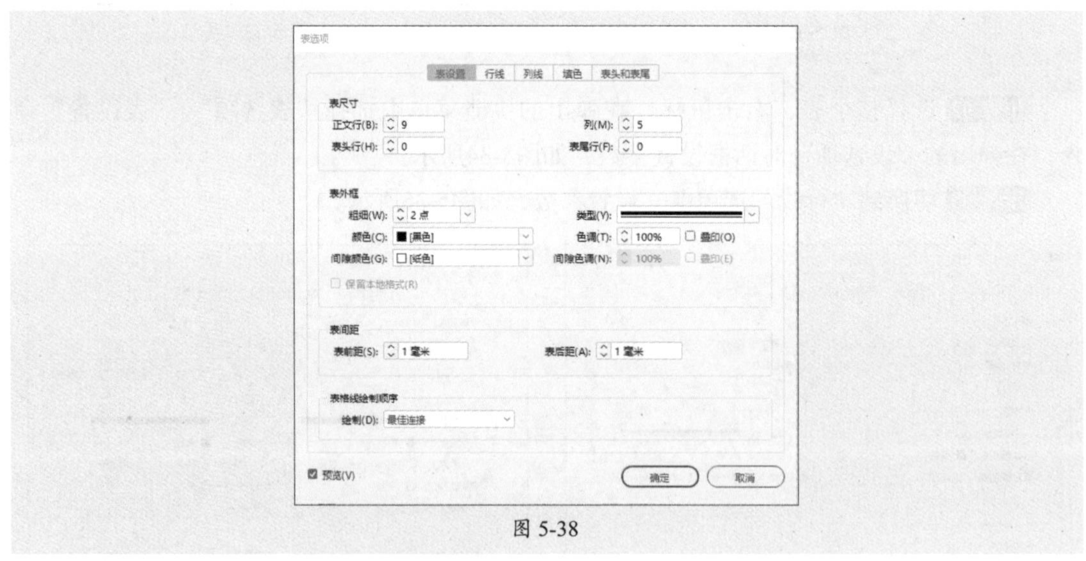

图 5-38

该对话框中各选项的功能介绍如下。

- **表尺寸：** 设置表格中的正文行数、列数、表头行数和表尾行数。
- **表外框：** 设置表外框参数。
- **表间距：** 设置表格前/后离文字或其他周围对象的距离。
- **表格线绘制顺序：** 设置选择绘制顺序。

1. 行线 / 列线

在“行线/列线”选项卡中可以设置行线/列线的参数样式，如图5-39、图5-40所示。

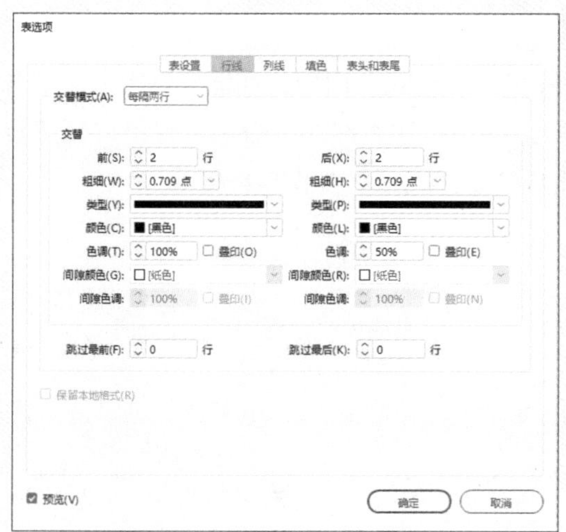

图 5-39

图 5-40

行线/列线选项卡中选项的功能介绍如下。

- **交替模式：**选择要使用的类型。
- **“交替”选项组：**为第一种模式和第二种模式设置填色选项。
- **跳过最前/跳过最后：**设置表的开始和结束处不希望显示描边属性的行数/列数。
- **保留本地格式：**选中该复选框，保留原表格式描边。

2. 填色

切换到“填色”选项卡，在“交替模式”下拉列表框中可以设置行和列的填色交替模式，在“前”“后”“色调”以及“颜色”等选项中设置参数，如图5-41所示。

3. 表头和表尾设置

在“表头和表尾”选项卡中可以添加表格的表头、表尾，如图5-42所示。

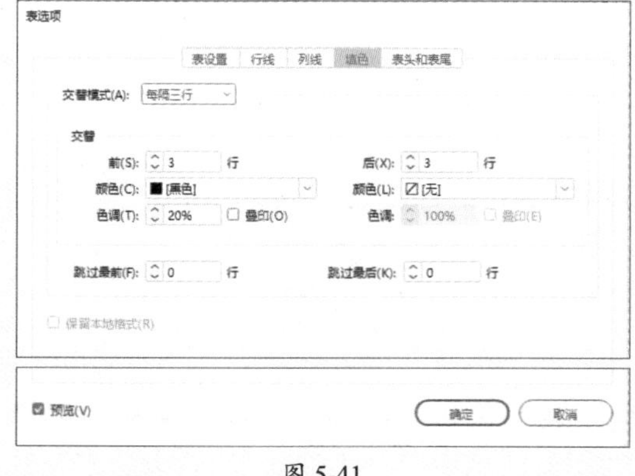

图 5-41

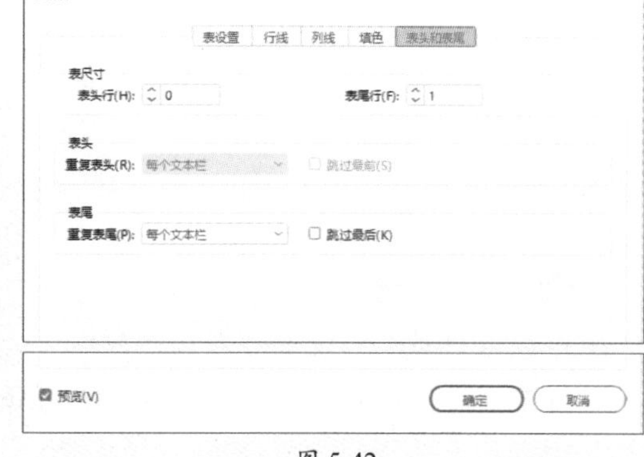

图 5-42

操作提示

执行“表”|“单元格选项”|“描边和填色”命令，在打开的“单元格选项”对话框中设置单元格描边和填色的参数。

5.3.3 表样式——快捷应用表样式

执行“窗口”|“样式”|“表样式”命令，弹出“表样式”面板，如图5-43所示。单击面板上的“菜单”按钮▤，在弹出的下拉菜单中选择“新建表样式”命令，弹出“新建表样式”对话框，设置参数后单击“确定”按钮生成“表样式1”，如图5-44所示。

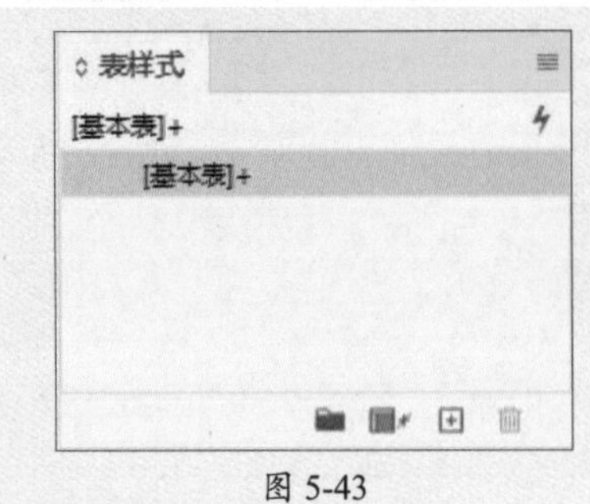

图 5-43

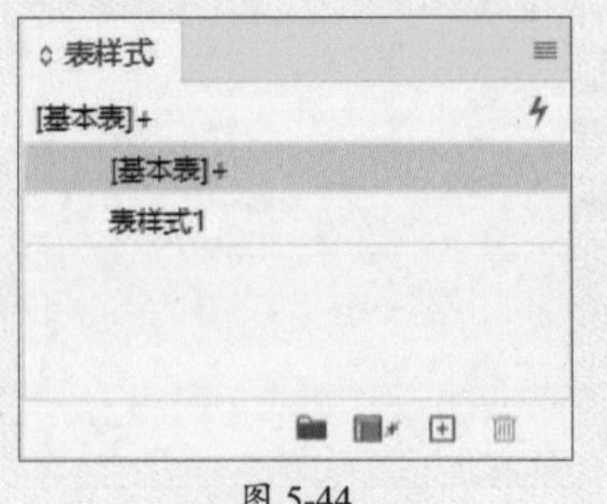

图 5-44

操作提示

由于“新建表样式”对话框设置选项和“表选项”对话框设置选项相同，所以这里不再赘述。

5.3.4 “表”面板——设置表格参数

“表”面板可以快速设置表行数、列数、行高、列宽、排版方向、表内对齐和单元格内边距，执行“窗口”|“文字和表”|“表”命令，弹出“表”面板，如图5-45所示。

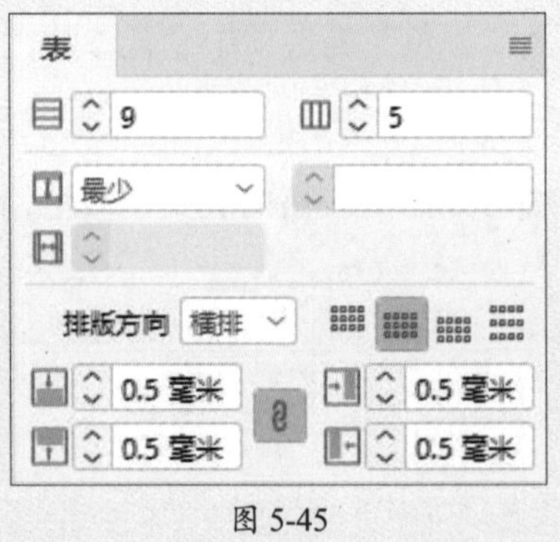

图 5-45

该面板中主要选项的功能介绍如下。

- **行数▤/列数▥：** 设置行数和列数。
- **行高▥/列宽▤：** 在下拉列表框中可选择“最少”和“精确”选项，调整行高和列宽。
- **排版方向：** 在下拉列表框中可选择“横排”和“直排”选项。
- **对齐方式：** ▦表示上对齐；▦表示居中对齐；▦表示下对齐；▦表示撑满。
- **设置单元格边距：** ▣表示上单元格内边距；▣表示左单元格内边距；▣表示下单元格的内边距；▣表示右单元格内边距。

5.4 单元格选项的设置

通过“单元格选项”对话框可以对单元格进行设置，使表格形式更加美观、内容更加丰富。

5.4.1 案例解析：设置单元格样式

在学习单元格设置之前，可以跟随以下操作步骤进行了解并熟悉，使用单元格选项中的描边和填色装饰表格。

步骤 01 选择表格第二行，如图5-46所示。

步骤 02 右击鼠标，在弹出的快捷菜单中选择“单元格选项”|“描边和填色”命令，在弹出的“单元格选项”对话框中设置参数，如图5-47所示。

项目进度计划表

序号	项目名称	开始日期	工期	项目状态
1	A	1/10/2025	25	已完成
2	B	1/13/2025	8	
3	C	1/18/2025	5	延期
4	D	1/08/2025	18	
5	E	1/15/2025	20	
6	F	1/22/2025	19	终止
7	G	1/12/2025	15	

图 5-46

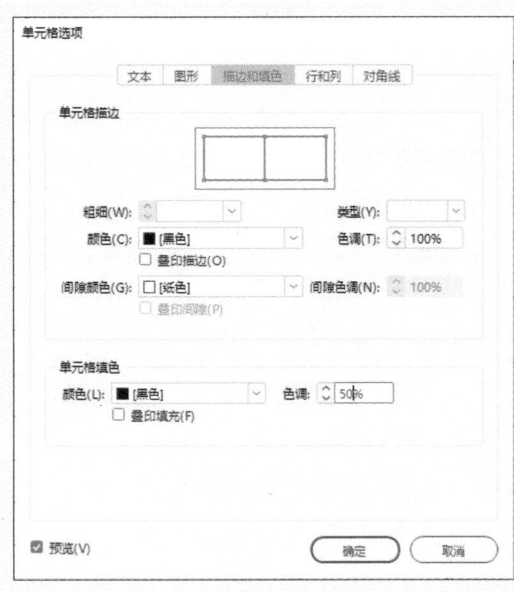

图 5-47

步骤 03 单击“确定”按钮，效果如图5-48所示。

步骤 04 更改第二行文字颜色为白色，如图5-49所示。

项目进度计划表

序号	项目名称	开始日期	工期	项目状态
1	A	1/10/2025	25	已完成
2	B	1/13/2025	8	
3	C	1/18/2025	5	延期
4	D	1/08/2025	18	
5	E	1/15/2025	20	
6	F	1/22/2025	19	终止
7	G	1/12/2025	15	

图 5-48

项目进度计划表

序号	项目名称	开始日期	工期	项目状态
1	A	1/10/2025	25	已完成
2	B	1/13/2025	8	
3	C	1/18/2025	5	延期
4	D	1/08/2025	18	
5	E	1/15/2025	20	
6	F	1/22/2025	19	终止
7	G	1/12/2025	15	

图 5-49

步骤 05 选择表格第四行，右击鼠标，在弹出的快捷菜单中选择“单元格选项”|“描边和填色”命令，在弹出的“单元格选项”对话框中设置参数，如图5-50所示。

步骤 06 选择表格第四行，在“单元格样式”面板中单击“创建新样式”按钮⊞，如图5-51所示。

项目进度计划表

序号	项目名称	开始日期	工期	项目状态
1	A	1/10/2025	25	已完成
2	B	1/13/2025	8	
3	C	1/18/2025	5	延期
4	D	1/08/2025	18	
5	E	1/15/2025	20	
6	F	1/22/2025	19	终止
7	G	1/12/2025	15	

单元格填色
颜色(L): [黑色]　色调: 20%
叠印填充(F)

图 5-50

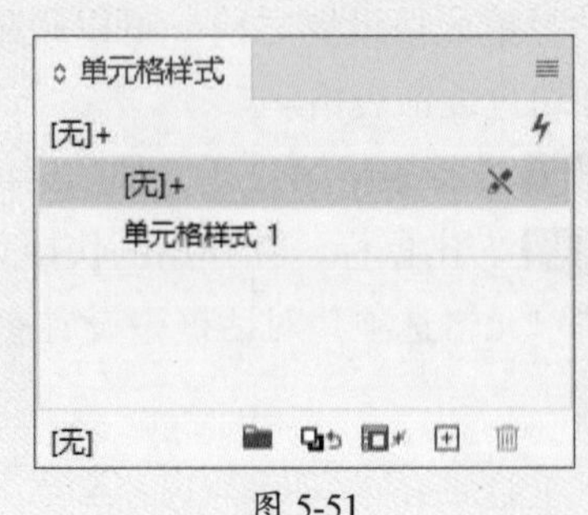

图 5-51

步骤 07 分别选择第六行和第八行，在“单元格样式”面板中单击“单元格样式1”，应用样式，如图5-52所示。

步骤 08 选择第一行文字，设置字间距为200，如图5-53所示。

项目进度计划表

序号	项目名称	开始日期	工期	项目状态
1	A	1/10/2025	25	已完成
2	B	1/13/2025	8	
3	C	1/18/2025	5	延期
4	D	1/08/2025	18	
5	E	1/15/2025	20	
6	F	1/22/2025	19	终止
7	G	1/12/2025	15	

图 5-52

项 目 进 度 计 划 表

序号	项目名称	开始日期	工期	项目状态
1	A	1/10/2025	25	已完成
2	B	1/13/2025	8	
3	C	1/18/2025	5	延期
4	D	1/08/2025	18	
5	E	1/15/2025	20	
6	F	1/22/2025	19	终止
7	G	1/12/2025	15	

图 5-53

5.4.2 单元格选项——设置单元格样式

使用“文字工具”选择要编辑的单元格，执行“表”|“单元格选项”|“文本”命令，弹出“单元格选项”对话框，如图5-54所示。

该对话框中各选项的功能介绍如下。

- **排版方向：** 在下拉列表框中选择文字方向为“水平”或“垂直”。
- **单元格内边距：** 设置单元格中上下左右内边距。
- **垂直对齐：** 在下拉列表框中选择一种对齐方式，包括“上对齐”“居中对齐”“下对齐”“垂直对齐”和“两端对齐”。若选择“两端对齐”选项，则需设置“段落间距限制”参数。
- **首行基线：** 在下拉列表框中选择一个选项来决定文本将如何从单元格顶部位移。

- **剪切：** 勾选“按单元格大小剪切内容”复选框，剪切的内容在单元格内，框外的部分被剪切。
- **文本旋转：** 指定旋转单元格中的文本。

图 5-54

2. 图形

切换到“图形”选项卡，设置单元格内边距选项参数。

3. 描边和填色

切换到“描边和填色”选项卡，设置单元格描边粗细、类型、颜色，单元格颜色和色调等选项参数，如图5-55所示。

4. 行和列

切换到“行和列”选项卡，设置行高、列宽等选项参数，如图5-56所示。

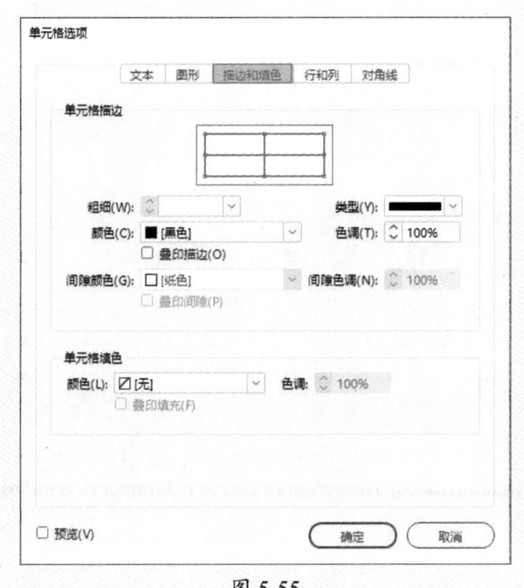

图 5-55

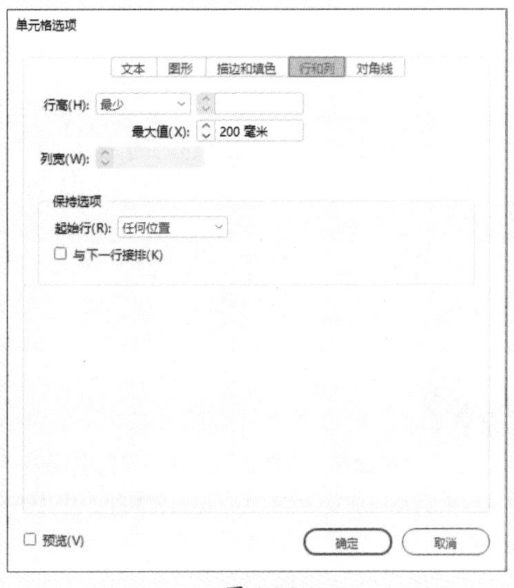

图 5-56

5. 对角线

切换到“对角线”选项卡，设置对角线样式、线条描边粗细、类型、颜色、间隙颜色等选项参数，如图5-57所示。

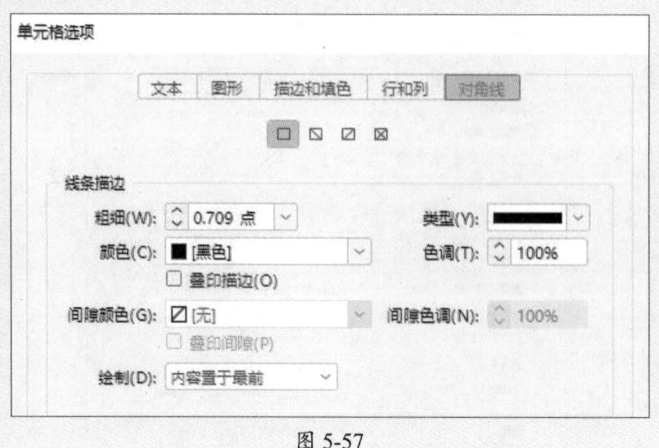

图 5-57

操作提示

该对话框中，可选择的对角线样式分别为“无对角线”、“从左上角到右下角对角线”、“从右上角到左下角对角线”以及“交叉对角线”。

5.4.3 单元格样式——快捷应用单元格样式

执行“窗口”|“样式”|“单元格样式”命令，弹出“单元格样式”面板，如图5-58所示。单击面板上的“菜单”按钮，在弹出的下拉菜单中选择“新建单元格样式”命令，弹出“新建单元格样式”对话框，设置参数后单击“确定”按钮，生成“单元格样式1”，如图5-59所示。

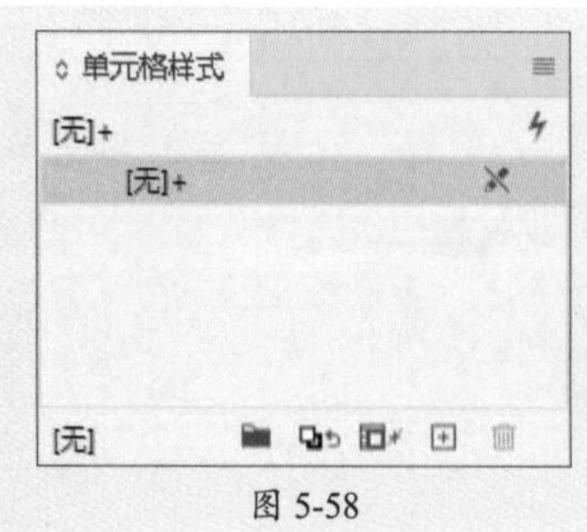

图 5-58

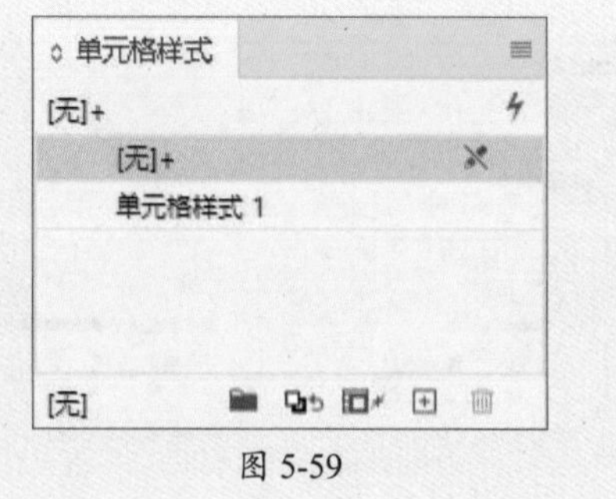

图 5-59

操作提示

由于“新建单元格样式”对话框设置选项和“单元格选项”对话框设置选项相同，所以这里不再赘述。

课堂实战 制作产品保修卡

本章课堂练习制作产品保修卡，综合练习本章的知识点，以熟练掌握和巩固表格的创建、编辑，添加项目符号和编号等。下面将进行操作思路的介绍。

步骤01 选择“文字工具”拖动鼠标绘制文本框并输入文字，在“字符”面板中设置文字参数，如图5-60所示。执行“表”|“创建表”命令，在弹出的“创建表”对话框中设置参数，如图5-61所示。

步骤02 选中第五行合并单元格，右击鼠标，在弹出的快捷菜单中选择“单元格选项”|“行和列”命令，在弹出的“单元格选项”对话框中设置参数，如图5-62所示。

图 5-60

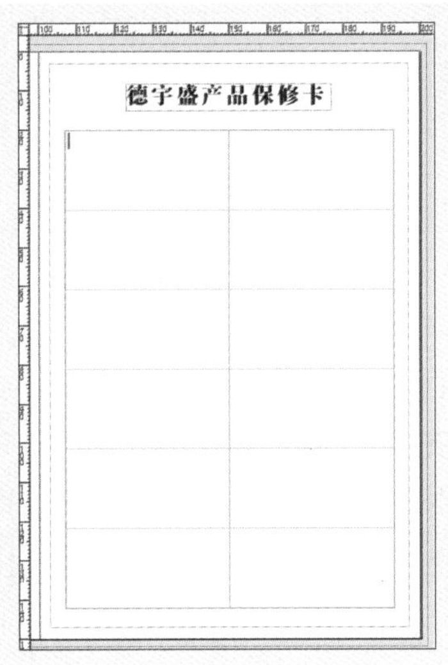

图 5-61

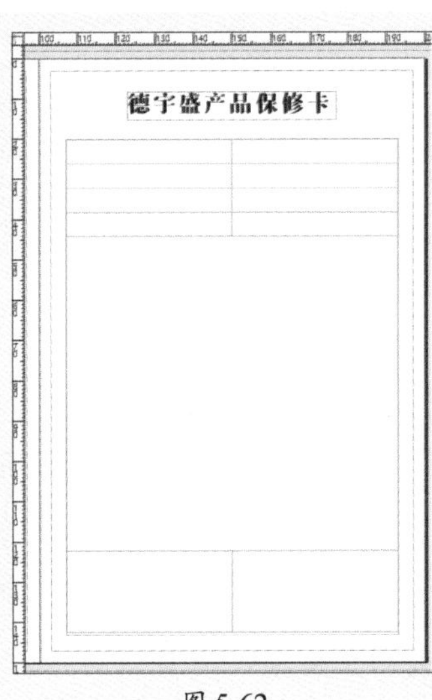

图 5-62

步骤03 输入文字，如图5-63所示。

步骤04 设置段落样式并添加项目符号，如图5-64所示。

步骤05 输入直排文字，最终如图5-65所示。

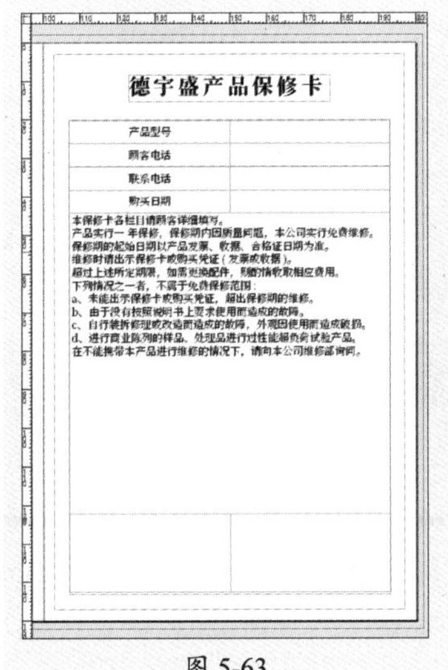

图 5-63

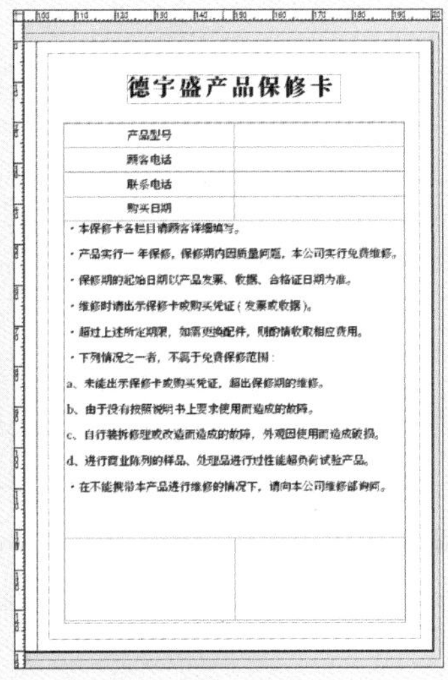

图 5-64

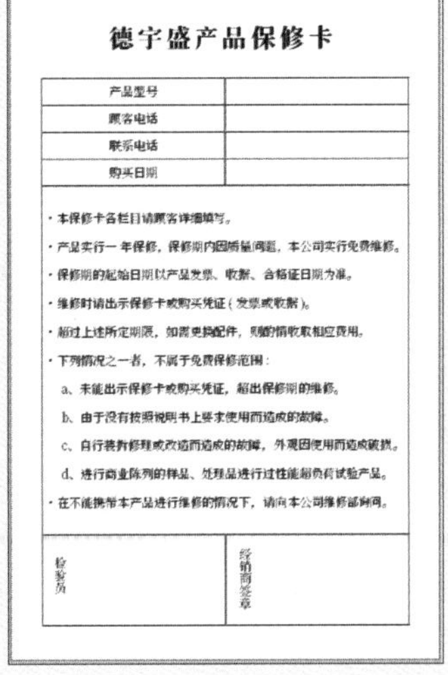

图 5-65

课后练习 制作月份挂历

下面将综合使用工具制作月份挂历，效果如图5-66所示。

图 5-66

1. 技术要点

①置入素材图像并调整显示。

②使用“文字工具”输入文字，使用“直线工具”绘制直线，设置参数。

③将文本转换为表格，设置表样式、单元格样式并应用。

2. 分步演示

本案例的分步演示效果如图5-67所示。

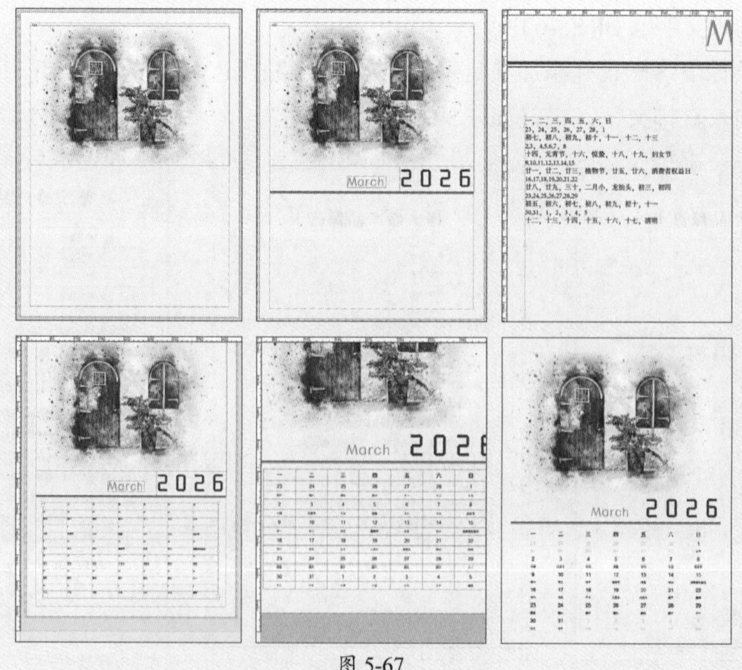

图 5-67

拓展赏析

如何在版式设计中编排图片

版式设计是将文字、图片（图形）及色彩等视觉传达信息要素，进行有组织、有目的地组合排列的设计行为与过程。关于图片，在版式中有以下几种编排方式。

1. 平铺图片

将图片铺满整个画面，充当版面设计中的背景，这样的设计方式多用于书籍封面的设计。

2. 图片居中排版

将图片居中放置在画面中间的位置，且让四周留白保持一致。

3. 图片平铺 + 色块 + 文字

将图片平铺在版面中，可以是全铺，也可以是非全铺，在图片上添加一个有颜色的色块，然后把文字叠加在色块上，如图5-68所示。

4. 图片任意排版

将图片放在版面中除居中以外的任意位置上。最好选择带有视觉指引性的图片，可以根据人物或其他主题的视线/方向引导用户浏览下一个位置的内容信息，如图5-69所示。

图 5-68

图 5-69

5. 图片出血排版

将图片放置在版面中，四周可以不留出血（出血指间隔），也可以出血1～3边。图片的大小和位置都是靠版面边缘排列。可根据需要选择合适的图形大小和形状以及出血的数量。

6. 图片分割排版

将图片分割成几个图形组合而成，但不影响图片识别的完整性。图片分割的图形可以是规则或不规则的图形，也可以是物体轮廓，还可以是文字样式等，如图5-70所示。

7. 图片跨页排版分割

图片占据版面的两个面，一般选择横向构图，大小随意。需要注意的是，图片的视觉中心最好不要放在跨线边缘，如图5-71所示。

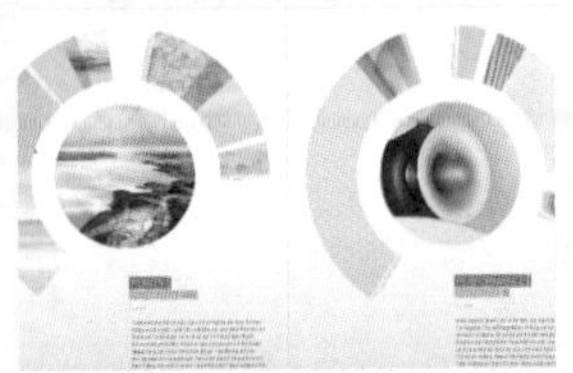

图 5-70

图 5-71

第6章

对象的调整与变换

内容导读

本章将对对象的调整变换进行讲解，包括使用对象选择工具、执行选择命令选择目标对象，执行编辑命令复制粘贴图像，执行显示/隐藏、锁定/取消锁定、编组/取消编组、排列、对齐与分布等命令调整对象显示，使用变形工具、执行变换命令等调整对象形态。

思维导图

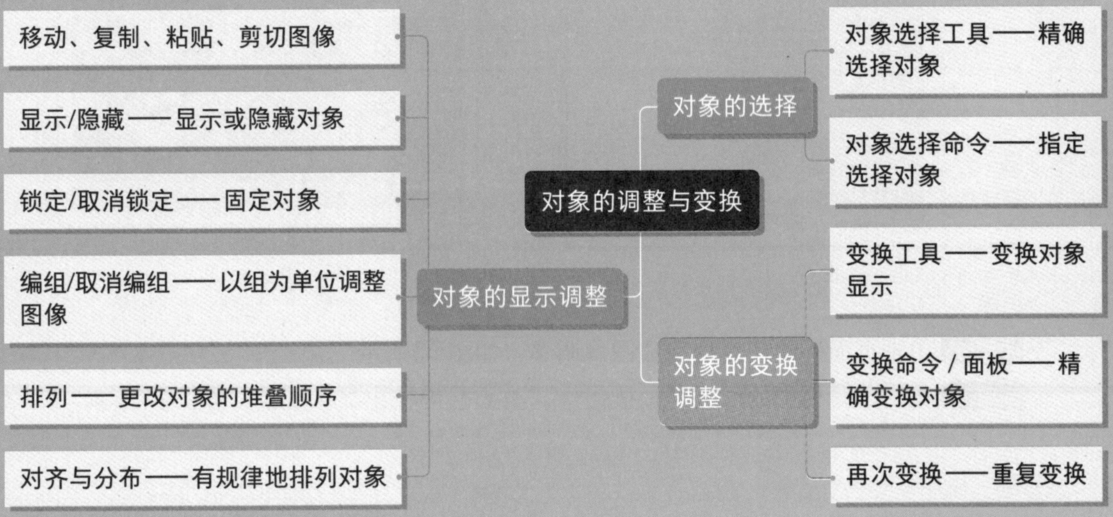

- 对象的调整与变换
  - 对象的选择
    - 对象选择工具——精确选择对象
    - 对象选择命令——指定选择对象
  - 对象的变换调整
    - 变换工具——变换对象显示
    - 变换命令 / 面板——精确变换对象
    - 再次变换——重复变换
  - 对象的显示调整
    - 移动、复制、粘贴、剪切图像
    - 显示/隐藏——显示或隐藏对象
    - 锁定/取消锁定——固定对象
    - 编组/取消编组——以组为单位调整图像
    - 排列——更改对象的堆叠顺序
    - 对齐与分布——有规律地排列对象

6.1 对象的选择

在对对象进行编辑操作前，需要先选中对象。在InDesign中可以通过多种工具以及命令选择对象。

6.1.1 案例解析：调整置入图像的显示

在学习对象的选择之前，可以跟随以下操作步骤了解并熟悉，置入图像后调整画面显示比例。

步骤 01 置入素材，如图6-1所示。

步骤 02 选择“对象选择工具”调整框架，如图6-2所示。

图 6-1

图 6-2

步骤 03 使用“直接选择工具”单击选择框架内的图像，或者使用“选择工具”双击选择框架内的图像，如图6-3所示。

步骤 04 按住Shift键放大调整图像，如图6-4所示。

图 6-3

图 6-4

步骤 05 单击页面外的任意处完成图像调整，如图6-5所示。

步骤 06 单击工具栏中的“预览”按钮，查看最终输出显示图稿，如图6-6所示。

图 6-5

图 6-6

6.1.2 对象选择工具——精确选择对象

在InDesign中提供了两种选择工具：选择工具和直接选择工具。

1. 选择工具

使用“选择工具”▶可以选择文本和图形，并使用对象的外框来处理对象。将鼠标指针移至需要选择的对象上，如图6-7所示。单击鼠标，即可选中对象，如图6-8所示。

图 6-7

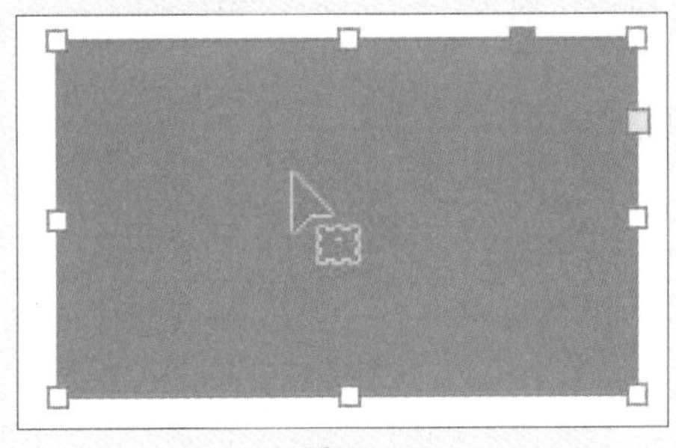
图 6-8

操作提示

将鼠标指针悬停在图像上时会出现手形抓取工具（圆环），如图6-9所示。此时无需切换到“直接选择工具”就可以处理框架内的图像，如图6-10所示。

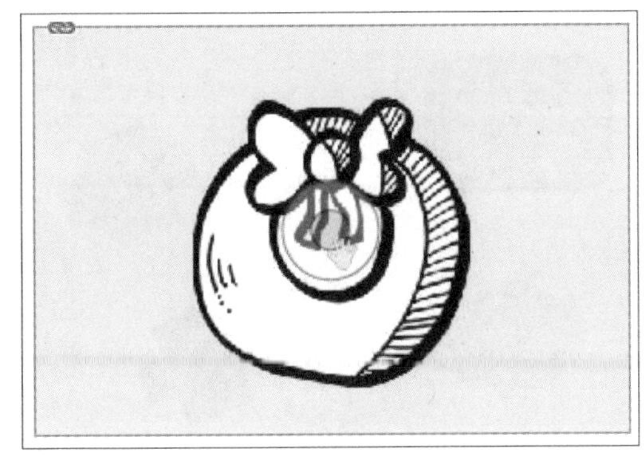
图 6-9

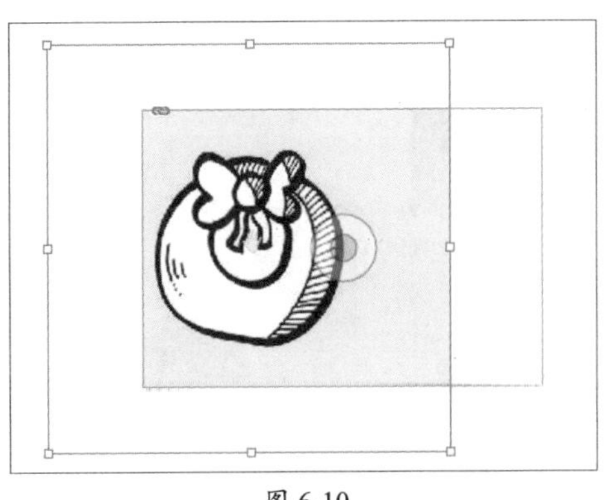
图 6-10

2. 直接选择工具

使用“直接选择工具”▷可以选择框架的内容，或者直接处理可编辑对象，例如路径、矩形或者已经转换为文本轮廓的文字，如图6-11、图6-12所示。

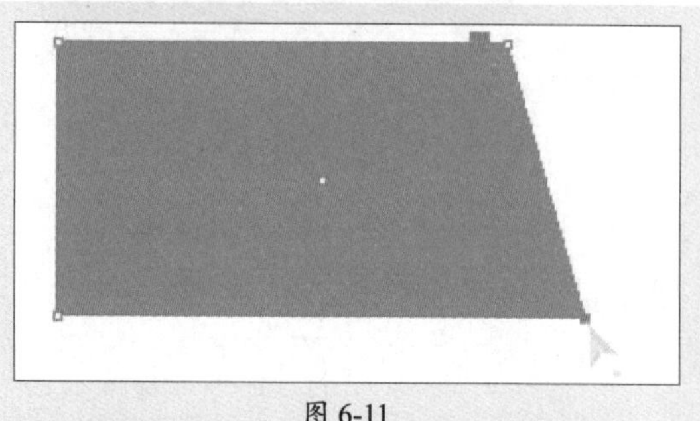

图 6-11

图 6-12

使用“文字工具”可以选择文本框架中、路径上或表格中的文本。

6.1.3 对象选择命令——指定选择对象

执行“对象”|“选择”命令的子菜单，可以有针对性地选择对象，如图6-13所示。

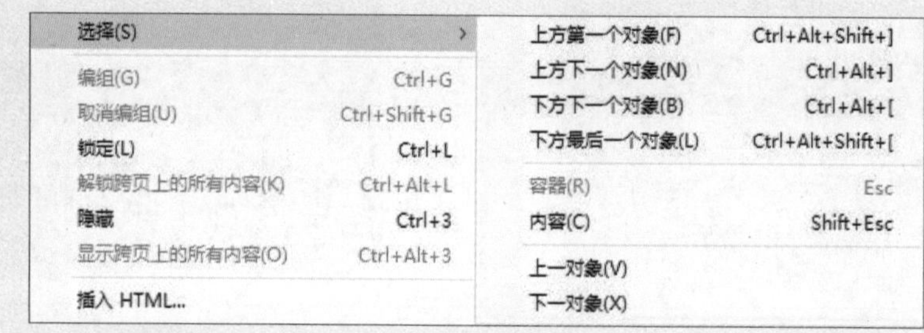

图 6-13

除此之外，执行“编辑”|“全选”命令或按Ctrl+A组合键，可选择全部图像，如图6-14所示；执行“编辑”|“全部取消选择”命令或按Ctrl+Shift+A组合键，或单击页面任意位置，可取消选择全部图像，如图6-15所示。

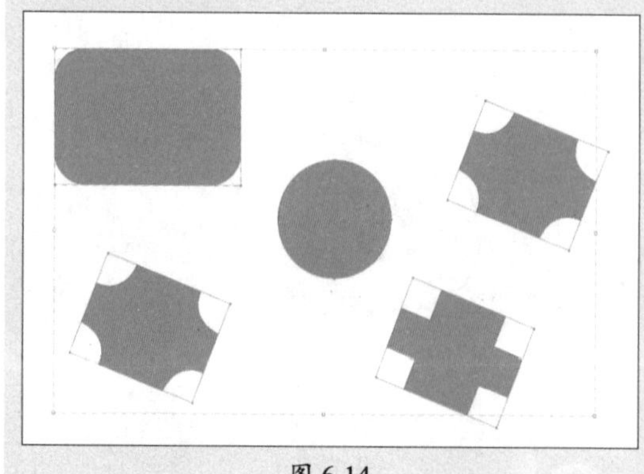

图 6-14

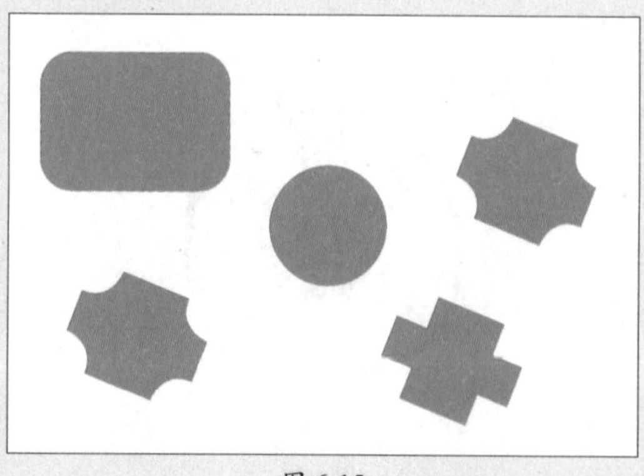

图 6-15

操作提示

使用“选择工具”在需要选择的一个或多个图像旁边拖动鼠标即可选择图像，如图6-16、图6-17所示。绘制与文档等大的选区即可选择全部图像。

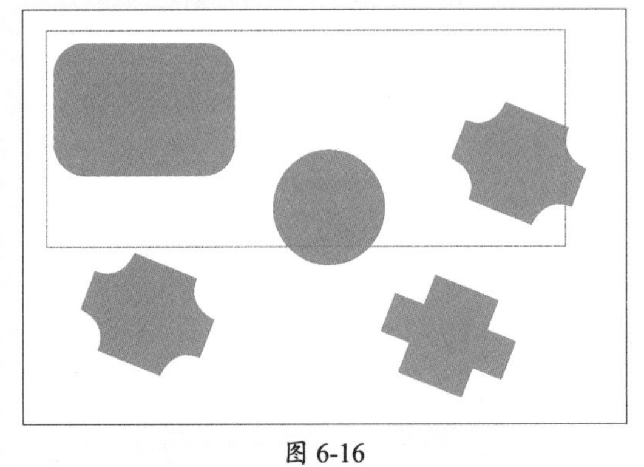

图 6-16

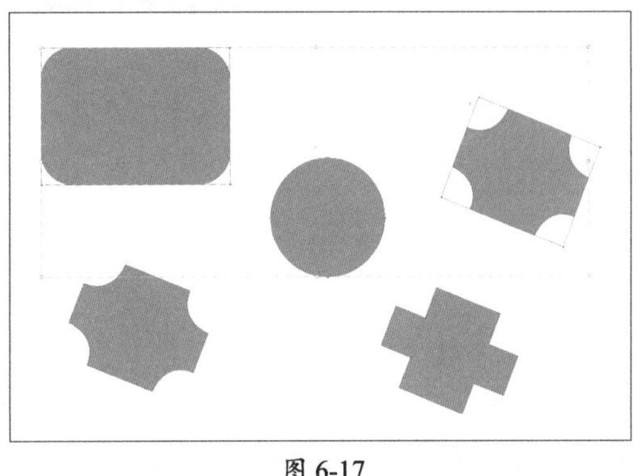

图 6-17

6.2 对象的显示调整

在InDesign中可以使用编辑命令移动、复制、粘贴、剪切图像，使用图层以及对象命令可以使对象显示/隐藏、锁定/解锁、排列以及对齐与分布。

6.2.1 案例解析：制作平铺背景

在学习对象的显示调整之前，可以跟随以下操作步骤进行了解并熟悉，置入图像后移动复制，使用编组、对齐、分布命令排列图像。

步骤 01 置入素材图像，如图6-18所示。

步骤 02 按住Alt键移动复制图像，更改置入的图像，如图6-19所示。

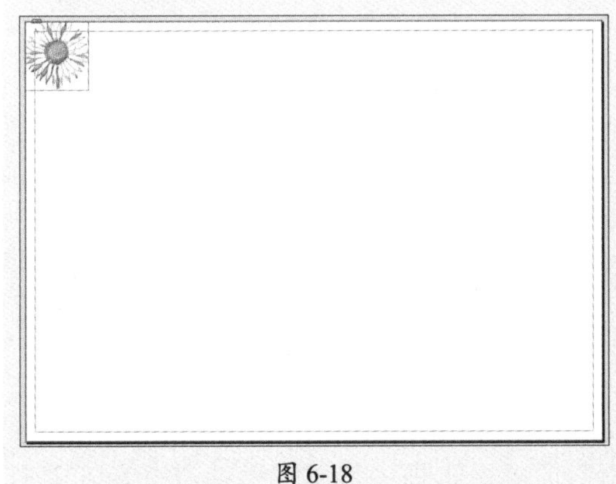

图 6-18

图 6-19

步骤 03 框选两个图像，按住Alt键移动复制，如图6-20所示。

步骤 04 框选全部图像，在“对齐”面板中勾选“使用间距”复选框，在文本框中设置参数为10毫米，单击“水平分布间距”按钮，如图6-21所示。

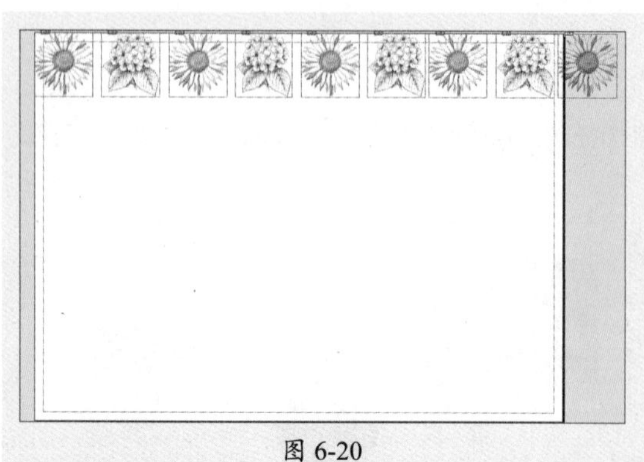
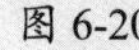

图 6-20

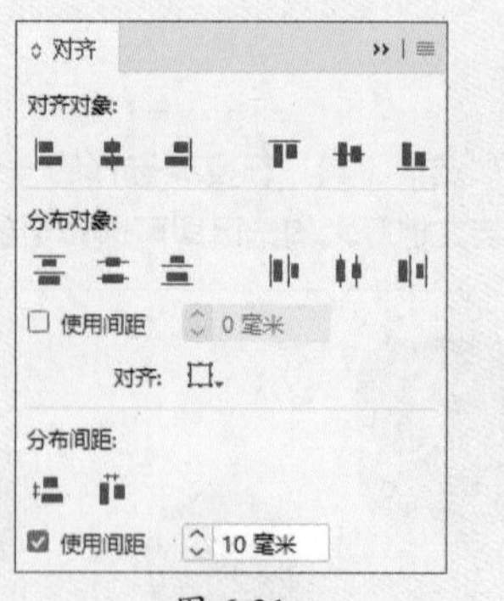

图 6-21

步骤 05 按住Shift键加选二、四、六、八图像，向下移动，如图6-22所示。

步骤 06 框选全部图像，按Ctrl+G组合键编组，按住Alt键向下移动复制，如图6-23所示。

图 6-22

图 6-23

步骤 07 更改第二行图像，如图6-24所示。

步骤 08 框选两组图像，按住Alt键向下移动复制，如图6-25所示。

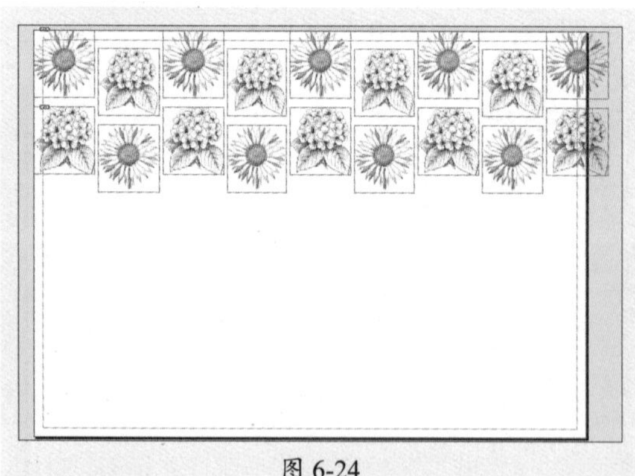

图 6-24

图 6-25

步骤 09 在“对齐”面板中，在“使用间距”后的文本框中设置参数为-7毫米，单击“垂直分布间距”按钮，如图6-26、图6-27所示。

步骤 10 框选全部图像，按Ctrl+G组合键编组，在“对齐”面板设置“对齐”为“对齐页面”，单击“水平居中对齐”按钮和“垂直居中对齐”按钮，如图6-28所示。

步骤 11 单击工具栏中的“预览”按钮，查看最终输出显示图稿，如图6-29所示。

图 6-26

图 6-27

图 6-28

图 6-29

6.2.2 移动、复制、粘贴、剪切图像

在InDesign中，选中目标对象后，可以根据不同的需要灵活地选择多种方式移动对象。

- 使用“选择工具”拖动对象。
- 使用键盘上的上下左右方向键。
- 在控制面板中的X值与Y值文本框中设置水平或垂直移动的参数，如图6-30、图6-31所示。

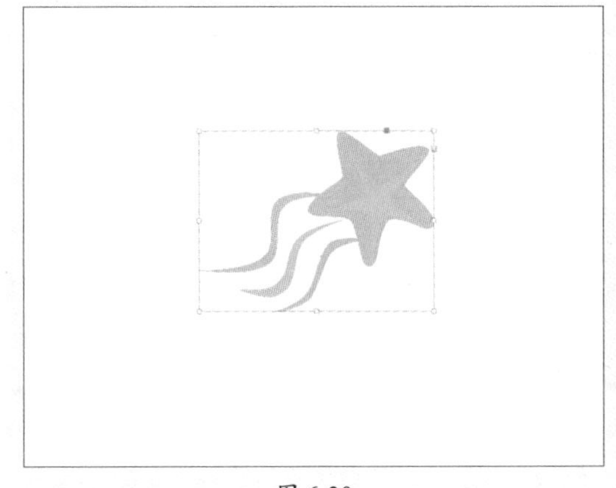

图 6-30

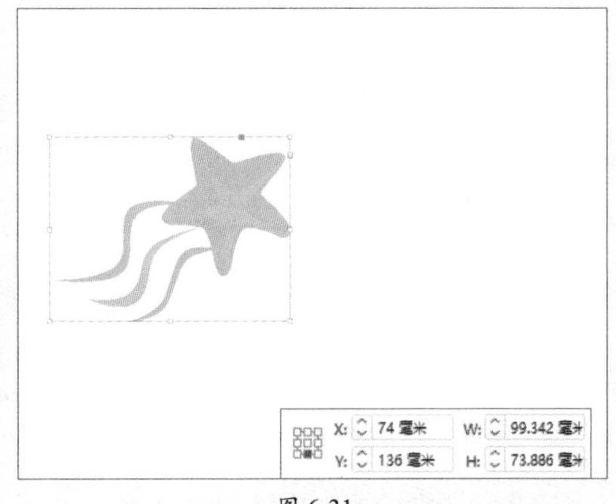

图 6-31

1. 复制

选中对象，执行“编辑”|“复制”命令，或按Ctrl+C组合键复制图像，此时画面没有任何改变，如图6-32所示。执行“编辑”|“粘贴”命令，或按Ctrl+V组合键，可将对象粘贴到中心位置，如图6-33所示。执行“编辑”→“原位粘贴”命令，可将对象粘贴到复制或剪切时所在的位置，移动即可显示。

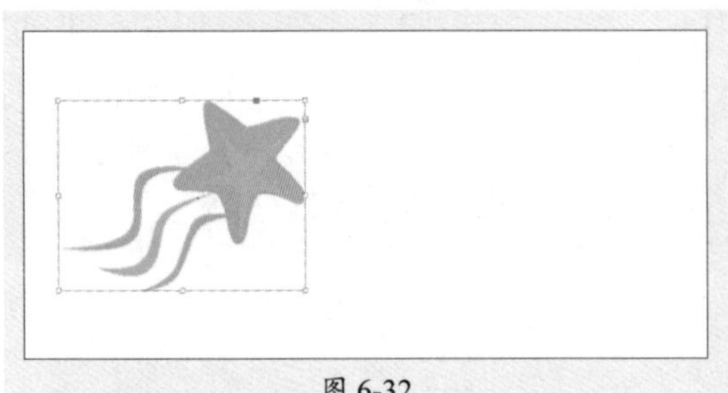

图 6-32

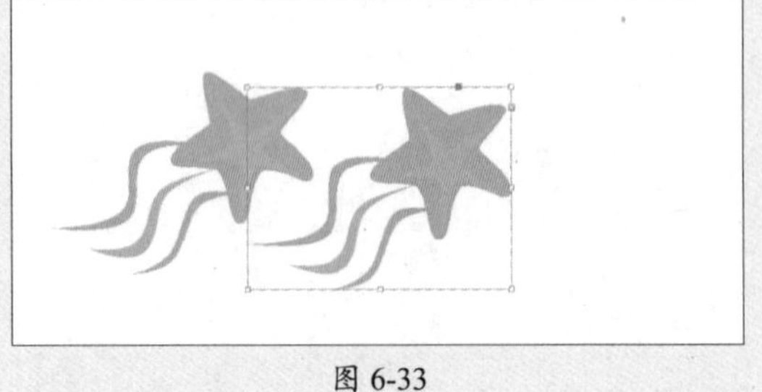

图 6-33

复制图形后，选择“矩形框架工具”绘制图形框架，如图6-34所示。执行“编辑”|“贴入内部”命令，可将图像贴入框架中，如图6-35所示。

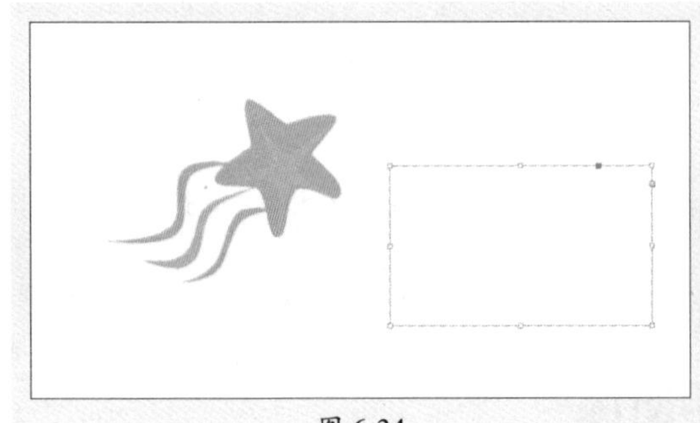

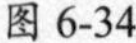

图 6-34

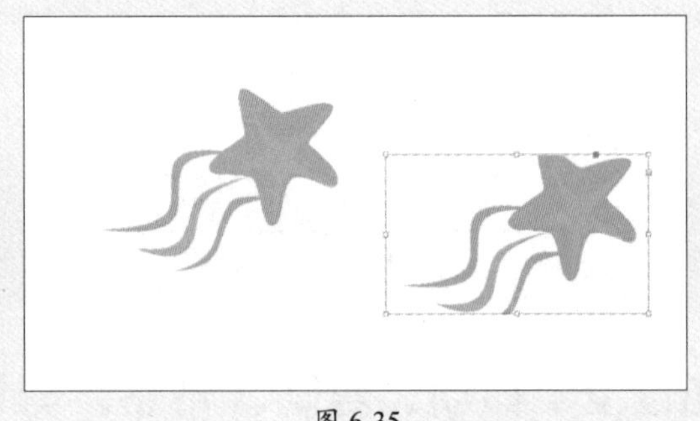

图 6-35

执行“编辑”|“剪切”命令，或按Ctrl+X组合键，可将所选对象剪切到剪贴板，被剪切对象消失，如图6-36所示。执行“编辑”|“粘贴”命令，将显示被剪切对象，如图6-37所示。

图 6-36

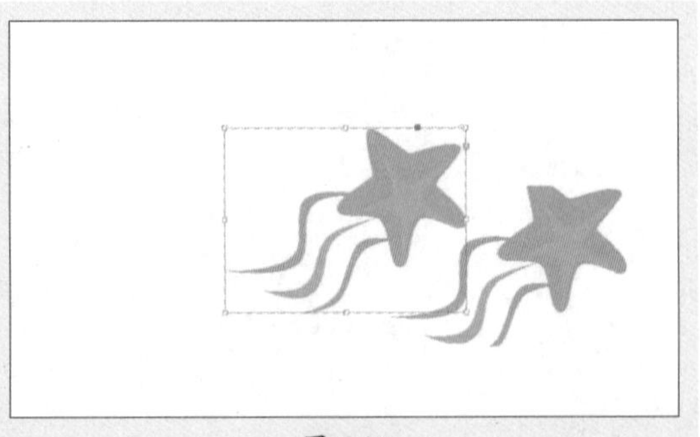

图 6-37

操作提示

按住Alt键可移动复制图像。

6.2.3 显示/隐藏——显示或隐藏对象

隐藏对象后该对象不可见、不可选中也不能被打印出来。显示或隐藏对象的常用方法有两种。

1. 命令

选择要隐藏的对象，执行“对象”|“隐藏”命令或按Ctrl+3组合键即可隐藏所选对象。除此之外，还可以在选中对象时，右击鼠标，在弹出的快捷菜单中选择“隐藏”命令。

2. 面板

在“图层”面板中单击“切换可视性”按钮即可隐藏图层，如图6-38所示。再次单击“切换可视性”按钮即可显示图层，如图6-39所示。

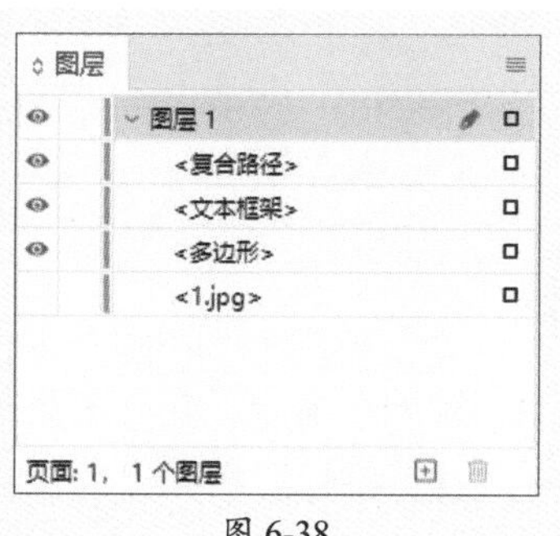

图 6-38

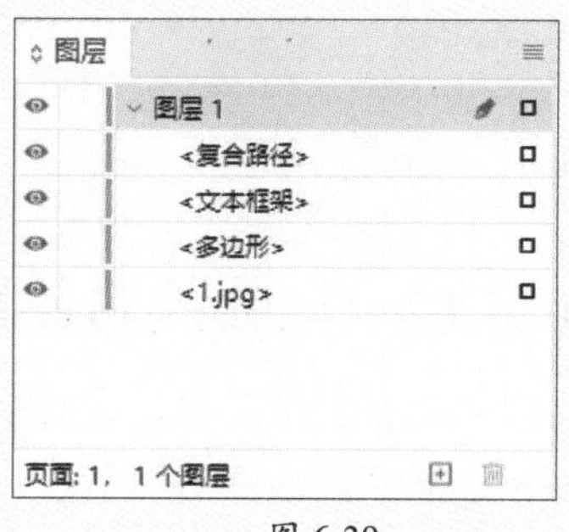

图 6-39

执行“对象”|“显示跨页上的所有内容”命令或按Ctrl+Alt+3组合键可显示所有隐藏的对象。

6.2.4 锁定/取消锁定——固定对象

锁定对象后该对象就不会被选中或编辑。锁定或取消锁定对象的常用方法有两种。

1. 命令

选择要隐藏的对象，执行“对象”|“锁定”命令或按Ctrl+L组合键即可锁定所选对象，锁定后的对象左侧将出现图标，如图6-40所示。单击图标即可解锁。

2. 面板

在“图层”面板中单击“切换页面项目锁定”按钮即可锁定图层，如图6-41所示。再次单击“切换页面项目锁定”按钮即可解锁图层。

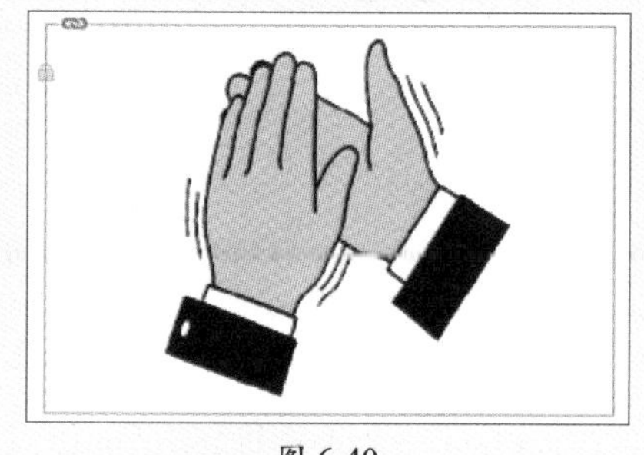
图 6-40

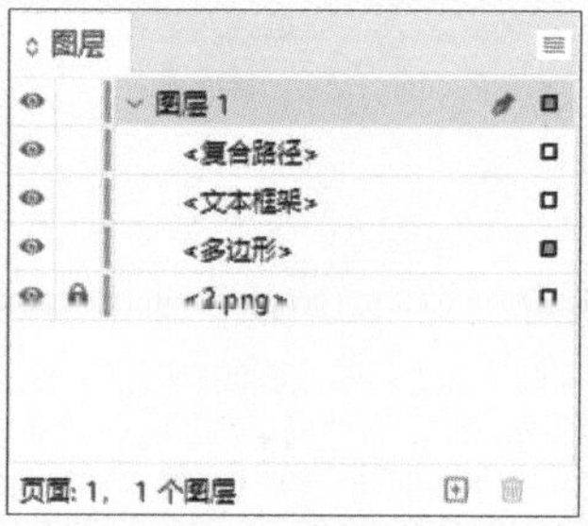

图层
图层 1
<复合路径>
<文本框架>
<多边形>
<2.png>
页面: 1， 1 个图层

图 6-41

6.2.5 编组/取消编组——以组为单位调整图像

若需要对多个对象同时进行相同的操作，可以将其变为一个整体。选中目标对象，执行“对象”|“编组”命令，或按Ctrl+G组合键，如图6-42、图6-43所示；若要取消编组，可执行“对象”|“取消编组”命令，或按Ctrl+Shift+G组合键。

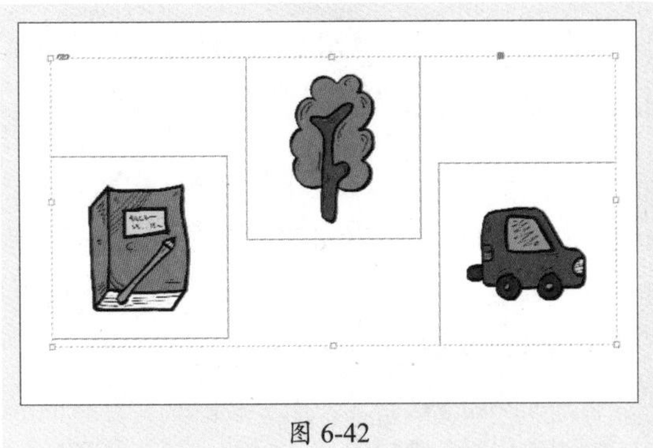

图 6-42

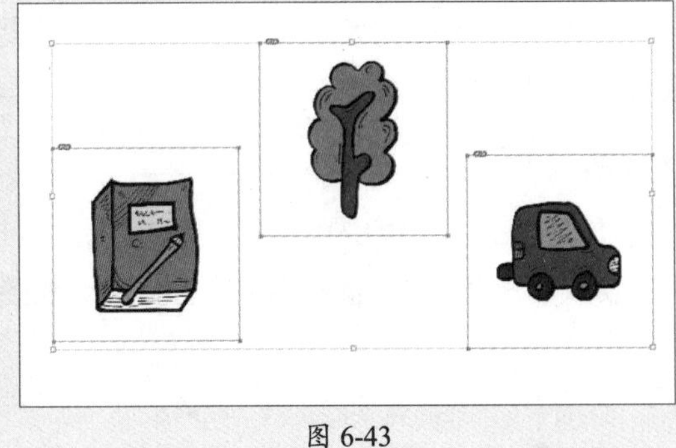

图 6-43

6.2.6 排列——更改对象的堆叠顺序

对象的排列决定了最终的显示效果。执行“对象”|“排列”命令，在其子菜单中包含了多个排列调整命令，如图6-44所示；或在选中图形时，右击鼠标，在弹出的快捷菜单中选择合适的排列命令。

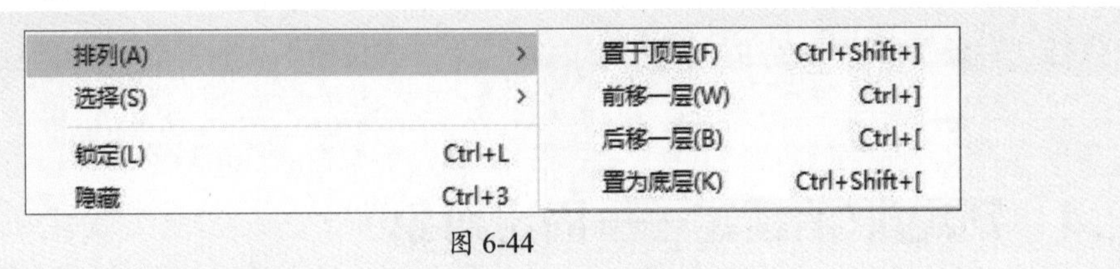

图 6-44

选择底层书本，如图6-45所示，执行“对象”|“排列”|“置于顶层”命令，或右击鼠标，在弹出的快捷菜单中选择“排列”|“置于顶层”命令，效果如图6-46所示。

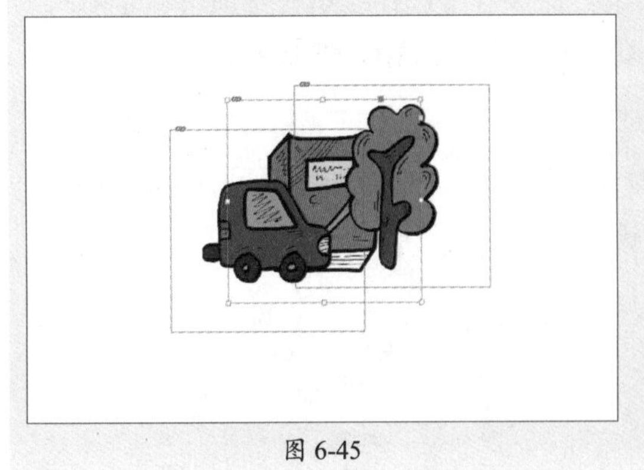

图 6-45

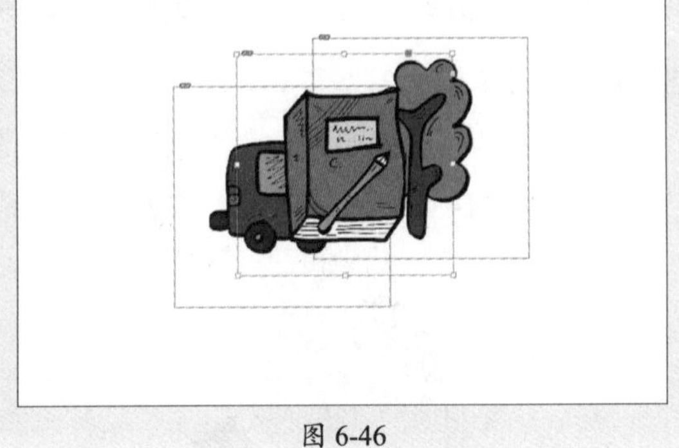

图 6-46

操作提示

在“图层”面板中，通过拖动调整图层顺序也可以达到排列对象的效果，如图6-47~图6-49所示。

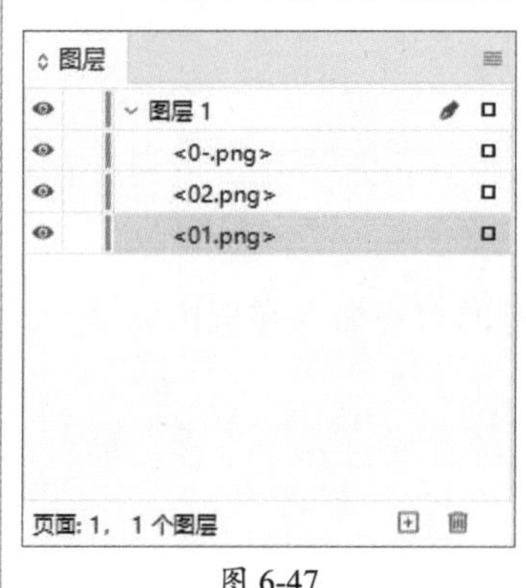

图 6-47

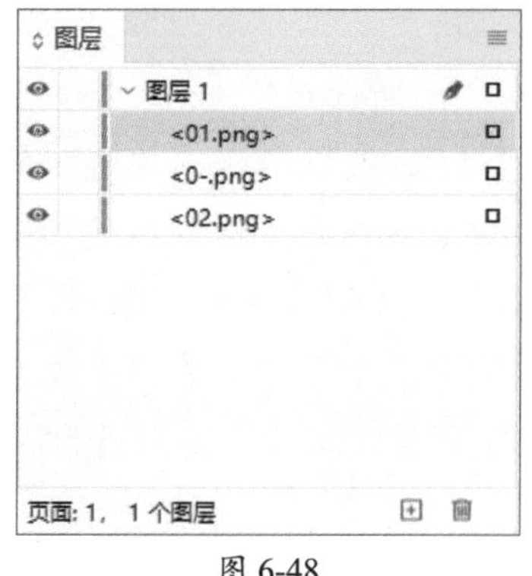

图 6-48

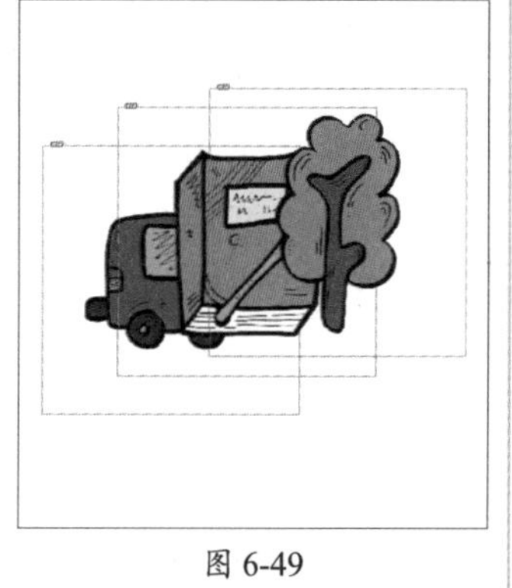

图 6-49

6.2.7 对齐与分布——有规律地排列对象

在绘图过程中，若要添加大量排列整齐的对象，可选择多个图像，在控制面板中的对齐与分布按钮组中设置对齐、分布效果，如图6-50所示。

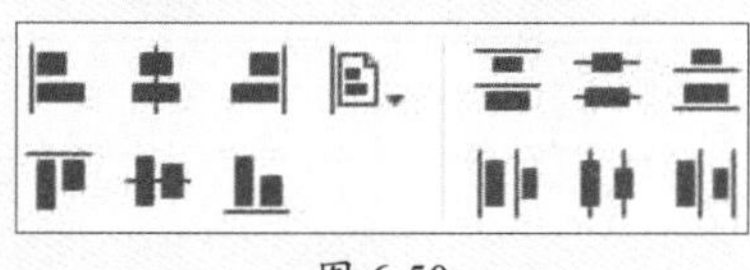

图 6-50

除此之外，还可以执行“窗口”|“对象和版面”|“对齐”命令，在打开的“对齐”面板中设置相应的选项，可以沿选区、关键对象、边距、页面或跨页水平或垂直地对齐或分布对象，如图6-51所示。

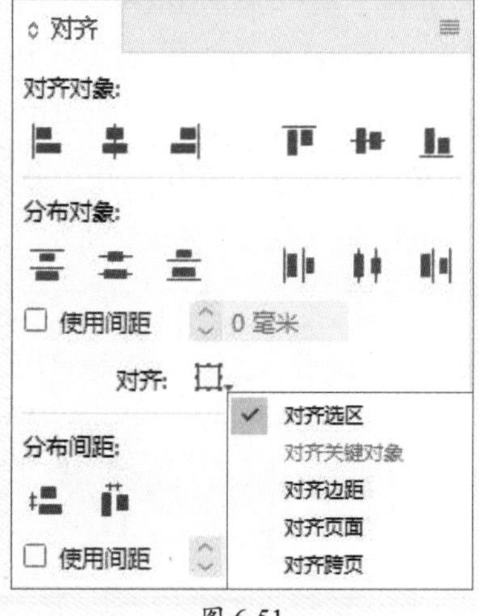

图 6-51

1. 对齐对象

“对齐对象”选项组中，提供了六种对齐方式，分别为“左对齐”、“水平居中对齐”、“右对齐”、“顶对齐”、“垂直居中对齐”以及“底对齐”。

在“对齐”后可设置对齐选项。

- **对齐选区**：设置目标对象沿所选对象选区对齐。
- **对齐关键对象**：设置目标对象以选定的关键对象为中心进行对齐。设置该选项后，在页面中单击选择对象，选中的对象轮廓比周围要深。
- **对齐边距**：设置目标对象以边距线为对齐标准，所有的对齐命令在框内完成。设置该选项后，显示“使用间距”复选框，在文本框中设置参数。
- **对齐页面**：设置目标对象以页面边线为对齐标准，所有的对齐命令在页面框内完成。
- **对齐跨页**：设置目标对象跨页对齐。

图6-52、图6-53所示为选择的关键对象应用垂直居中对齐前后的效果。

图 6-52

图 6-53

2. 分布对象

“分布对象”选项组中，提供了六种分布方式，分别为“按顶分布”、“垂直居中分布”、“按底分布”、“按左分布”、“水平居中分布”以及“按右分布”。

分布间距命令可以指定对象间固定的距离，勾选“使用间距”复选框，在文本框中设置参数后，单击“垂直分布间距”按钮与“水平分布间距”按钮。

图6-54所示为水平居中分布效果。勾选“使用间距”复选框，在文本框中设置参数为10毫米，单击“水平分布间距”按钮，效果如图6-55所示。

图 6-54

图 6-55

操作提示

使用间隙工具可以调整对象之间的间距。选择“间隙工具”，在对象中间拖动鼠标，如图6-56所示，释放鼠标即可应用调整效果，如图6-57所示。

图 6-56

图 6-57

6.3 对象的变换调整

在InDesign中使用变换工具、执行变换命令可以对对象进行变换调整，例如旋转、缩放、切变等。

6.3.1 案例解析：绘制花

在学习对象的变换调整之前，可以跟随以下操作步骤进行了解并熟悉，绘制椭圆旋转变换后，执行再次变换形成花的效果。

步骤 01 选择“椭圆工具”绘制椭圆，如图6-58所示。

步骤 02 双击“旋转工具”按钮，在弹出的“旋转”对话框中设置旋转角度为60°，单击“复制”按钮，如图6-59所示。

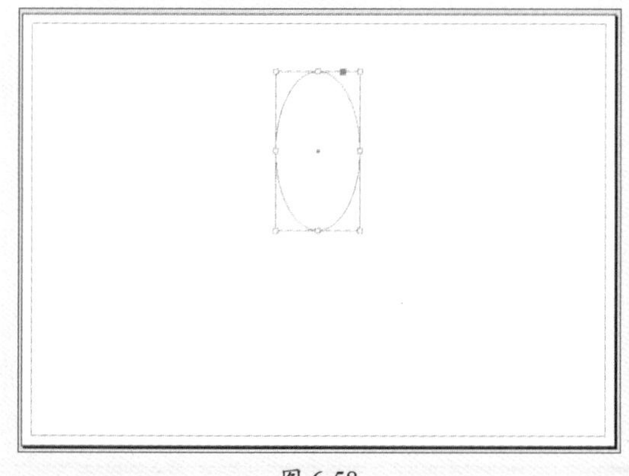

图 6-58

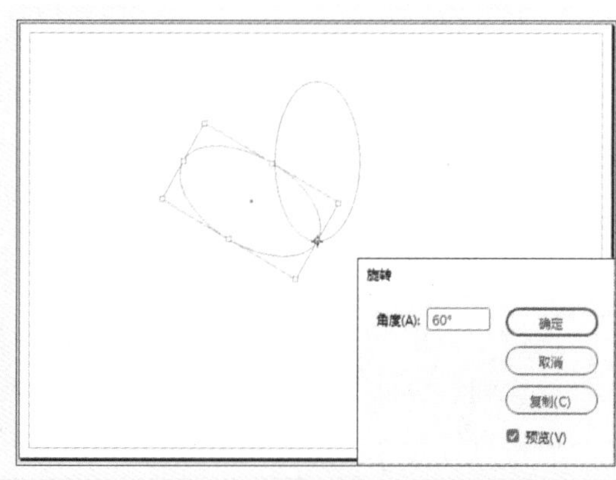

图 6-59

步骤 03 执行“对象”|“再次变换”|“再次变换”命令，效果如图6-60所示。

步骤 04 多次变换后的效果如图6-61所示。

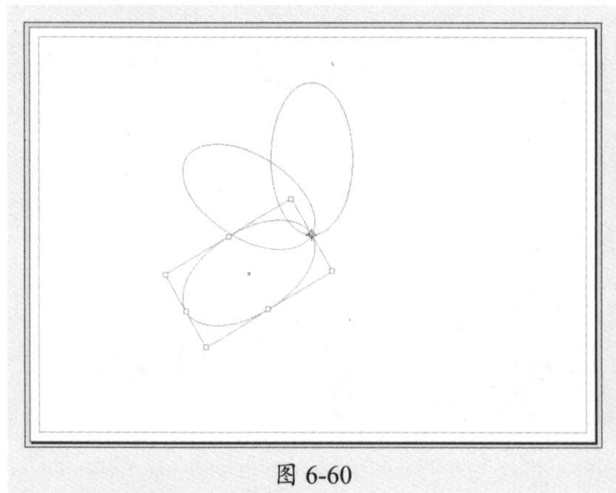

图 6-60

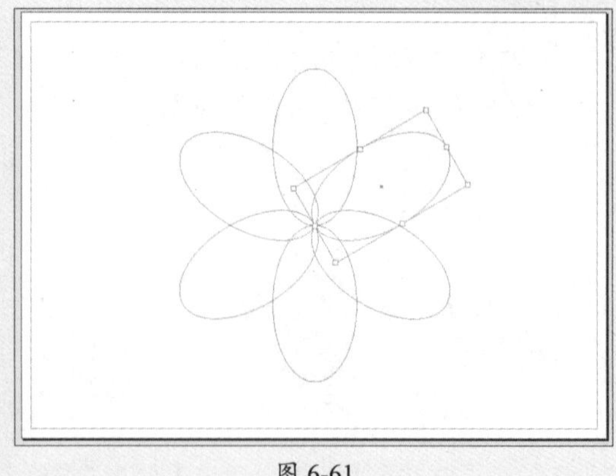

图 6-61

步骤 05 设置填色，描边为无，如图6-62所示。

步骤 06 执行“窗口”|“对象和版面”|“路径查找器”命令，在弹出的“路径查找器”面板中单击“排除重叠”按钮，单击工具栏中的“预览”按钮，查看最终输出显示图稿，如图6-63所示。

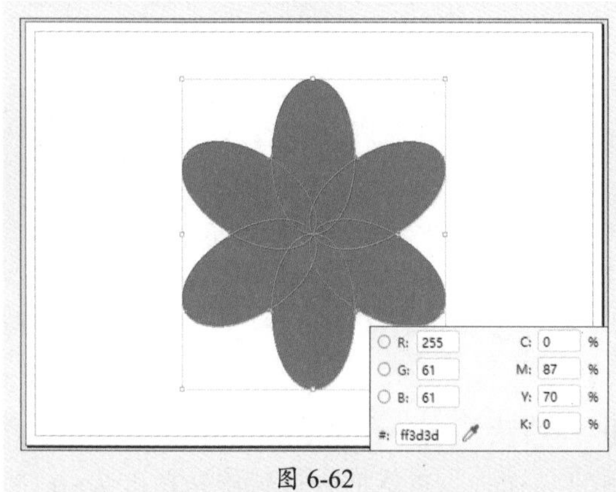

图 6-62

图 6-63

6.3.2 变换工具——变换对象显示

在InDesign中使用自由变换工具、旋转工具、缩放工具、切变工具都可以完成对象的变换操作。

1. 自由变换工具

自由变换工具不仅可以移动、缩放、旋转对象，还可以将对象拉长、拉宽以及反转等。

选择“自由变换工具”，将鼠标指针放置在对象上可以自由移动对象；若将鼠标指针放置到定界框上，可以上下左右拖动对象进行拉长、缩放、旋转等操作，如图6-64所示；若将鼠标指针放置到定界框外，当鼠标指针变为形状时，可以旋转对象，如图6-65所示。

图 6-64

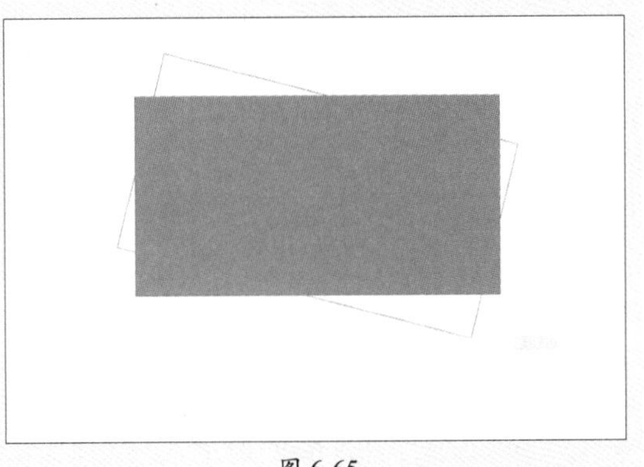

图 6-65

选中目标图形，在控制面板中可以直接快速准确地调整对象，如图6-66所示。

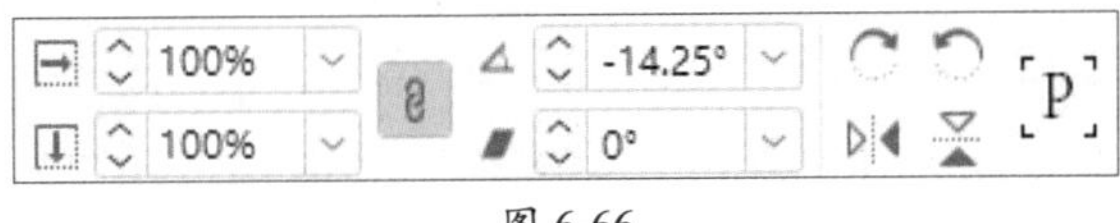

图 6-66

2. 旋转工具

旋转工具可以围绕某个控制点旋转操作对象，选择不同的控制点进行旋转，效果也会不同。选择“旋转工具”单击确认控制点，如图6-67所示，围绕该控制点旋转，在旋转过程中，会显示旋转的角度，如图6-68所示，释放鼠标后应用旋转效果。

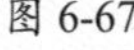

图 6-67

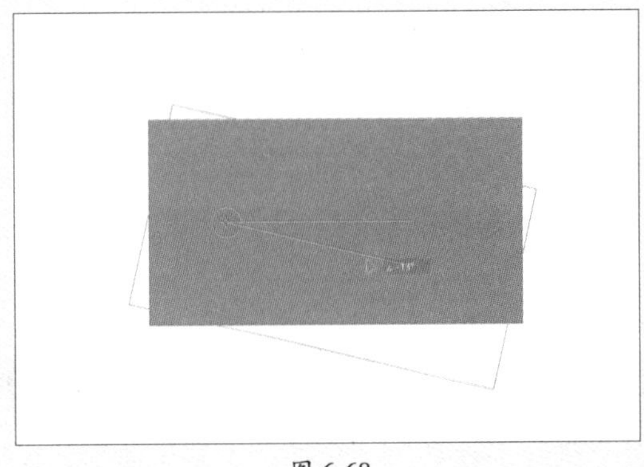

图 6-68

在控制面板中可设置旋转参考点。

3. 缩放工具

缩放工具可在水平方向、垂直方向或者同时在水平和垂直方向上对操作对象进行放大或缩小操作。选择“缩放工具”，向内拖动为缩小，如图6-69所示，向外拖动则为放大，如图6-70所示。

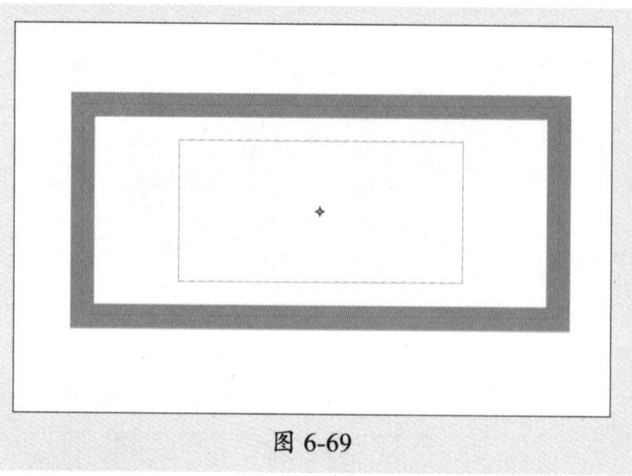
图 6-69

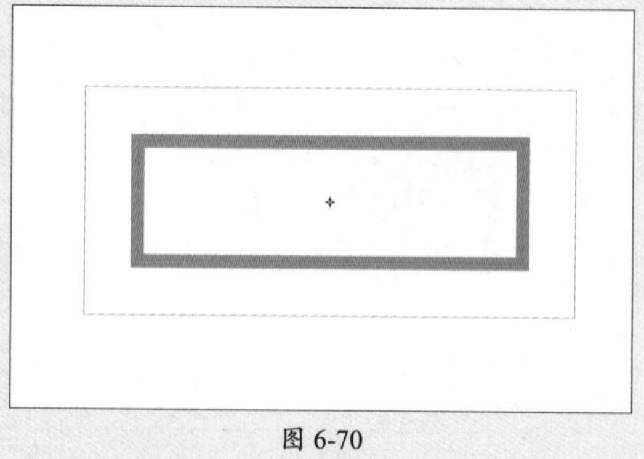
图 6-70

操作提示

使用“选择工具”选择对象，通过鼠标拖动边界框上任意手柄即可对被选定对象做缩放操作。

4. 切变工具

切变工具可在任意对象上对其进行切变操作，其原理是用平行于平面的力作用于平面使对象发生变化。选择“切变工具”可以直接在对象上进行旋转拉伸，如图6-71、图6-72所示。也可在控制面板中输入角度使对象达到所需的效果。

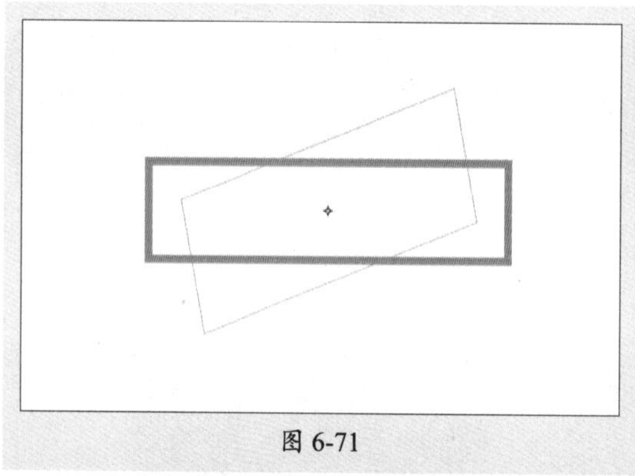
图 6-71

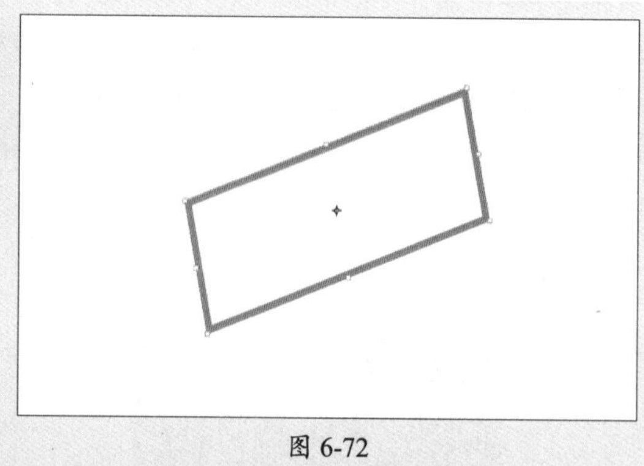
图 6-72

6.3.3 变换命令/面板——精确变换对象

执行“对象”|“变换”子菜单命令，可以精确地变换对象，如图6-73所示。

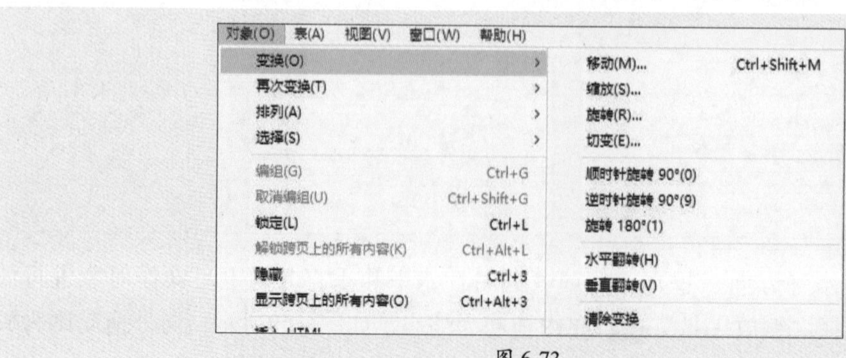

图 6-73

下面以旋转为例讲解变换命令/面板的使用。

选择目标对象，如图6-74所示。执行“对象”|“变换”|“旋转”命令，弹出“旋转”对话框，设置旋转参数，若单击“复制”按钮，可以创建对象副本并对副本应用新旋转，如图6-75、图6-76所示。

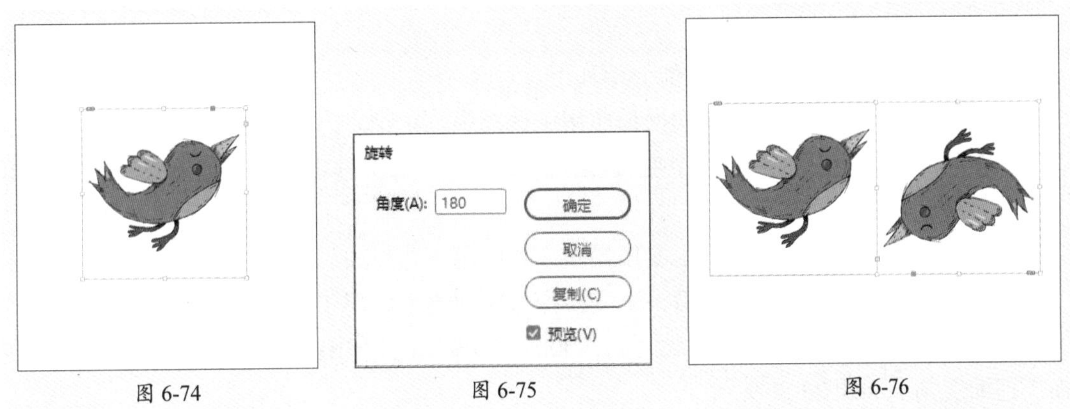

图 6-74　　图 6-75　　图 6-76

操作提示

双击变换工具可弹出相关设置对话框，在对话框中设置参数以精确调整。

使用“变换”面板可以查看或指定任一选定对象的几何信息，包括位置、大小、旋转和切变的值，如图6-77所示。单击“菜单”按钮，在弹出的下拉菜单中提供了更多选项以及旋转或对称对象的快捷方法。

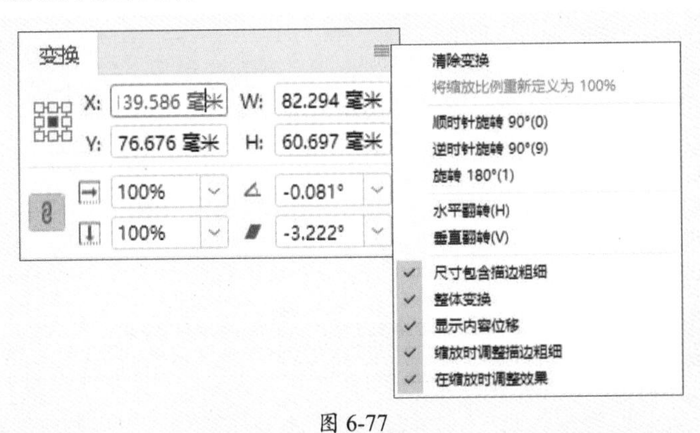

图 6-77

6.3.4 再次变换——重复变换

在InDesign中可以将移动、缩放、旋转、调整大小、对称、切变等变换重复操作。系统会记住所有的变换，直到选择不同的对象或执行不同的任务。

选择目标对象对齐进行变换操作后，选择需要应用相同操作的一个或多个，执行“对象”|“再次变换”子菜单命令，如图6-78所示。

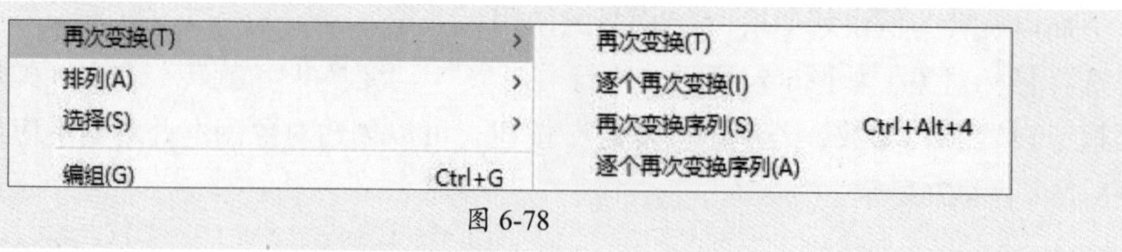

图 6-78

“再次变换”子菜单命令的功能介绍如下。

- **再次变换：**将最后一个变换操作应用于选择项。
- **逐个再次变换：**将最后一个变换操作逐个应用于每个选定对象，而不是作为一个组应用。
- **再次变换序列：**将最后一个变换操作序列应用于选择项。
- **逐个再次变换序列：**将最后一个变换操作序列逐个应用于每个选定对象。

选择目标图形，按住Alt键移动复制，如图6-79所示。按Ctrl+Alt+Shift+D组合键再次变换（连续复制），如图6-80所示。

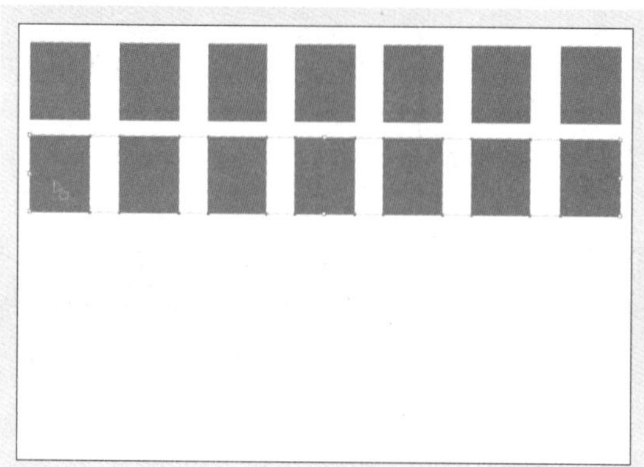

图 6-79

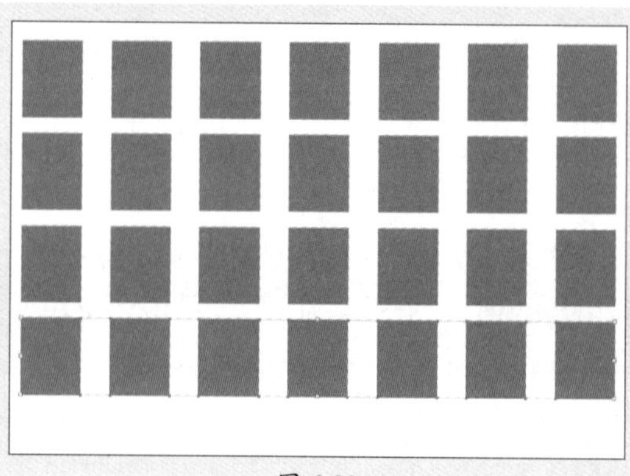

图 6-80

操作提示

“属性”面板可以根据当前任务或工作流程查看相关设置和控件。执行“窗口”|“属性”面板，弹出“属性”面板。未选中对象时，可以设置文档、边距、方向、页面、参考线、快速操作等参数，如图6-81所示。若选中对象（图形、链接的文件等），则可以设置变换、外观、对齐、分布、文本绕排、框架适应、自动调整等参数，如图6-82、图6-83所示。

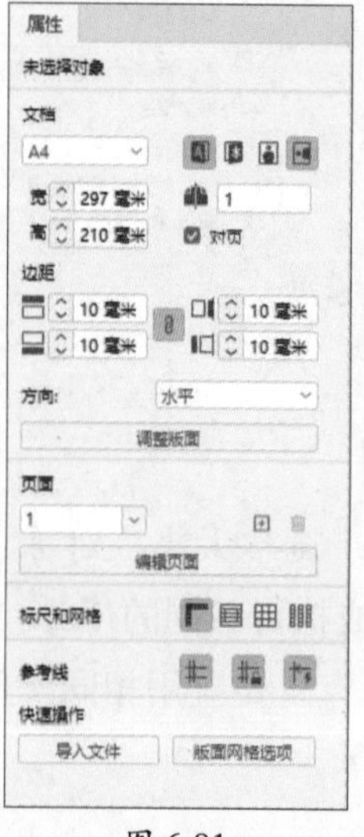

图 6-81

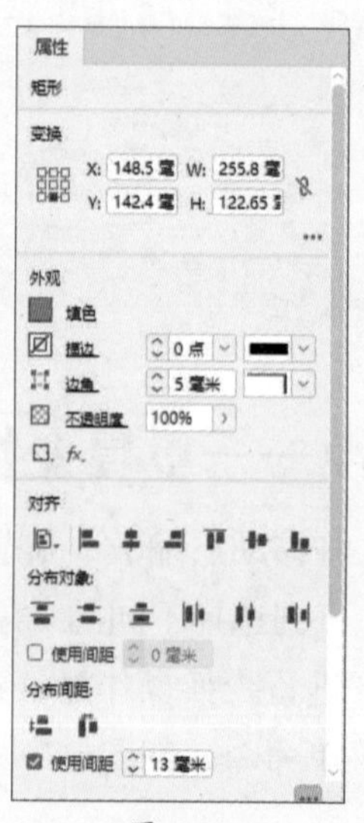

图 6-82

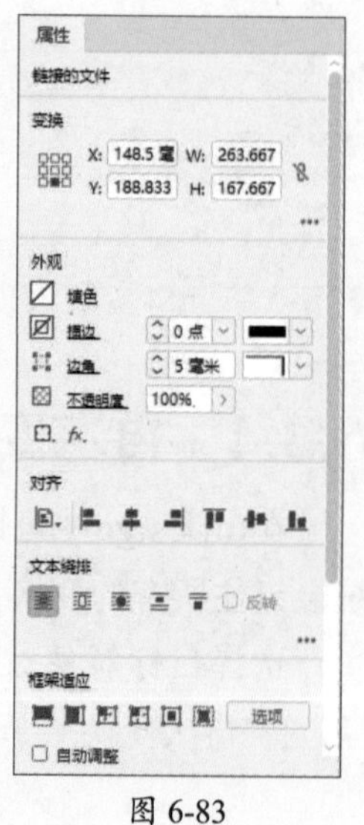

图 6-83

课堂实战 制作杂志内页

本章课堂练习制作杂志内页，综合练习本章的知识点，以熟练掌握和巩固表格的创建、编辑，添加项目符号和编号等。下面将介绍操作思路。

步骤 01 选择“矩形框架工具”绘制框架并设置居中对齐，置入图像，如图6-84所示。

步骤 02 选择“矩形工具”“直线工具”绘制矩形、直线，使用“文字工具”输入多个文本并设置左对齐，如图6-85所示。

图 6-84

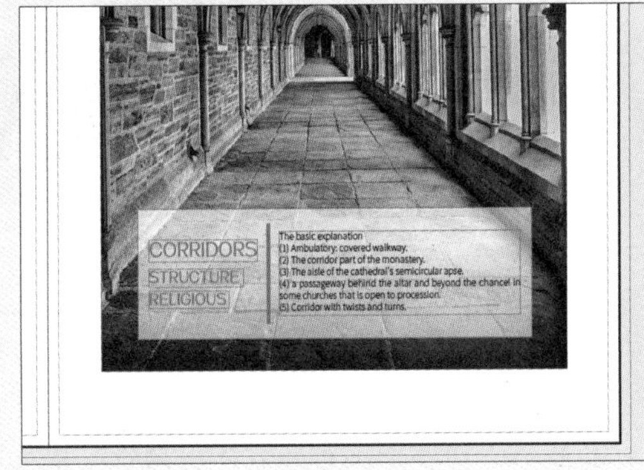

图 6-85

步骤 03 使用“文字工具”和“直线工具”制作杂志内页的页眉、页脚和页码，如图6-86所示。

步骤 04 使用“文字工具”创建文本，正文部分设置双栏格式，主标题左对齐，引言右对齐，如图6-87所示。

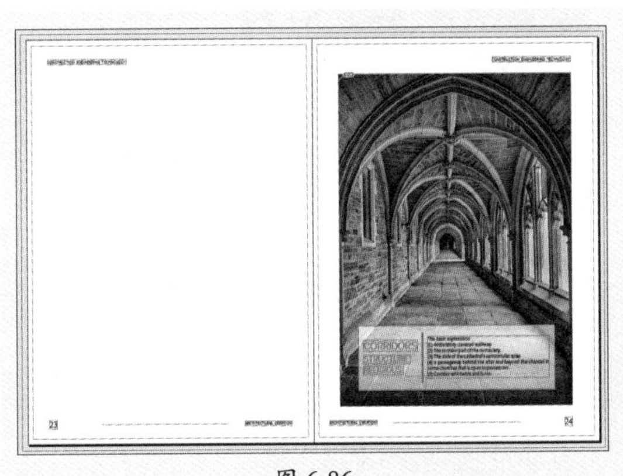

图 6-86

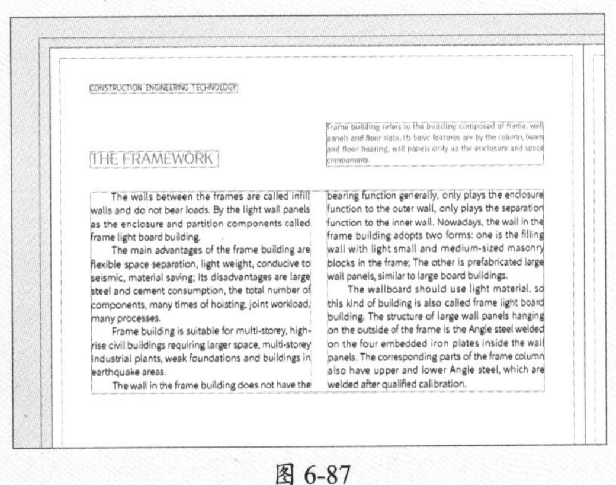

图 6-87

步骤05 使用“直线工具”绘制分隔线效果，置入图像，使用“文字工具”创建多个文本并使其左对齐，如图6-88所示。

图 6-88

至此，完成杂志内页的制作，最终效果如图6-89所示。

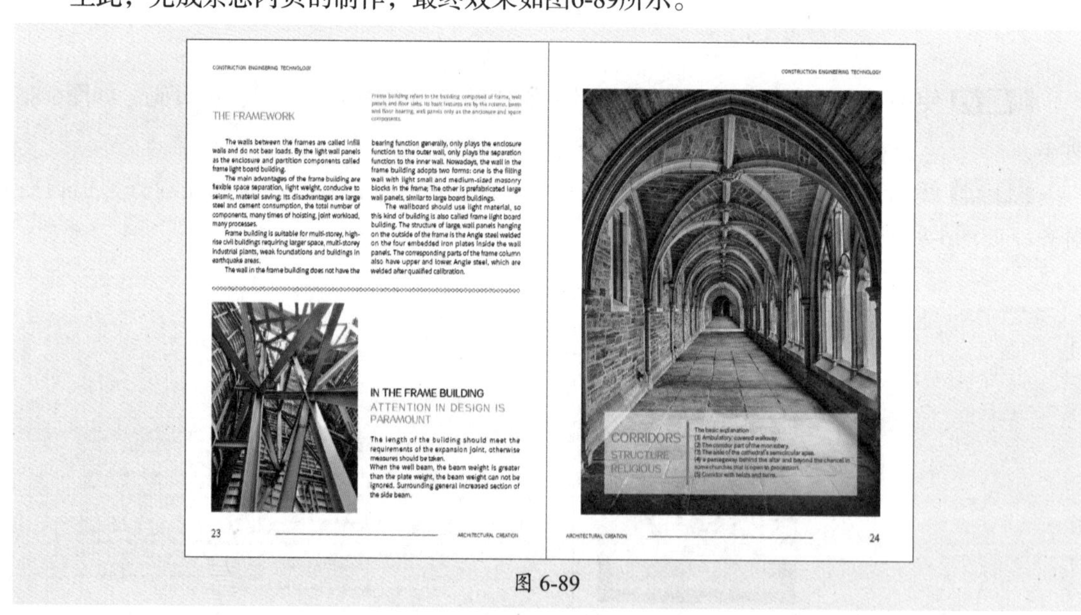

图 6-89

课后练习 制作几何对话框

下面将综合使用工具制作几何对话框，效果如图6-90所示。

图 6-90

1. 技术要点

①使用“矩形工具”“直线工具”绘制矩形和直线。

②使用“锚点添加工具”“切变工具”“剪刀工具”调整路径。

③填充和描边。

2. 分步演示

本案例的分步演示效果如图6-91所示。

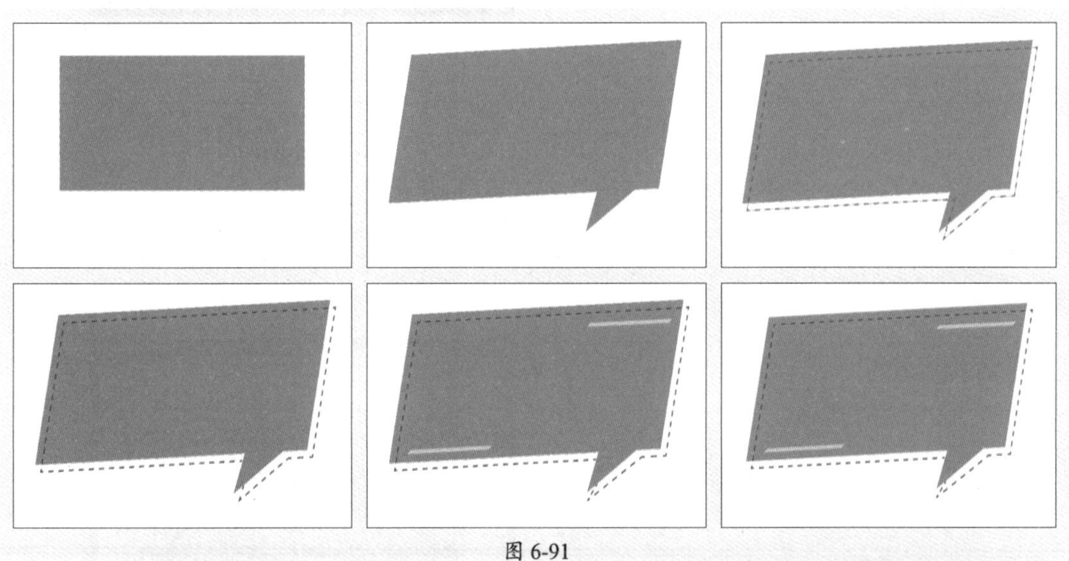

图 6-91

拓展赏析

色块在版式设计中的应用

色块主要是由颜色和几何形状构成，具有一定功能性的可视化形状，可以是矩形、三角形、圆形以及其他不规则图形。颜色可以是纯色、渐变色，也可以是通过调整图层混合模式或改变不透明度显示状态的颜色。

色块在版面设计中的应用非常广泛，且运用得当的话画面会有很好的效果。色块的基本用途，可以划分为以下四大类。

1. 划分区域

使用色块划分区域，一个色块即承载一块信息，使用色块可以将色块内的信息与其他信息区分开来，也可以将零散的信息组合起来。若色块较多，还可以呈现统一效果或使用渐变效果，如图6-92所示。

2. 装饰画面

使用几个色块组合成一个图形，或者通过色彩搭配形成对比，都可以制作出漂亮且有特色的设计，如图6-93所示。

图 6-92

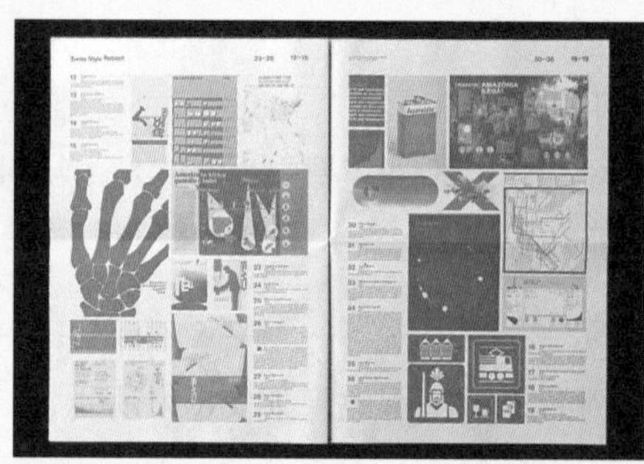

图 6-93

3. 突出信息

在版面中将文字放在色块中，使用对比色可以突出重点信息，如图6-94所示。

4. 分离背景

在图片上排列文字时，可以使用色块进行区分，避免因为图片的色彩明暗不均匀，而影响文字的阅读，如图6-95所示。

图 6-94

图 6-95

第7章

图文混排

内容导读

本章将对位图的应用编辑进行讲解，包括置入图像到页面、置入图像到框架、图像的链接与嵌入以及图层面板编辑图像，添加不透明度、投影、内/外发光、羽化等效果以及设置图形和文本的绕排方式等。

思维导图

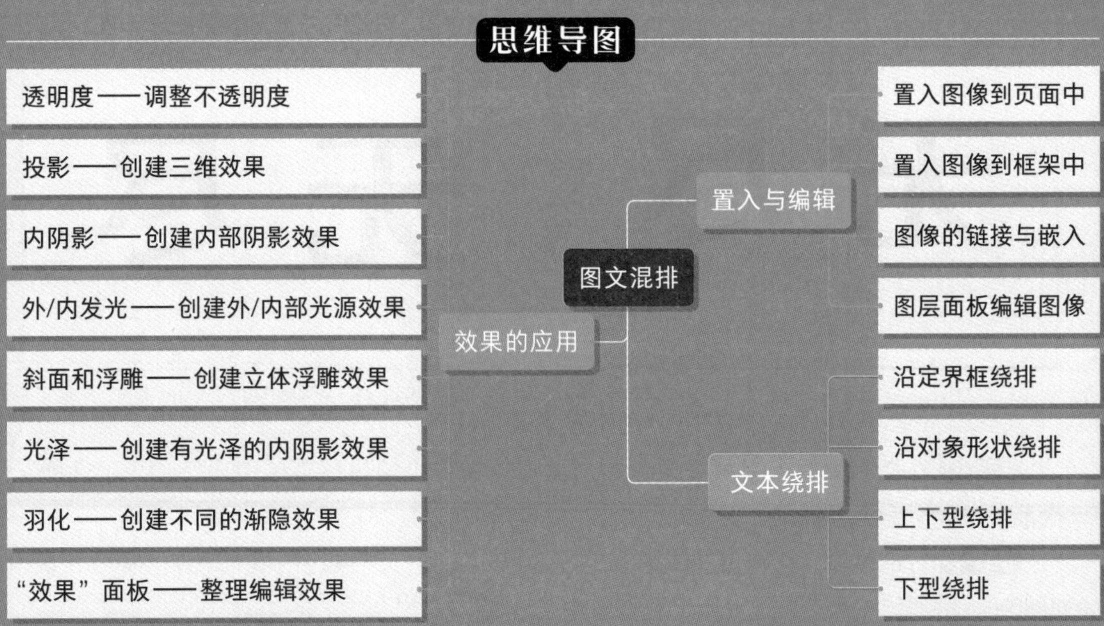

7.1 置入与编辑

在对对象进行编辑操作前，需要先选中对象。在InDesign中可以通过多种工具以及命令选择对象。

7.1.1 案例解析：制作文字剪纸效果

在学习图形框架创建与编辑之前，可以跟随以下操作步骤进行了解并熟悉，输入文字后创建文字轮廓，置入图像并按比例填充框架。

步骤 01 使用“文字工具”创建文本框并输入文字，在“字符”面板中设置参数，如图7-1、图7-2所示。

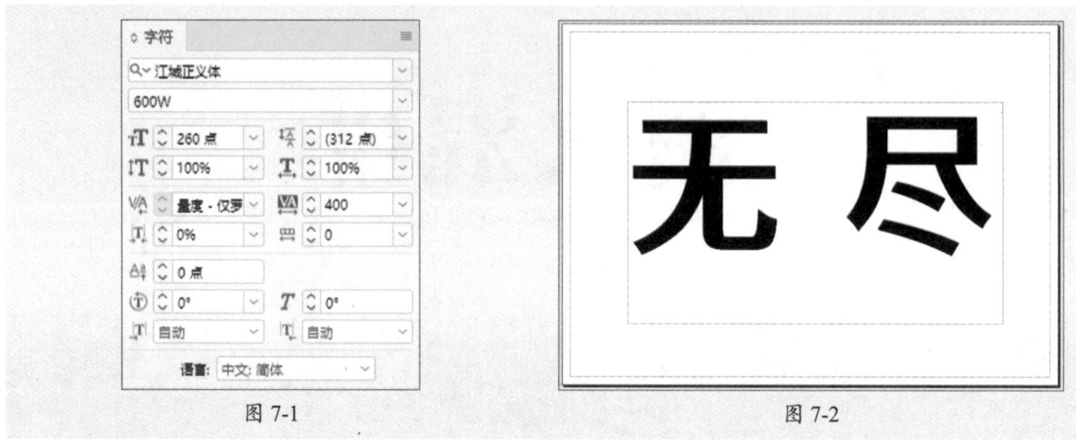

图 7-1　　图 7-2

步骤 02 选中输入的文字，右击鼠标，在弹出的快捷菜单中选择“创建轮廓”命令，效果如图7-3所示。

步骤 03 选中文字轮廓，按Ctrl+X组合键剪切，按Ctrl+V组合键粘贴，删除文本轮廓，如图7-4所示。

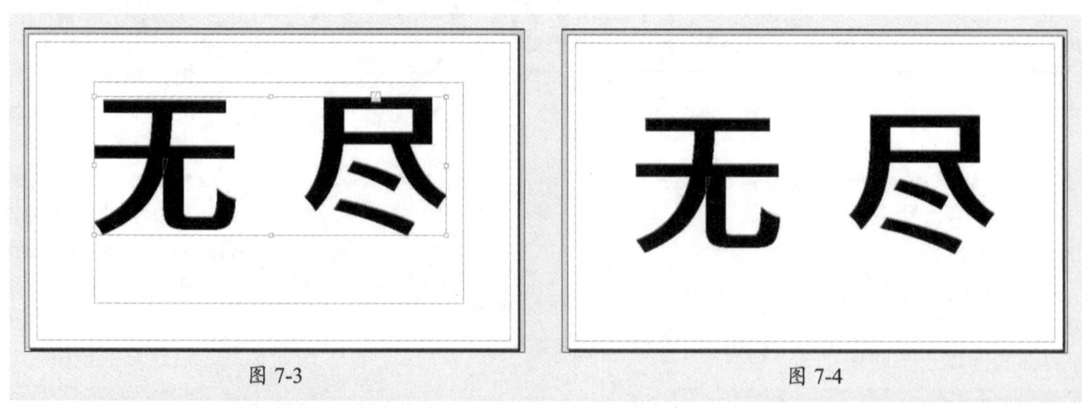

图 7-3　　图 7-4

步骤 04 在文字中置入素材图像，右击鼠标，在弹出的快捷菜单中选择“显示性能”|“高品质显示”命令，效果如图7-5所示。

步骤 05 右击鼠标，在弹出的快捷菜单中选择“适合”|“按比例填充框架”命令，效果如图7-6所示。

图 7-5

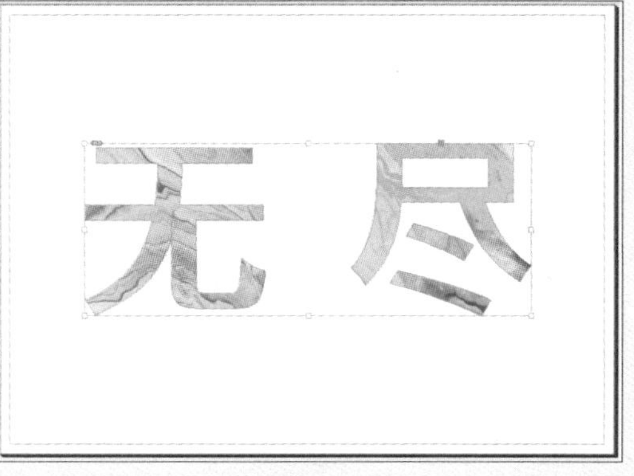

图 7-6

步骤 06 右击鼠标，在弹出的快捷菜单中选择“效果”|“内阴影”命令，在弹出的“效果”对话框中设置参数，如图7-7所示。

步骤 07 将填色设置为无，单击工具栏中的“预览”按钮，查看最终输出显示图稿，如图7-8所示。

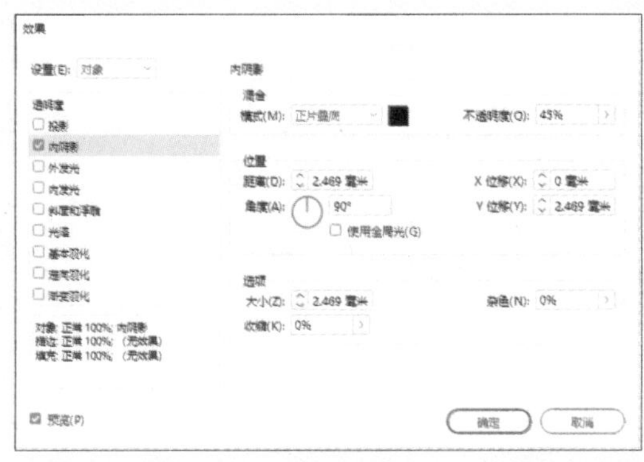

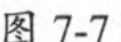

图 7-7

图 7-8

7.1.2 置入图像到页面中

执行“文件”|“置入”命令，在弹出的“置入”对话框中选择要置入的文件，勾选“显示导入选项”复选框，单击“打开”按钮即可，如图7-9所示。

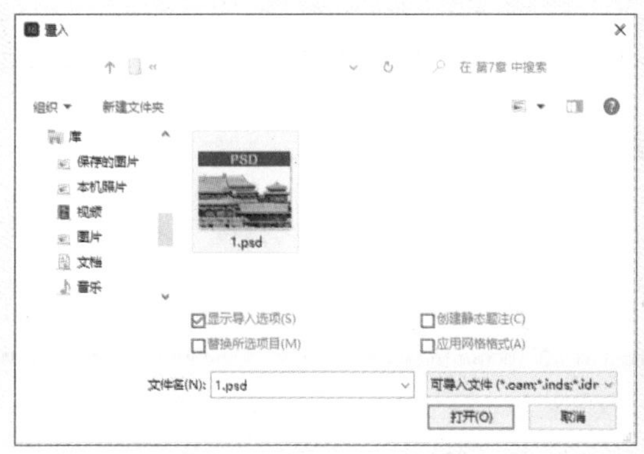

图 7-9

“置入”对话框中各选项的功能介绍如下。

- **显示导入选项：** 勾选该复选框，设置特定格式的置入选项。
- **替换所选项目：** 勾选该复选框，置入的文件将替换所选框架中的内容、替换所选文本或添加到文本框架的插入点；取消勾选该复选框，则置入的文件排列到新框架中。
- **创建静态题注：** 勾选该复选框，将添加基于图像数据的题注。
- **应用网格格式：** 勾选该复选框，将创建带网格的文本框架；取消勾选该复选框，则创建纯文本框架。

单击“打开”按钮，弹出“图像导入选项”对话框，如图7-10所示。

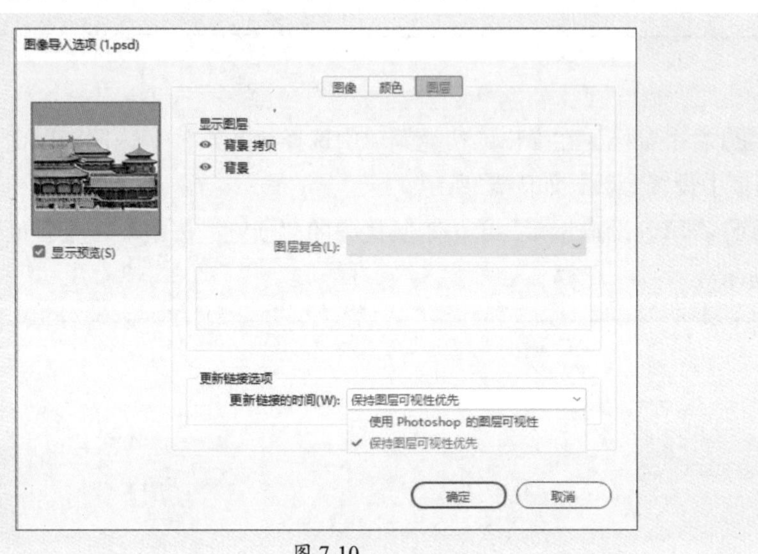

图 7-10

“图像导入选项”对话框中各选项的功能介绍如下。

- **显示图层：** 隐藏或显示图层。
- **更新链接选项：** 若选择“使用Photoshop的图层可视性”选项，更新链接时，使图层可视性设置与所链接文件的可视性设置匹配。选择“保持图层可视性优先”选项，则维护文件最初置入时原有的图层可视性设置。

操作提示

若置入的Photoshop文档中包含图层复合，可以在“图层复合”选项中选择要显示的图层复合。

7.1.3 置入图像到框架中

使用绘图工具和框架工具绘制图形框架后，执行“文件”|“置入”命令，或者“复制/贴入内部”命令将图像放置到框架内，如图7-11所示。使用“选择工具”调整框架大小裁剪图像，如图7-12所示。

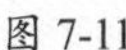

图 7-11

图 7-12

操作提示

可以使用“矩形框架工具”⊠、“椭圆框架工具”⊗和“多边形框架工具”绘制框架，如图7-13所示。

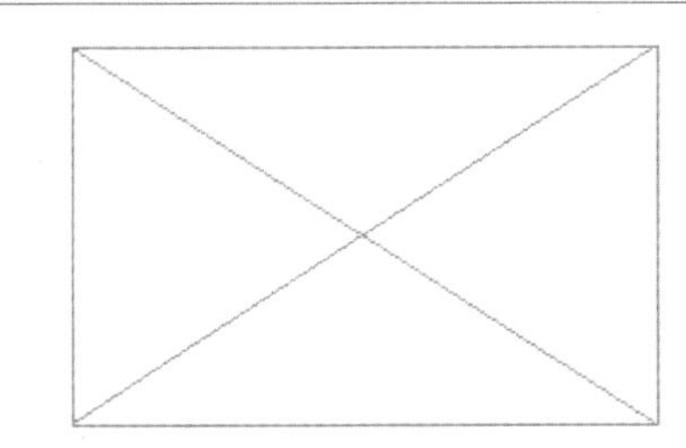
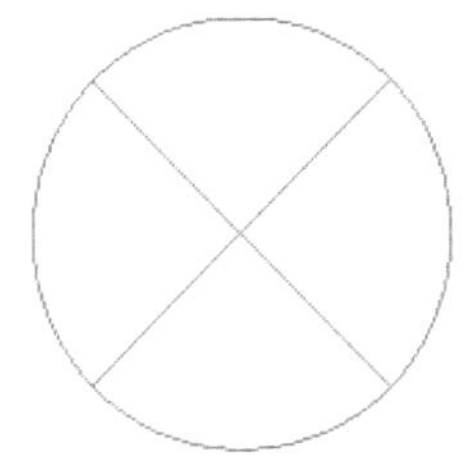
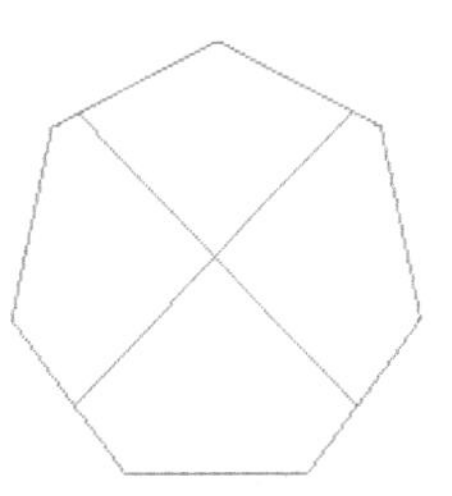

图 7-13

1. 调整框架内容

使用“选择工具”双击框架，或使用“直接选择工具”单击选择框架内容，如图7-14所示，可进行移动、旋转、缩放、切变等操作，如图7-15所示。按Delete键可删除框架内容。

图 7-14

图 7-15

操作提示

若要更换框架内容，有以下几种操作方法。

- 执行“文件”|“置入”命令，在弹出的“置入”对话框中选择替换的图像。
- 在“链接”面板中单击“重新链接”按钮。
- 将素材直接拖放至框架内，出现图标后释放鼠标。

2. 对象适应框架

默认情况下，将一个对象放置或粘贴到框架中时，若框架和其内容的大小不同，可以在框架上右击，在弹出的快捷菜单中选择“适合”|“使内容适合框架”命令，如图7-16所示。

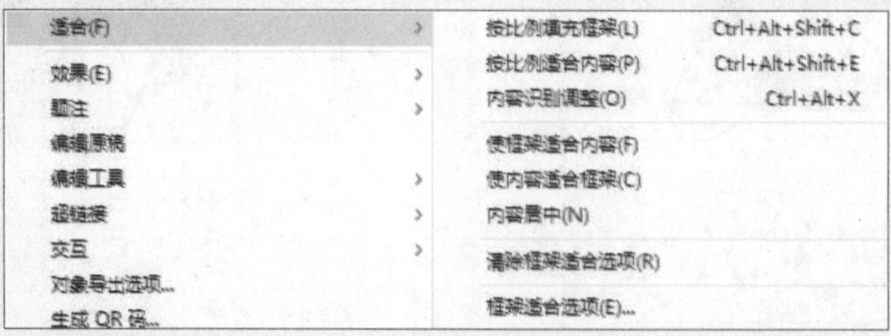

图 7-16

“适合”菜单项下的主要选项的功能介绍如下。

- **按比例填充框架：** 调整内容大小以填充整个框架，同时保持内容的比例，框架的尺寸不会更改，如果内容和框架的比例不同，框架的外框将会裁剪部分内容。图7-17、图7-18所示为按比例填充框架前后的效果。

图 7-17

图 7-18

- **按比例适合内容：** 调整内容大小以适合框架，同时保持内容的比例，框架的尺寸不会更改，如果内容和框架的比例不同，将会导致一些空白区，如图7-19所示。
- **内容识别调整：** 可以根据图像内容和框架大小，自动在框架内调整图像。还可以移除应用于图像的多种变换，例如“缩放”“旋转”“翻转”或“切变”，但不会移除应用于框架的变换，如图7-20所示。

图 7-19

图 7-20

- **使框架适合内容：** 调整框架大小以适合其内容。如有必要，可改变框架的比例以匹配内容的比例，如图7-21所示。
- **使内容适合框架：** 调整内容大小以适合框架并允许更改内容比例。框架不会更改，但是如果内容和框架具有不同比例，则内容可能显示为拉伸状态，如图7-22所示。

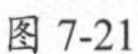
图 7-21

图 7-22

- **内容居中：** 将内容放置在框架的中心，框架及其内容的比例会被保留，内容和框架的大小不会改变。
- **清除框架适合选项：** 清除框架以适合选项中的设置，将其中的参数变为默认状态。
- **框架适合选项：** 可以将适合选项与占位符框相关联，以便新内容置入该框架时，都会应用适合命令。选择一个框架，右击鼠标，在弹出的快捷菜单中选择“适合”|“框架适合选项”命令，弹出“框架适合选项”对话框，如图7-23所示。

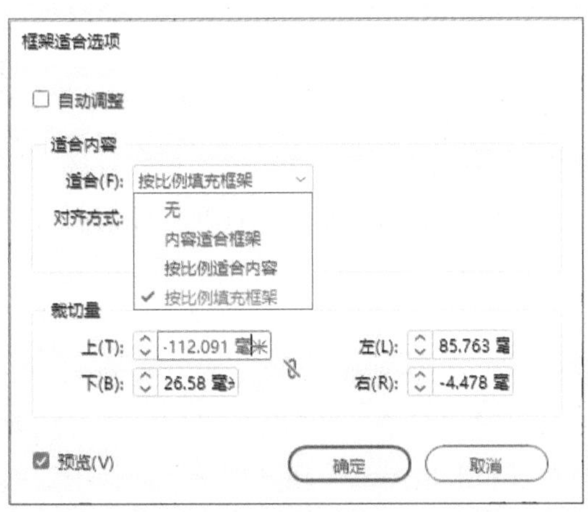

图 7-23

该对话框中主要选项的功能介绍如下。

- **自动调整：** 勾选该复选框，图像的大小随框架大小的调整而自动调整。
- **适合内容：** 设置内容和框架的对齐形式和方式。
- **裁切量：** 指定图像外框相对于框架的位置。使用正值可裁剪图像，使用负值可在图像的外框和框架之间添加间距。

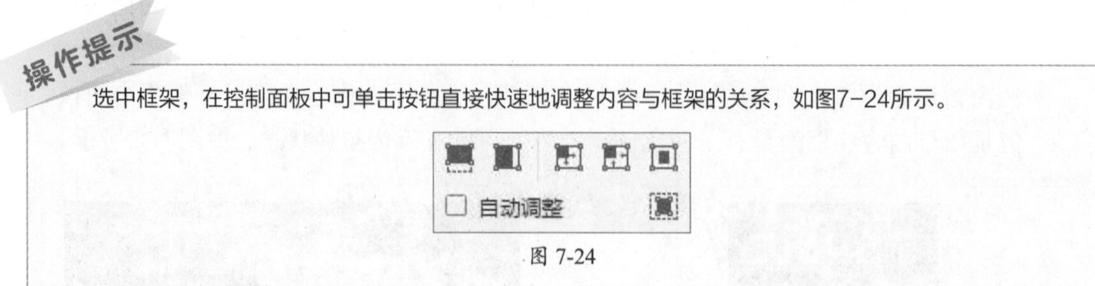

图 7-24

7.1.4 图像的链接与嵌入

执行“窗口”|“链接”命令，在弹出的“链接”面板中显示该文档中所有置入的图像，如图7-25所示。

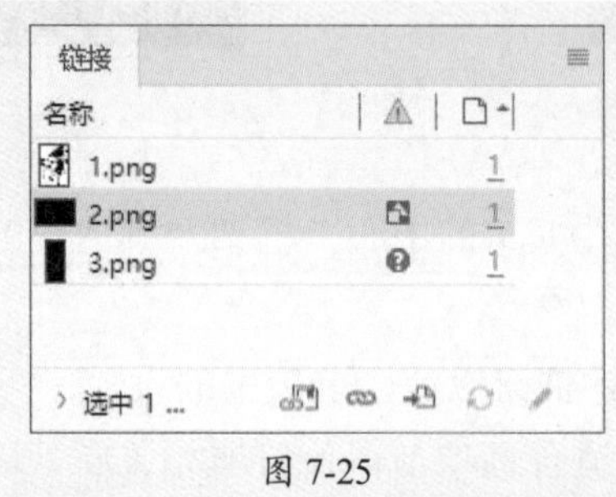

图 7-25

该面板中各选项的含义如下。

- **缺失**：将原始文件删除或移至另一个文件夹中，会显示该图标，表示缺失图像链接。若在显示此图标的状态下打印或导出文档，则文件可能无法以全分辨率打印或导出。
- **嵌入**：嵌入链接文件的内容会导致该链接的管理操作暂停。如果选定链接当前处于“正在编辑”的操作中，则不能使用此选项。取消嵌入文件，就会恢复对相应链接的管理操作。
- **显示/隐藏链接信息**：单击该按钮，显示链接信息。
- **从CC库中重新链接**：单击该按钮，在CC库中重新链接图像。
- **重新链接**：按住Alt键的同时单击鼠标可重新链接所有缺失的链接。
- **转到链接**：选择并查看链接图形，在“链接”面板中选择相关链接，单击该按钮即可。
- **更新链接**：按住Alt键的同时单击鼠标可更新全部链接。
- **编辑原稿**：单击该按钮，可以在创建图形的应用程序中打开大多数图形，便于修改。

可以将文件嵌入到文档中，而不是链接到已置入文档的文件上。嵌入文件时，将断开指向原始文件的链接。若没有链接，当原始文件发生更改时，“链接”面板不会发出警告，并且无法自动更新相应文件。在“链接”面板中选中一个文件，单击“菜单”按钮，在弹出的下拉菜单中选择“嵌入链接”命令即可，如图7-26、图7-27所示。

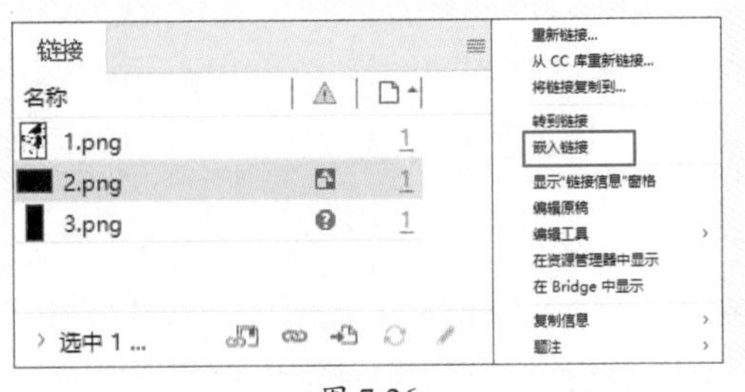
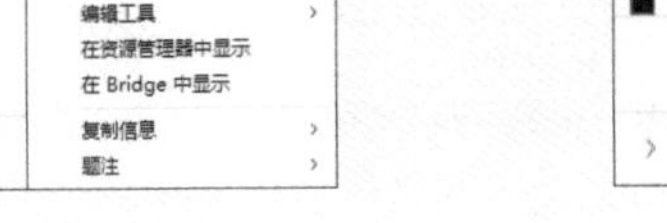
图 7-26

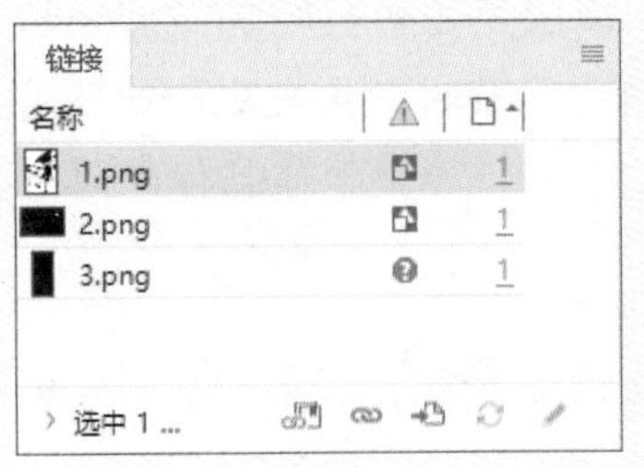
图 7-27

右击鼠标，在弹出的快捷菜单中选择“取消嵌入链接”命令，将弹出如图7-28所示的提示框，单击“是”按钮，弹出“链接”面板。单击“链接”面板底部的“重新链接”按钮可重新链接图像。

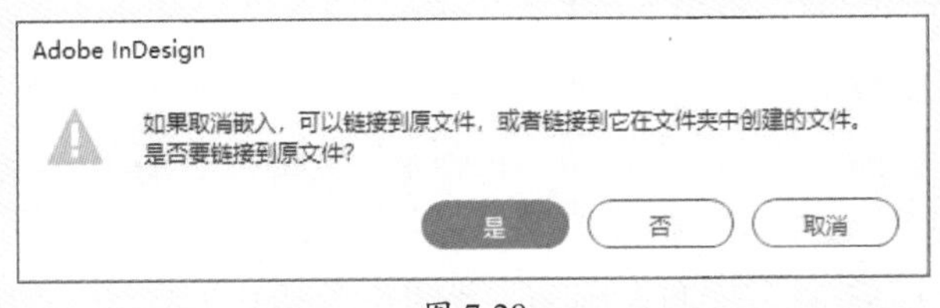

图 7-28

7.1.5 图层面板编辑图像

InDesign拥有强大的图层功能，可以将页面中不同类型的对象置于不同的图层中，便于用户进行编辑和管理。执行“窗口”|“图层”命令，弹出“图层”面板，单击面板底部的“创建新图层”按钮，可以创建新图层，如图7-29所示。双击现有的图层，或按住Alt键单击“创建新图层”按钮，弹出“新建图层”对话框，如图7-30所示。

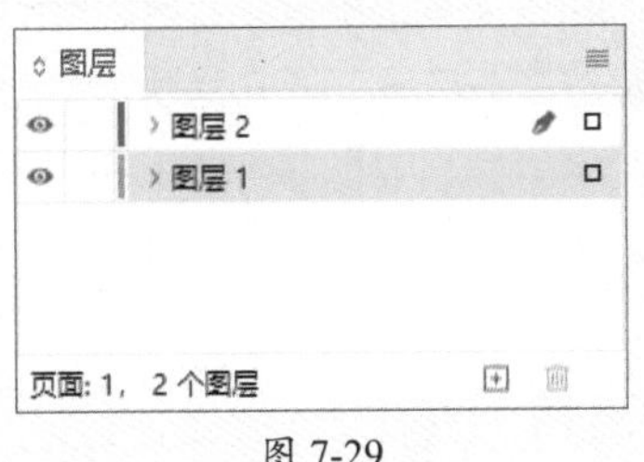

图 7-29

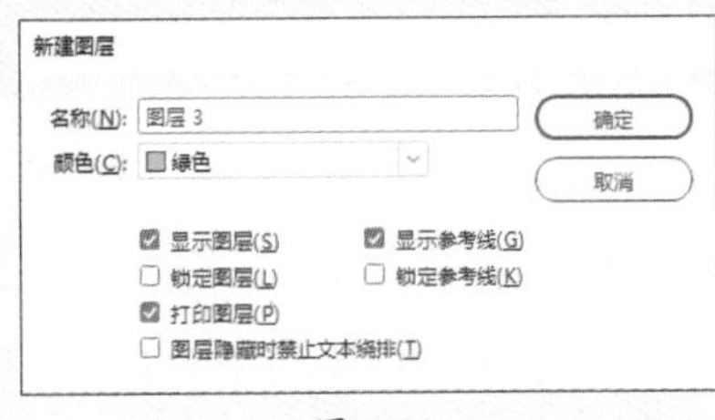

图 7-30

“新建图层”对话框中主要选项的功能介绍如下。

- **颜色：** 指定颜色以标识该图层上的对象，选择“颜色”下拉列表框中的选项可以为图层指定一种颜色。
- **显示图层：** 勾选此复选框可以使图层可见。
- **显示参考线：** 勾选此复选框可以使图层上的参考线可见。若没有为图层勾选此复选框，即使通过为文档执行“视图”|“显示参考线”命令，参考线也不可见。
- **锁定图层：** 勾选此复选框可以防止对图层上的任何对象进行更改。
- **锁定参考线：** 勾选此复选框可以防止对图层上的所有标尺参考线进行更改。
- **打印图层：** 勾选此复选框可以允许图层被打印。当打印或导出为PDF格式文件时，可以决定是否打印隐藏图层和非打印图层。

- **图层隐藏时禁止文本绕排：** 在图层处于隐藏状态并且该图层包含应用了文本绕排的文本时，如果要使其他图层上的文本正常排列，则勾选此复选框。

7.2 效果的应用

在InDesign中，可以为图形、位图、文本添加不透明度、投影、内/外发光、斜面和浮雕、定向羽化等效果。

7.2.1 案例解析：制作霓虹灯管效果

在学习效果的应用之前，可以跟随以下操作步骤进行了解并熟悉，创建矩形和文字轮廓，设置外发光和投影效果。

步骤 01 使用“矩形工具”创建一个与文档大小相同的矩形，设置填充为黑色，按Ctrl+L组合键锁定图形，如图7-31所示。

步骤 02 选择“矩形工具”绘制矩形，设置圆角半径，在控制面板中设置描边参数，如图7-32所示。

图 7-31

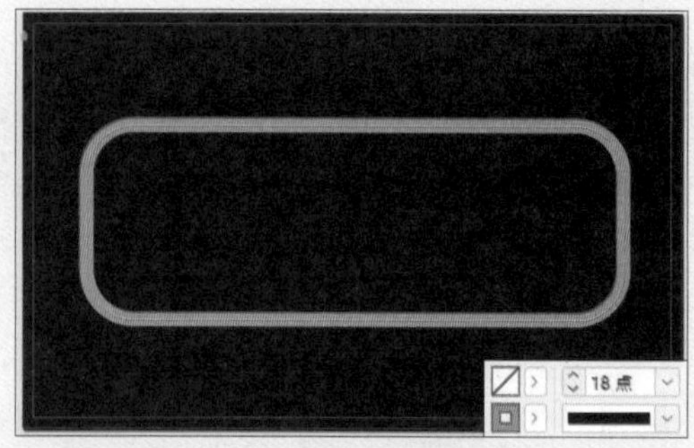

图 7-32

步骤 03 按Ctrl+C组合键复制，按Ctrl+V组合键粘贴，选择两个矩形，分别单击“水平居中对齐”按钮、“垂直居中对齐”按钮，如图7-33所示。

步骤 04 选择上方的圆角矩形，设置描边颜色为白色，描边粗细为7点，如图7-34所示。

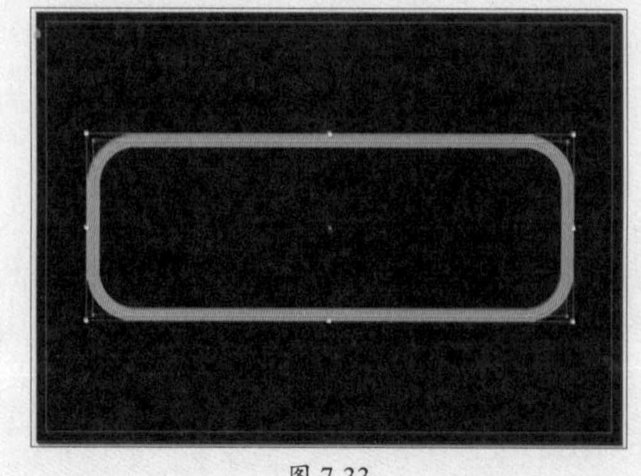

图 7-33

图 7-34

步骤05 选择下方的圆角矩形，执行“对象”|“效果”|“外发光”命令，在弹出的“效果”对话框中设置参数。单击色块，在弹出的“效果颜色”对话框中设置参数，如图7-35、图7-36所示。

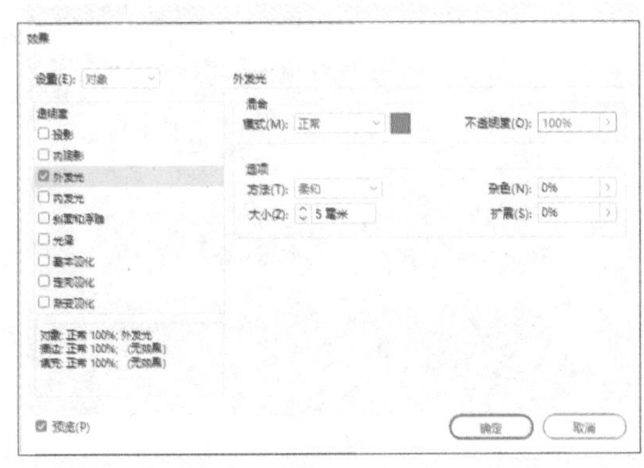

图 7-35

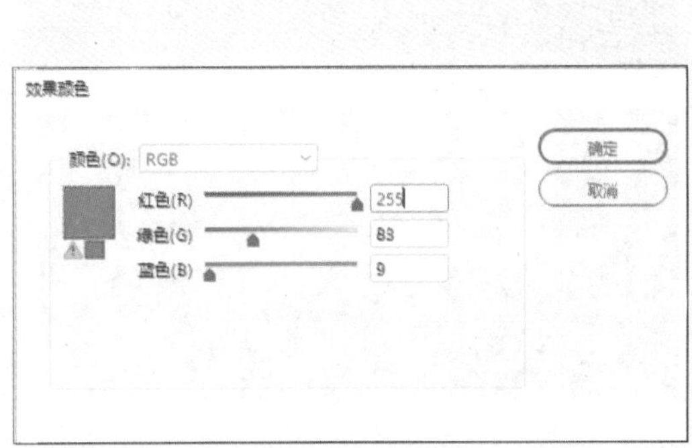

图 7-36

步骤06 单击“确定”按钮，效果如图7-37所示。

步骤07 选择上方的圆角矩形，执行“对象”|“效果”|“投影”命令，在弹出的“效果”对话框中设置参数，如图7-38所示。

图 7-37

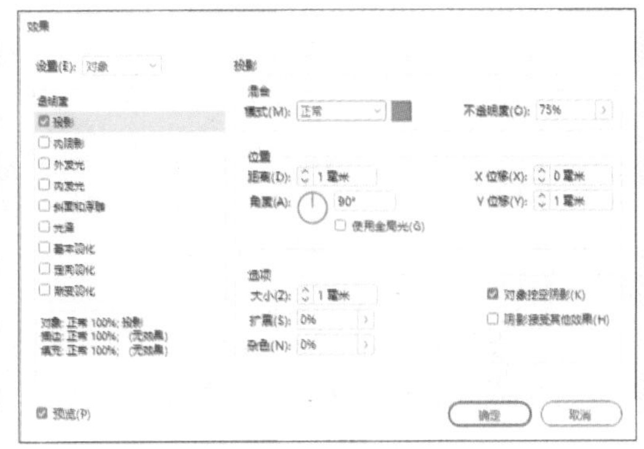

图 7-38

步骤08 单击“确定”按钮，效果如图7-39所示。

步骤09 选择“文字工具”创建文字框架，输入文字并设置参数，如图7-40所示。

图 7-39

图 7-40

步骤 10 创建文字轮廓，剪切并删除轮廓，如图7-41所示。

步骤 11 切换描边和填色，设置描边粗细为7点，如图7-42所示。

图 7-41

图 7-42

步骤 12 执行“对象”|“效果”|“外发光”命令，在弹出的“效果”对话框中设置参数，如图7-43所示。

步骤 13 单击工具栏中的“预览” 按钮，查看最终输出显示图稿，如图7-44所示。

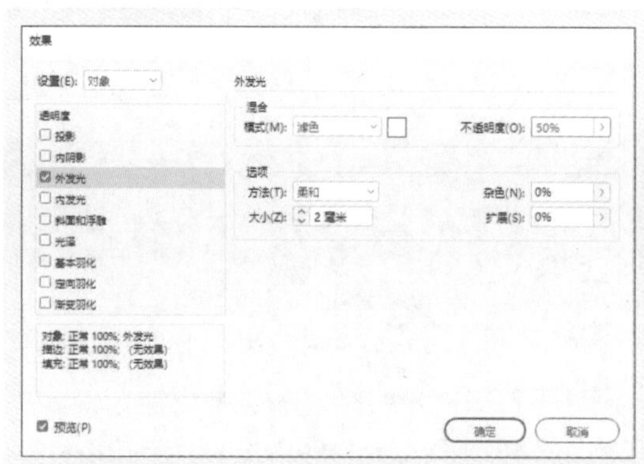

图 7-43

图 7-44

7.2.2 透明度——调整不透明度

执行“对象”|“效果”命令，在其子菜单中有多个效果命令，单击任意一个命令，均可弹出“效果”对话框，如图7-45所示。

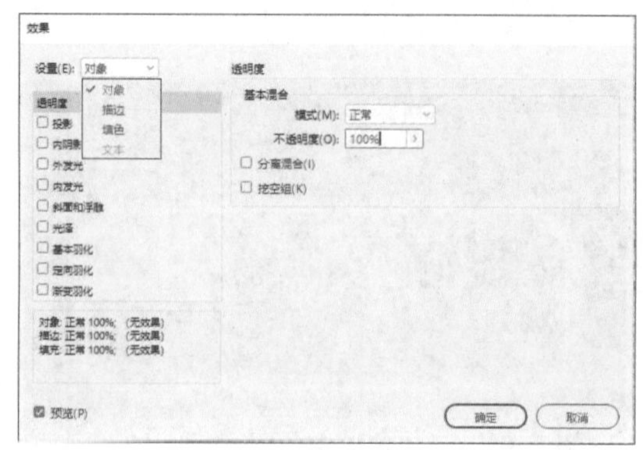

图 7-45

在该对话框中可以指定更改对象的哪些部分，主要选项介绍如下。

- **对象：** 影响整个对象（包括其描边、填色和文本）。
- **描边：** 仅影响对象的描边（包括其间隙颜色）。

- **填色：** 仅影响对象的填色。
- **文本：** 仅影响对象中的文本而不影响文本框架。应用于文本的效果将影响对象中的所有文本，不能将效果应用于个别单词或字母。

在“透明度”选项组中，可以指定对象的不透明度以及与其下方对象的混合方式，既可以选择对特定对象执行分离混合，也可以选择让对象挖空某个组中的对象，而不是与之混合。

（1）混合模式

在“模式”下拉列表框中有16种模式可供选择。

- **正常：** 在不与基色相作用的情况下，采用混合色为选区着色。此模式为默认模式。
- **正片叠底：** 将基色与混合色相乘，得到的颜色总是比基色和混合色都要暗一些。任何颜色与黑色正片叠底产生黑色，任何颜色与白色正片叠底颜色保持不变。
- **滤色：** 将混合色的反相颜色与基色相乘，得到的颜色总是比基色和混合色都要亮一些。用黑色过滤时颜色保持不变，用白色过滤将产生白色。
- **叠加：** 对颜色进行正片叠底或过滤，具体取决于基色。图案或颜色叠加在现有的图稿上，在与混合色混合以反映原始颜色的亮度和暗度的同时，保留基色的高光和阴影。
- **柔光：** 使颜色变暗或变亮，具体取决于混合色。
- **强光：** 对颜色进行正片叠底或过滤，具体取决于混合色。
- **颜色减淡：** 加亮基色以反映混合色。与黑色混合则不发生变化。
- **颜色加深：** 加深基色以反映混合色。与白色混合后不产生变化。
- **变暗：** 选择基色或混合色中较暗的一个作为结果色。比混合色亮的区域将被替换，而比混合色暗的区域保持不变。
- **变亮：** 选择基色或混合色中较亮的一个作为结果色。比混合色暗的区域将被替换，而比混合色亮的区域保持不变。
- **差值：** 从基色减去混合色或从混合色减去基色，具体取决于哪一种的亮度值较大。与白色混合将反转基色值，与黑色混合则不产生变化。
- **排除：** 创建类似于差值模式的效果，但是对比度比插值模式低。与白色混合将反转基色分量，与黑色混合则不发生变化。
- **色相：** 用基色的亮度和饱和度与混合色的色相创建颜色。
- **饱和度：** 用基色的亮度和色相与混合色的饱和度创建颜色。用此模式在没有饱和度（灰色）的区域中上色，将不会产生变化。
- **颜色：** 用基色的亮度与混合色的色相和饱和度创建颜色。它可以保留图稿的灰阶，对于给单色图稿上色和给彩色图稿着色都非常有用。
- **亮度：** 用基色的色相及饱和度与混合色的亮度创建颜色。此模式创建与“颜色”模式相反的效果。

操作提示

模式中提到的三种颜色含义如下。

- **基色**：图像中的原稿颜色。
- **混合色**：通过绘画或编辑工具应用的颜色。
- **结果色**：混合后得到的颜色。

（2）不透明度

默认情况下，创建对象或描边、应用填色或输入文本时，这些项目显示为实底状态，即不透明度为100%。在“不透明度”后面的文本框中可以直接输入数值，也可以单击文本框旁边的›按钮，调整数值。图7-46、图7-47所示分别表示不透明度为100%（不透明）和50%（半透明）时的效果。

图 7-46

图 7-47

（3）分离混合

在对象上应用混合模式时，其颜色会与它下面的所有对象混合。若将混合范围限制于特定对象，可以先对目标对象进行编组，然后对该组应用“分离混合”选项。

（4）挖空组

让选定组中每个对象的不透明度和混合属性挖空（即在视觉上遮蔽）组中的底层对象。只有选定组中的对象才会被挖空。选定组下面的对象将会受到应用于该组中对象的混合模式或不透明度的影响。

混合模式应用于单个对象，而“分离混合”与“挖空组”选项则应用于组。

7.2.3 投影——创建三维效果

在“投影”选项组中可以创建三维阴影，可以让投影沿X轴或Y轴偏离，还可以改变混合模式、颜色、不透明度、距离、角度以及投影的大小，增强空间感和层次感，选项设置如图7-48所示，图像效果如图7-49所示。

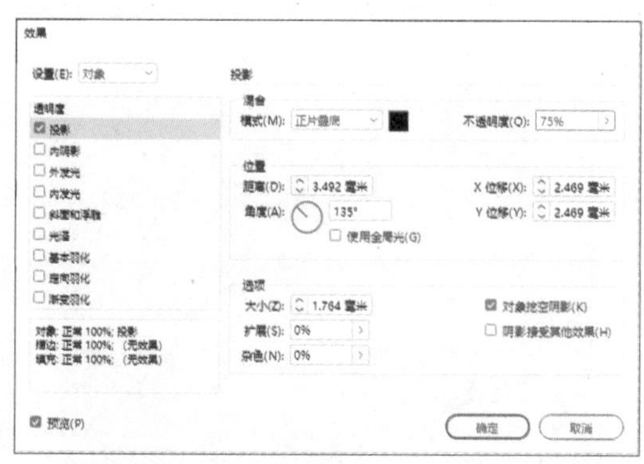

图 7-48

图 7-49

该对话框中主要选项的功能介绍如下。

- **模式：**设置透明对象中的颜色如何与其下面的对象相互作用。适用于投影、内阴影、外发光、内发光和光泽效果。
- **设置投影颜色■：**单击该按钮，可以在弹出的“效果颜色”对话框中设置投影的颜色，如图7-50所示。在该对话框中可以选择已有的色板颜色，还可以在“颜色”下拉列表框中设置其他颜色模式，调整其颜色参数。

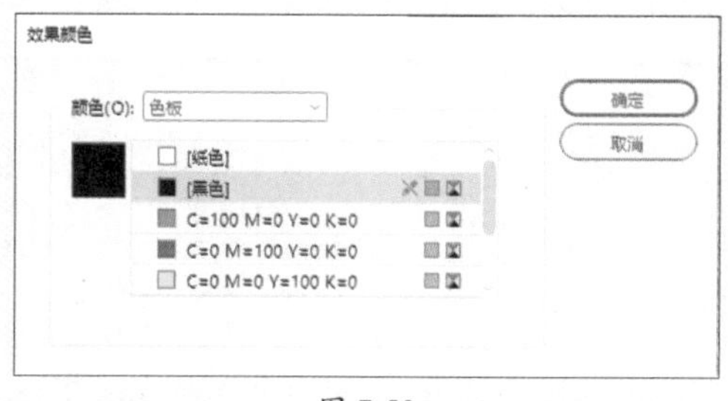

图 7-50

- **距离：**设置投影、内阴影或光泽的位移效果。
- **角度：**设置应用光源效果的光源角度，0° 为底边，90° 为对象正上方。
- **使用全局光：**选中该复选框，将全局光设置应用于投影。
- **大小：**设置投影或发光应用的量。
- **扩展：**确定大小设置中多设定的投影或发光效果中模糊的透明度。
- **杂色：**设置指定数值或拖动滑块时发光不透明度或投影不透明度中随机元素的数量。
- **对象挖空阴影：**选中该复选框，对象显示在它所投射投影的前面。
- **阴影接受其他效果：**选中该复选框，投影中包含其他透明效果。例如，如果对象的一侧被羽化，则可以使投影忽略羽化，以便阴影不会淡出，或者使阴影看上去已经羽化，就像对象被羽化一样。

7.2.4 内阴影——创建内部阴影效果

内阴影效果就是将阴影置于对象内部，给人以对象凹陷的印象。可以让内阴影沿不同轴偏离，并可以改变混合模式、不透明度、距离、角度、大小、杂色和阴影的收缩量，选项设置如图7-51所示，图像效果如图7-52所示。

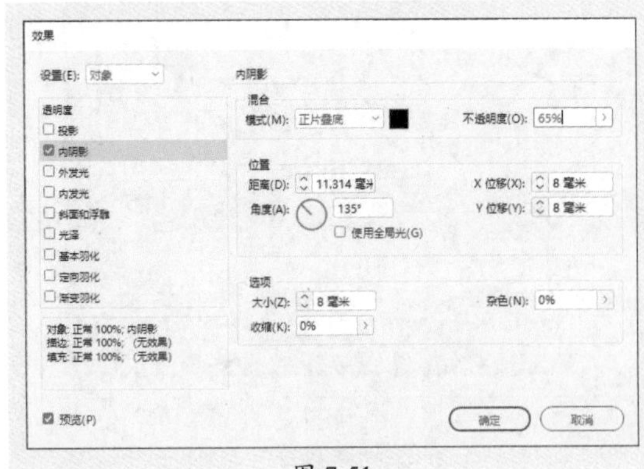

图 7-51

图 7-52

7.2.5 外/内发光——创建外/内部光源效果

外发光效果使光从对象下面发射出来，可以设置混合模式、不透明度、方法、杂色、大小以及扩展，选项设置如图7-53所示，图像效果如图7-54所示。

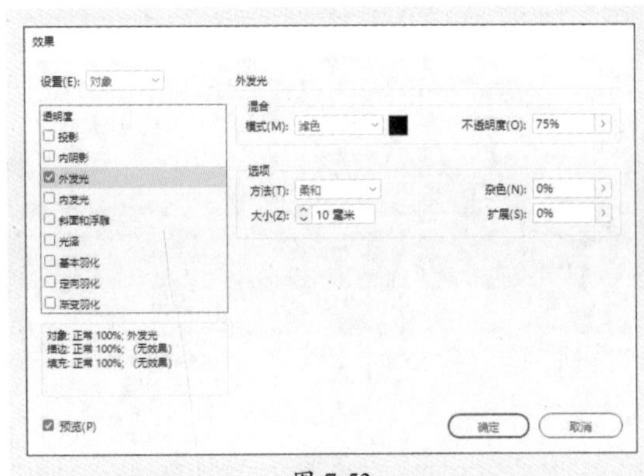

图 7-53

图 7-54

内发光效果使对象从内向外发光。可以设置混合模式、不透明度、方法、大小、杂色、收缩量以及源，选项设置如图7-55所示，图像效果如图7-56所示。

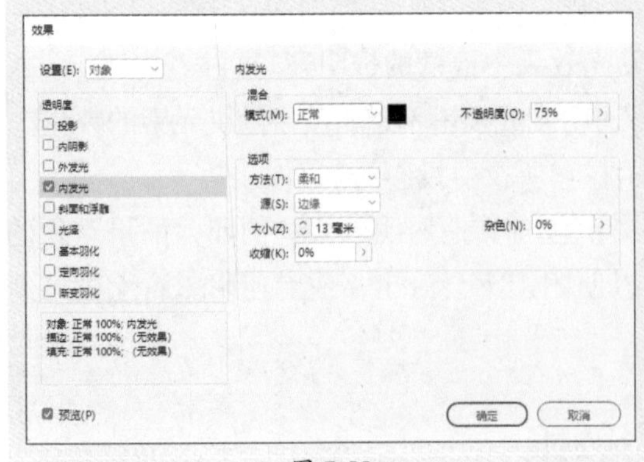

图 7-55

图 7-56

7.2.6 斜面和浮雕——创建立体浮雕效果

斜面和浮雕效果可以为对象添加高光和阴影，使其产生立体的浮雕效果。结构设置确定对象的大小和形状，选项设置如图7-57所示，图像效果如图7-58所示。

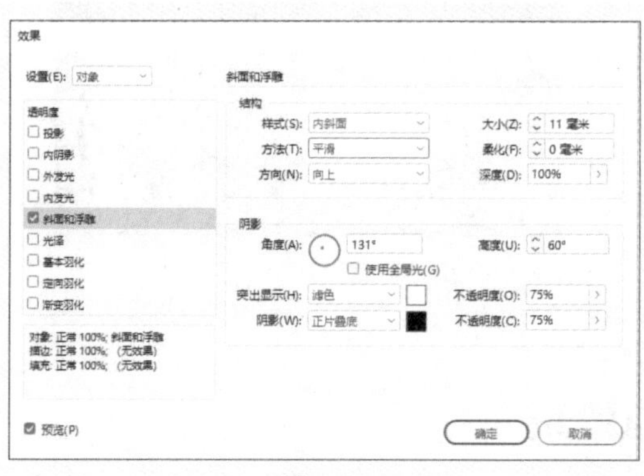

图 7-57

图 7-58

该对话框中主要选项的功能介绍如下。

- **样式：** 指定斜面样式。“外斜面”可以在对象的外部边缘创建斜面；“内斜面”可以在对象的内部边缘创建斜面；“浮雕”可以模拟在底层对象上凸饰另一对象的效果；“枕状浮雕”可以模拟将对象的边缘压入底层对象的效果。
- **大小：** 确定斜面或浮雕效果的大小。
- **方法：** 确定斜面或浮雕效果的边缘是如何与背景颜色相互作用的。“平滑”可以稍微模糊边缘；“雕刻柔和”也可以模糊边缘，但与平滑方法不尽相同；“雕刻清晰”可以保留更清晰、更明显的边缘。
- **柔化：** 除了使用“方法”设置外，还可以使用“柔化”来模糊效果，以此减少不必要的人工效果和粗糙边缘。
- **方向：** 通过选择“向上”或“向下”选项，可将效果显示的位置上下移动。
- **深度：** 指定斜面或浮雕效果的深度。
- **高度：** 设置光源的高度。
- **使用全局光：** 应用全局光源，它是为所有透明效果指定的光源。勾选此复选框，将覆盖任何角度和高度设置。

7.2.7 光泽——创建有光泽的内阴影效果

光泽效果可以为对象添加流畅且具有光滑光泽的内阴影。可以设置混合模式、不透明度、角度、距离、大小以及是否反转颜色和透明度，选项设置如图7-59所示，图像效果如图7-60所示。

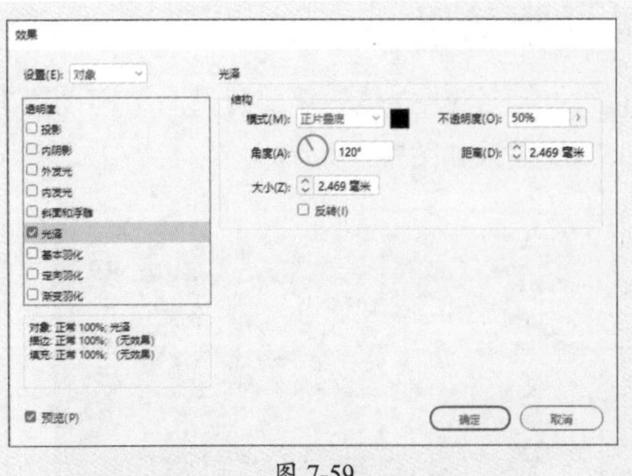

图 7-59

图 7-60

7.2.8 羽化——创建不同的渐隐效果

在“效果”对话框中有三种羽化选项，可以根据需要选择不同的选项，以创建不同的渐隐效果。

1. 基本羽化

基本羽化效果可以按照指定的距离柔化（渐隐）对象的边缘，选项设置如图7-61所示，图像效果如图7-62所示。

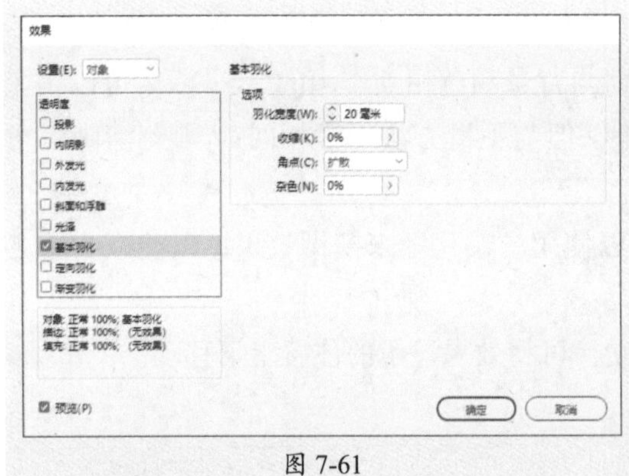

图 7-61

图 7-62

该对话框中主要选项的功能介绍如下。

- **羽化宽度：**用于设置对象从不透明渐隐为透明需要经过的距离。
- **收缩：**与羽化宽度设置共同确定将发光柔化为不透明和透明的程度。设置的值越大，不透明度越高；设置的值越小，透明度越高。
- **角点：**在其下拉列表框中有三种形式可供选择。“锐化”可以沿形状的外边缘（包括尖角）渐变。此选项适合于星形对象，以及对矩形应用特殊效果。“圆角”可以按羽化半径调整圆角，实际上，形状先内陷，然后向外隆起，形成两个轮廓。此选项应用于矩形时可取得良好效果。“扩散”可以使对象边缘从不透明渐隐为透明。
- **杂色：**指定柔化发光中随机元素的数量。使用此选项可以柔化发光。

2. 定向羽化

定向羽化效果可以使对象的边缘沿指定的方向渐隐为透明，从而实现边缘柔化。例如，可以将羽化应用于对象的上方和下方，而不是左侧或右侧，选项设置如图7-63所示，图像效果如图7-64所示。

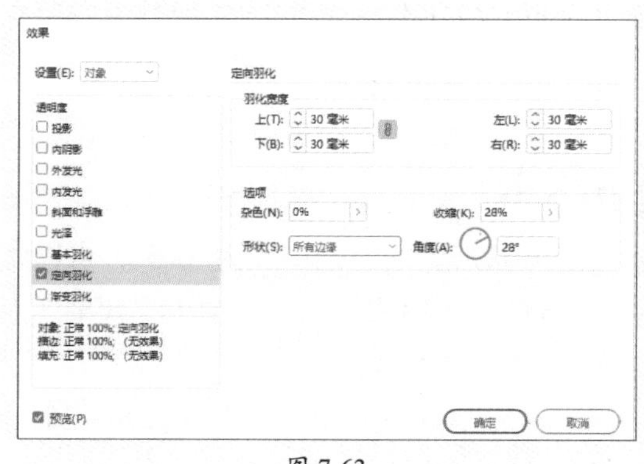

图 7-63

图 7-64

该对话框中主要选项的功能介绍如下。

- **羽化宽度：** 设置对象的上方、下方、左侧和右侧渐隐为透明的距离。选择“锁定”选项可以将对象的每一侧渐隐相同的距离。
- **形状：** 通过选择一个选项（“仅第一个边缘”“前导边缘”或“所有边缘”）可以确定对象原始形状的界限。
- **角度：** 确定羽化角度。

3. 渐变羽化

渐变羽化效果可以使对象所在区域渐隐为透明，从而实现此区域的柔化，选项设置如图7-65所示，图像效果如图7-66所示。

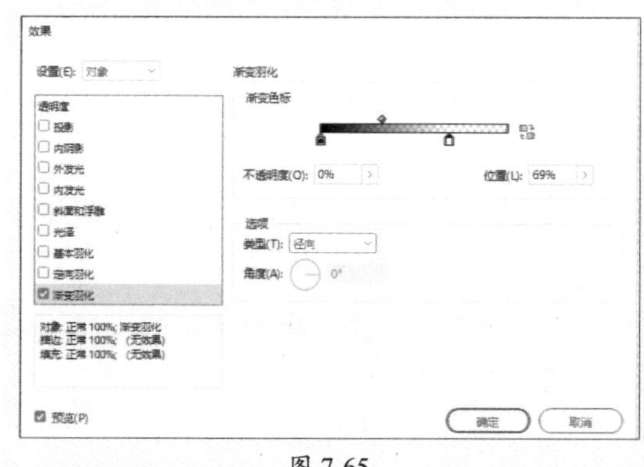

图 7-65

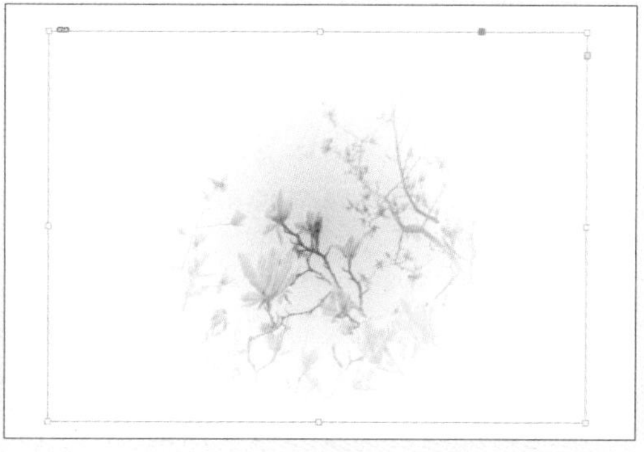

图 7-66

该对话框中主要选项的功能介绍如下。

- **渐变色标：** 为每个要用于对象的透明度渐变创建一个渐变色标。要创建渐变色标，可以在渐变滑块下方单击（将渐变色标拖离滑块可以删除色标）；要调整色标的位置，可以将其向左或向右拖动，或者先选定它，然后拖动位置滑块；要调整两个不透明度色标之间的中点，可以拖动渐变滑块上方的菱形，菱形的位置决定色标之间过渡的剧烈或渐进程度。

- **反向渐变**：单击此按钮，可以反转渐变的方向。
- **不透明度**：指定渐变点之间的透明度。先选定一点，然后拖动不透明度滑块。
- **位置**：调整渐变色标的位置。用于在拖动滑块或输入测量值之前选择渐变色标。
- **类型**："线性"表示以直线方式从起始渐变点渐变到结束渐变点；"径向"表示以环绕方式从起始点渐变到结束点。

7.2.9 "效果"面板——整理编辑效果

默认情况下，在InDesign中创建的对象显示为实底状态，即不透明度为100%，可以将"效果"应用于不透明度和混合模式的对象。执行"窗口"|"效果"命令，弹出"效果"面板，如图7-67所示。

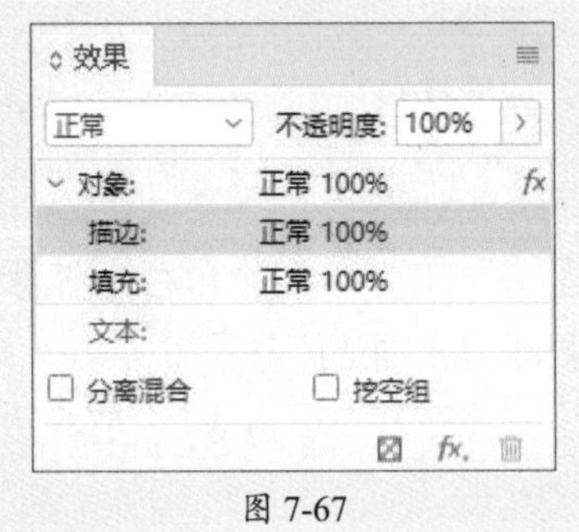

图 7-67

该面板中各选项的功能介绍如下。

- **混合模式**：设置透明对象中的颜色如何与其下面的对象相互作用。
- **不透明度**：设置对象、描边、填充及文本的不透明度。
- **级别**：告知关于对象的"对象""描边""填充"和"文本"的不透明度设置，以及是否应用了透明效果。在为某级别应用透明度设置后，该级别上会显示图标，双击该图标可以编辑效果设置。
- **分离混合**：选中该复选框，将混合模式应用于选定的对象组。
- **挖空组**：选中该复选框，使组中每个对象的不透明度和混合属性挖空或遮蔽组中的底层对象。
- **清除全部**：单击该按钮，可清除对象（描边、填色或文本）的效果，将混合模式设置为"正常"，并将整个对象的不透明度设置更改为100%。
- **向选定的目标添加对象效果**：单击该按钮，显示透明效果列表。
- **删除**：单击该按钮，删除选定效果。

7.3 文本绕排

InDesign可以对任何图形框使用文本绕排，当对一个对象应用文本绕排时，InDesign中会为这个对象创建边界以阻碍文本。执行"窗口"|"文本绕排"命令，弹出"文本绕排"

面板，如图7-68所示。

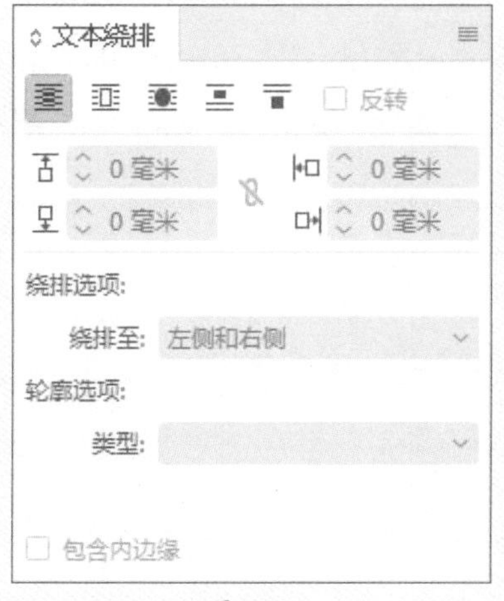

图 7-68

操作提示

在选择一种绕排方式后，可设置“偏移值”和“轮廓选项”两项的值。其中各选项介绍如下。

- **偏移值：** 正值表示文本向外远离绕排边缘，负值表示文本向内进入绕排边缘。
- **轮廓选项：** 仅在使用“沿形状绕排”时可用，可以指定使用何种方式定义绕排边缘，可选择项有图片边框（图片的外形）、探测边缘、Alpha通道、Photoshop路径（在Photoshop中创建的路径，不一定是剪辑路径）、图片框（容纳图片的图片框）和剪辑路径。

7.3.1　案例解析：创建文本绕排

在学习文本绕排之前，可以跟随以下操作步骤进行了解并熟悉，创建文字轮廓，置入图像，设置文本绕排效果。

步骤 01 使用“矩形选框工具”创建图形框架，置入图像素材，右击鼠标，在弹出的快捷菜单中选择“适合”|“按比例填充框架”命令，效果如图7-69所示。

步骤 02 在控制面板中设置不透明度为10%，按Ctrl+L组合键锁定图层，如图7-70所示。

图 7-69

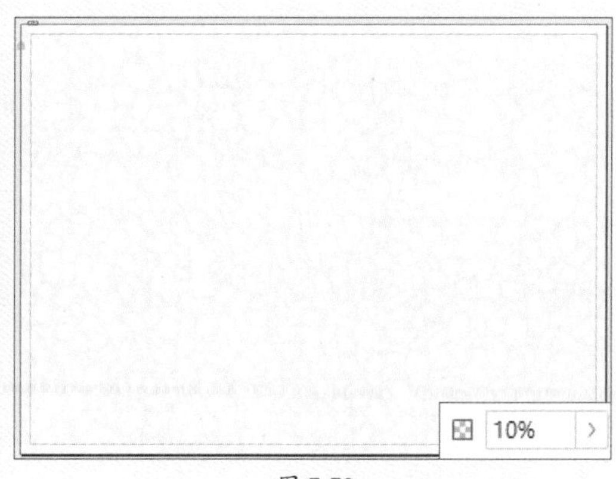

图 7-70

步骤 03 选择“文字工具”拖动鼠标绘制文本框，输入文字，在“字符”面板中设置参数，如图7-71、图7-72所示。

图 7-71　　图 7-72

步骤 04 打开素材文档，按Ctrl+A组合键全选，按Ctrl+C组合键复制，如图7-73所示。

步骤 05 选择“文字工具”绘制文本框，按Ctrl+V组合键粘贴，如图7-74所示。

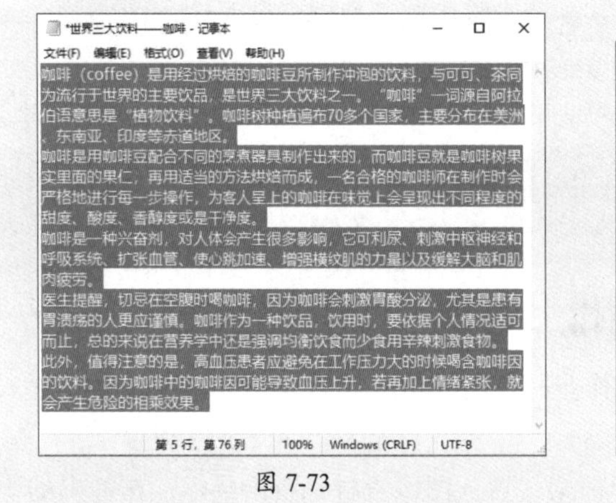
*世界三大饮料——咖啡 - 记事本

文件(F) 编辑(E) 格式(O) 查看(V) 帮助(H)

咖啡（coffee）是用经过烘焙的咖啡豆所制作冲泡的饮料，与可可、茶同为流行于世界的主要饮品，是世界三大饮料之一。“咖啡”一词源自阿拉伯语意思是“植物饮料”。咖啡树种植遍布70多个国家，主要分布在美洲、东南亚、印度等赤道地区。

咖啡是用咖啡豆配合不同的烹煮器具制作出来的，而咖啡豆就是咖啡树果实里面的果仁，再用适当的方法烘焙而成，一名合格的咖啡师在制作时会严格地进行每一步操作，为客人呈上的咖啡在味觉上会呈现出不同程度的甜度、酸度、香醇度或是干净度。

咖啡是一种兴奋剂，对人体会产生很多影响，它可利尿、刺激中枢神经和呼吸系统、扩张血管、使心跳加速、增强横纹肌的力量以及缓解大脑和肌肉疲劳。

医生提醒，切忌在空腹时喝咖啡，因为咖啡会刺激胃酸分泌，尤其是患有胃溃疡的人更应谨慎。咖啡作为一种饮品，饮用时，要依据个人情况适可而止，总的来说在营养学中还是强调均衡饮食而少食用辛辣刺激食物。

此外，值得注意的是，高血压患者应避免在工作压力大的时候喝含咖啡因的饮料。因为咖啡中的咖啡因可能导致血压上升，若再加上情绪紧张，就会产生危险的相乘效果。

第 5 行，第 76 列　100%　Windows (CRLF)　UTF-8

图 7-73

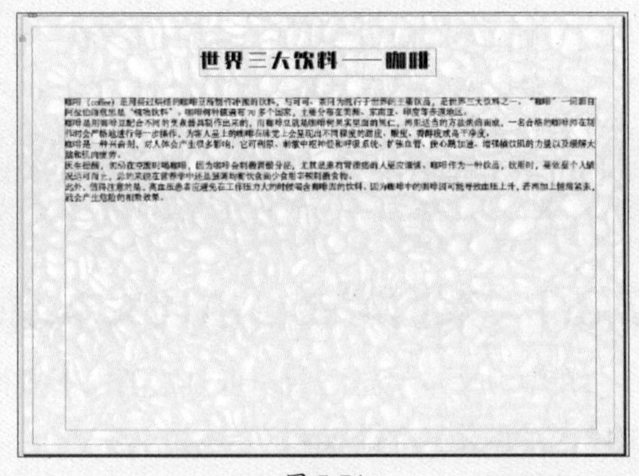

图 7-74

步骤 06 按Ctrl+A组合键全选，在“字符”面板中设置参数，如图7-75、图7-76所示。

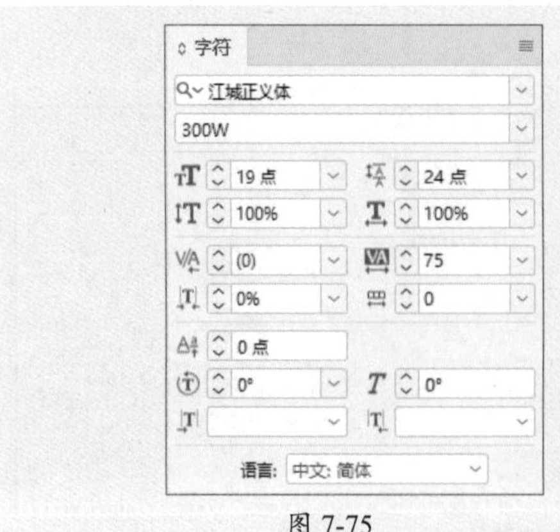

图 7-75

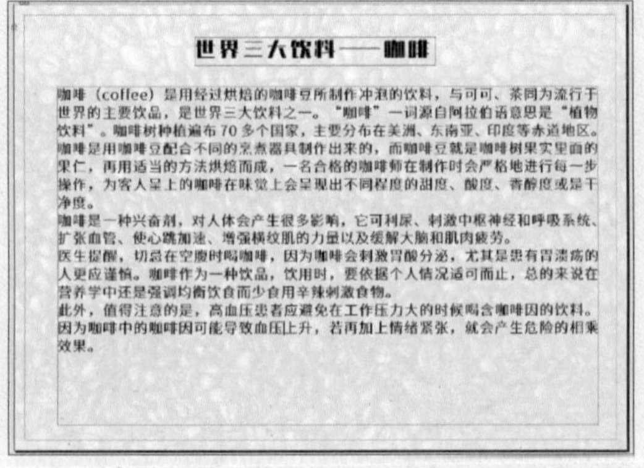

图 7-76

步骤 07 在“段落”面板中设置参数，如图7-77、图7-78所示。

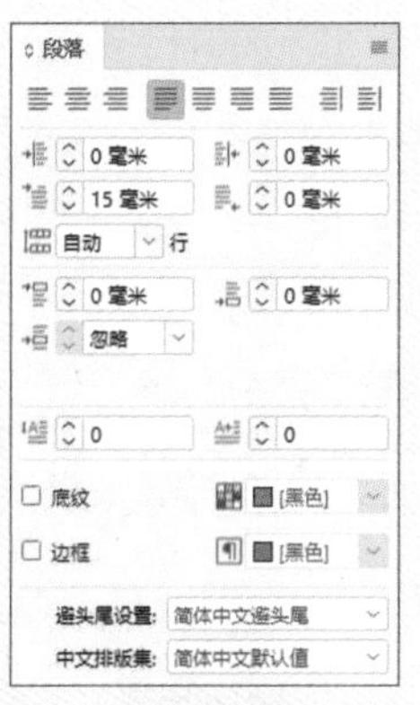

图 7-77

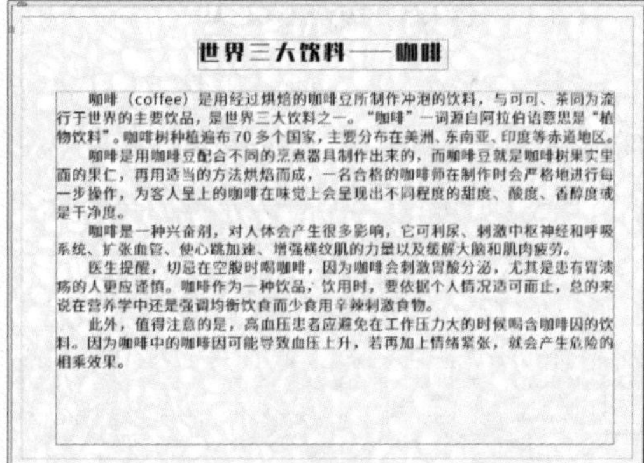

图 7-78

步骤 08 置入素材图像，如图7-79所示。

步骤 09 在控制面板中单击“沿对象形状绕排”按钮，如图7-80所示。

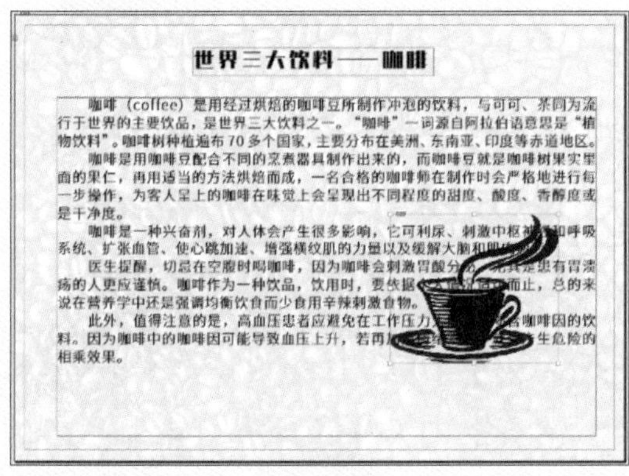

图 7-79

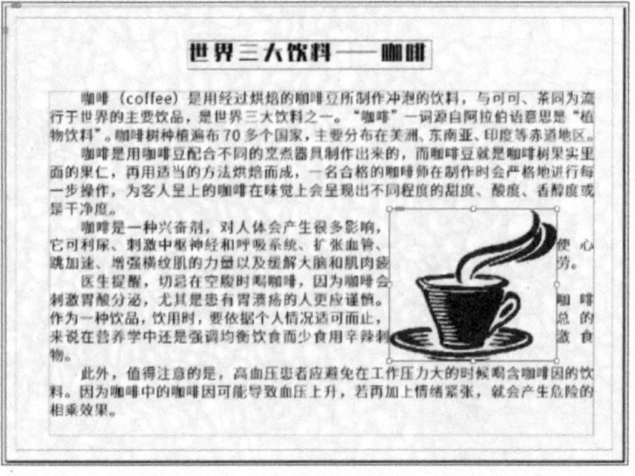

图 7-80

步骤 10 执行“窗口”|“文本绕排”命令，在弹出的“文本绕排”面板中设置参数，如图7-81所示。

步骤 11 单击工具栏中的“预览”按钮，查看最终输出显示图稿，做细微调整，如图7-82所示。

图 7-81

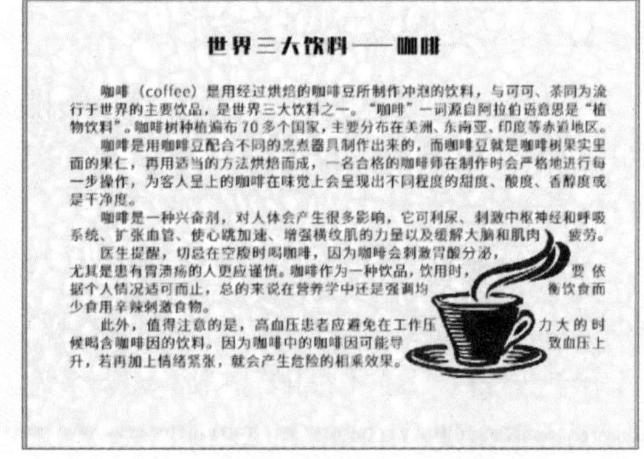

图 7-82

7.3.2 沿定界框绕排

选择“文字工具”创建文本框并输入文字，执行“文件”|“置入”命令，在“置入”对话框中选择图片素材，默认为“无文本绕排”，如图7-83所示，在“文本绕排”面板中单击“沿定界框绕排”按钮▣，如图7-84所示。

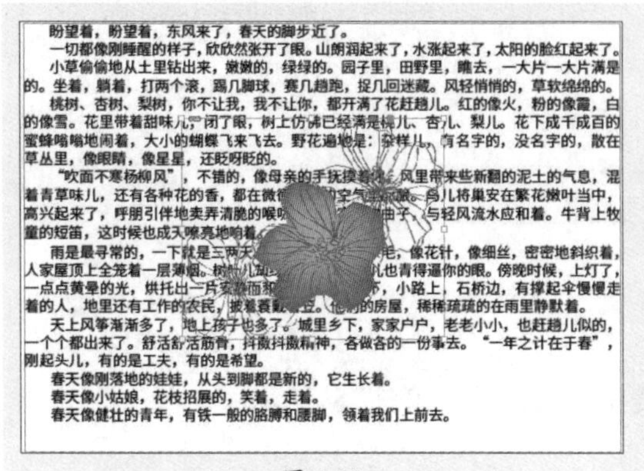

图 7-83　　图 7-84

在“文本绕排”面板中不仅可以设置四周位移的参数，还可以在“绕排至”下拉列表框中设置绕排选项，如图7-85、图7-86所示。

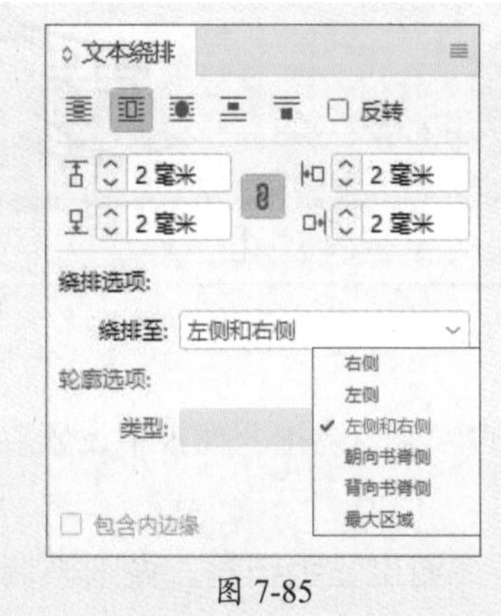

图 7-85　　图 7-86

7.3.3 沿对象形状绕排

沿对象形状绕排也称为轮廓绕排，绕排边缘和图片形状相同。单击“沿对象形状绕排”按钮▣，设置参数，如图7-87所示。

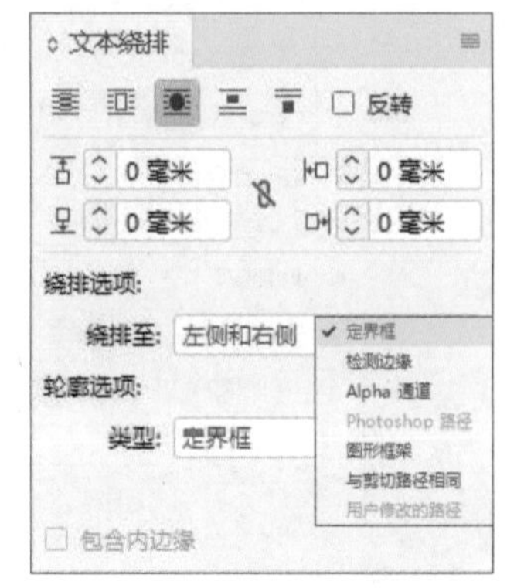

图 7-87

在“轮廓选项”选项组中的“类型”下拉列表框中主要选项的功能介绍如下。

- **定界框**：将文本绕排至由图像的高度和宽度构成的矩形。
- **图形框架**：用容器框架生成边界。
- **与剪切路径相同**：用导入图像的剪切路径生成边界。
- **用户修改的路径**：与其他图形路径一样，可以使用“直接选择工具”和“钢笔工具”调整文本绕排边界与形状。

图7-88、图7-89所示为应用“定界框”“Alpha通道”的效果。

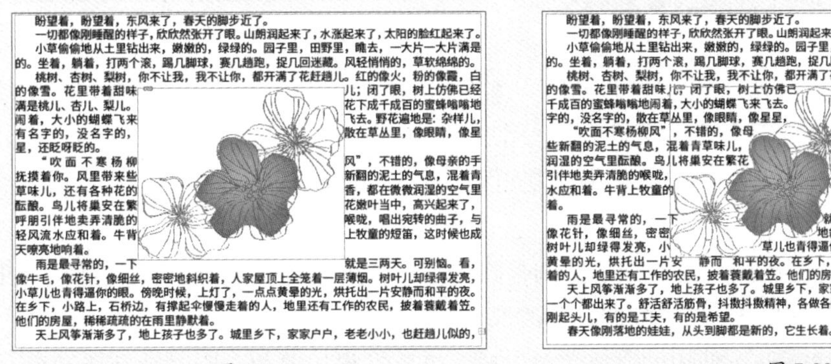

图 7-88　　图 7-89

7.3.4 上下型绕排

上下型绕排是将图片所在栏中左右的文本全部排开至图片的上方和下方。单击“上下型绕排”按钮，如图7-90所示。移动图形框架，文本也随之变动，如图7-91所示。

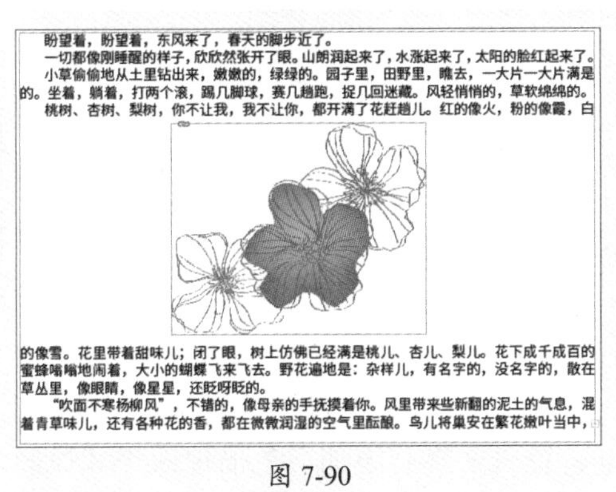

图 7-90

图 7-91

7.3.5 下型绕排

下型绕排是将图片所在栏中图片上边缘以下的所有文本都排开至下一栏。单击“下型绕排”按钮，如图7-92所示。移动图形框架，文本也随之变动，如图7-93所示。

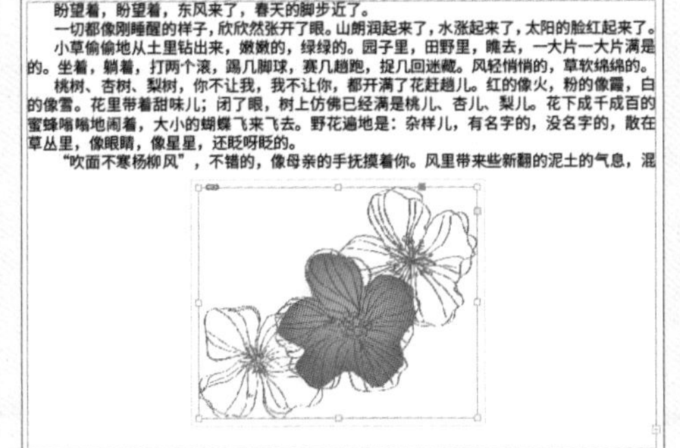

图 7-92

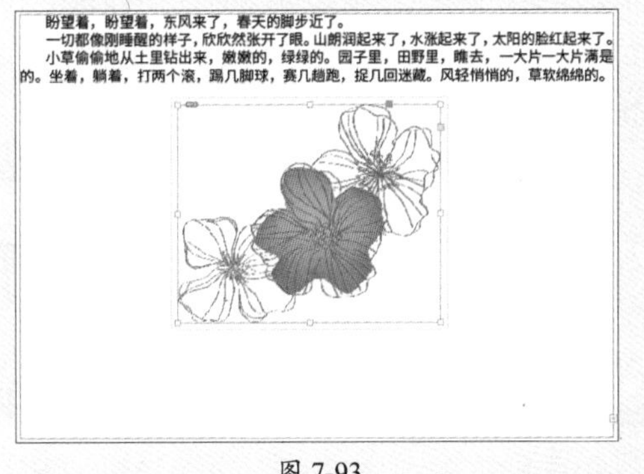

图 7-93

课堂实战 制作宠物宣传页

本章课堂练习制作宠物宣传页，综合练习本章的知识点，以熟练掌握和巩固框架的创建、图像的置入、效果的添加等。下面介绍操作思路。

步骤 01 选择“矩形工具”拖动鼠标绘制矩形，设置填充颜色，描边为无，如图7-94所示。

步骤 02 选择“矩形工具”绘制矩形，调整圆角半径，按住Shift+Alt组合键水平向右拖动，按Ctrl+Shift+Alt+D组合键连续复制，更改部分颜色，如图7-95所示。

步骤 03 置入素材Logo，使用“文字工具”输入文字并设置参数，顺时针旋转90°，如图7-96所示。

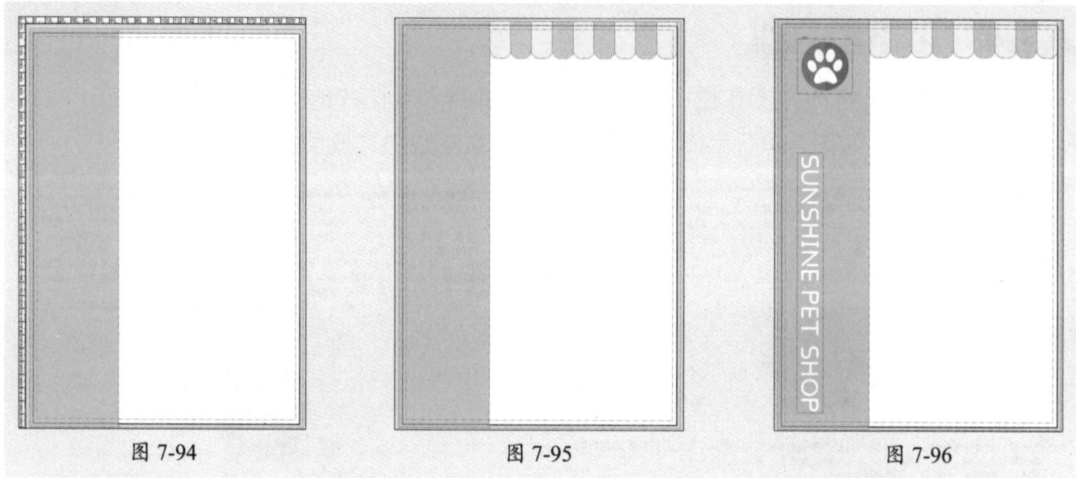

图 7-94　　图 7-95　　图 7-96

步骤 04 选择“椭圆选框工具”绘制图形选框，置入素材后添加白色描边效果和投影效果，如图7-97所示。

步骤 05 选择“文字工具”拖动鼠标创建文本框架，输入文字并设置参数，如图7-98所示。

步骤 06 使用“矩形工具”绘制矩形并填充颜色，使用“直线工具”，按住Shift键绘制直线并设置样式，如图7-99所示。

图 7-97　　图 7-98　　图 7-99

课后练习 制作旅游杂志内页

下面将综合使用各种工具制作旅游杂志内页，效果如图7-100所示。

图 7-100

1. 技术要点

①使用“矩形工具”绘制矩形，调整圆角半径。

②使用“矩形框架工具”“文字工具”创建图形框架和文本框架。

③使用“文字工具”“直线工具”输入文字、绘制直线并设置参数。

2. 分步演示

本案例的分步演示效果如图7-101所示。

图 7-101

拓展赏析

线条在版式设计中的应用

在版式设计中，使用线条有分隔信息、丰富版面、建立固定版式、强调文字以及归类的作用。下面分别进行介绍。

1. 分隔信息

在版面设计中可以选择实线或虚线将不同类型的信息分开，使信息看起来更加清晰，方便用户阅读，有效地起到规整作用。如果版面中的信息层级较多，可以使用细线和粗线进行划分。虚线相较于实线，会显得更加活泼，如图7-102所示。

2. 丰富版面

若版面中信息有限，可以利用线条丰富画面，让平淡单调的画面变得有设计感，如图7-103所示。

图 7-102

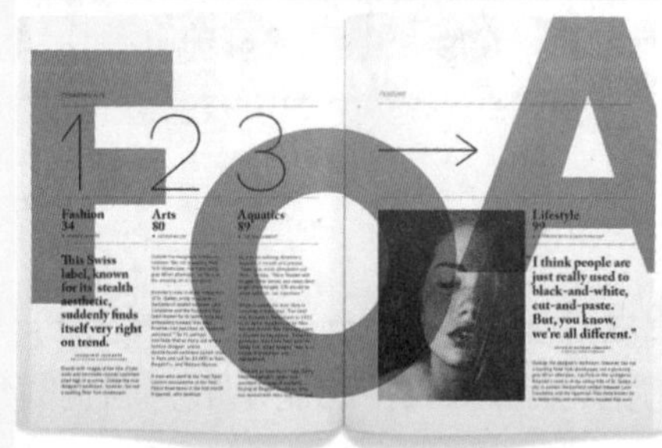

图 7-103

3. 建立固定版式

在画册或报纸的排版中，会有一些固定不变的信息放在顶部或底部作为模板出现，可以使用长线条来辅助建立固定版式，如图7-104所示。

4. 强调文字

在文字的下面添加直线可以起到强调信息的作用，引导受众的目光。

5. 归类

使用一条短线条可以将信息进行归类。将文字左对齐或右对齐，在对齐的一端添加一条长于或等于这段文字的竖直线，这种方法常用在目录中，如图7-105所示。

图 7-104

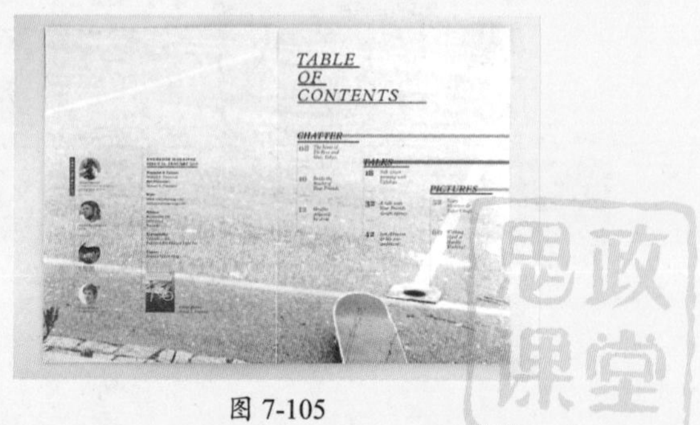

图 7-105

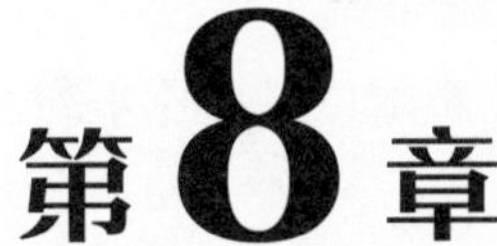

第8章 页面设置与输出

内容导读

本章将对页面和主页的设置进行讲解，包括页面和跨页的编辑，选择、定位页面或跨页，主页的新建、编辑、编排页码和章节，页面项目的收集与置入，通过印前检查查找错误内容，设置打印选项以及打包文件。

思维导图

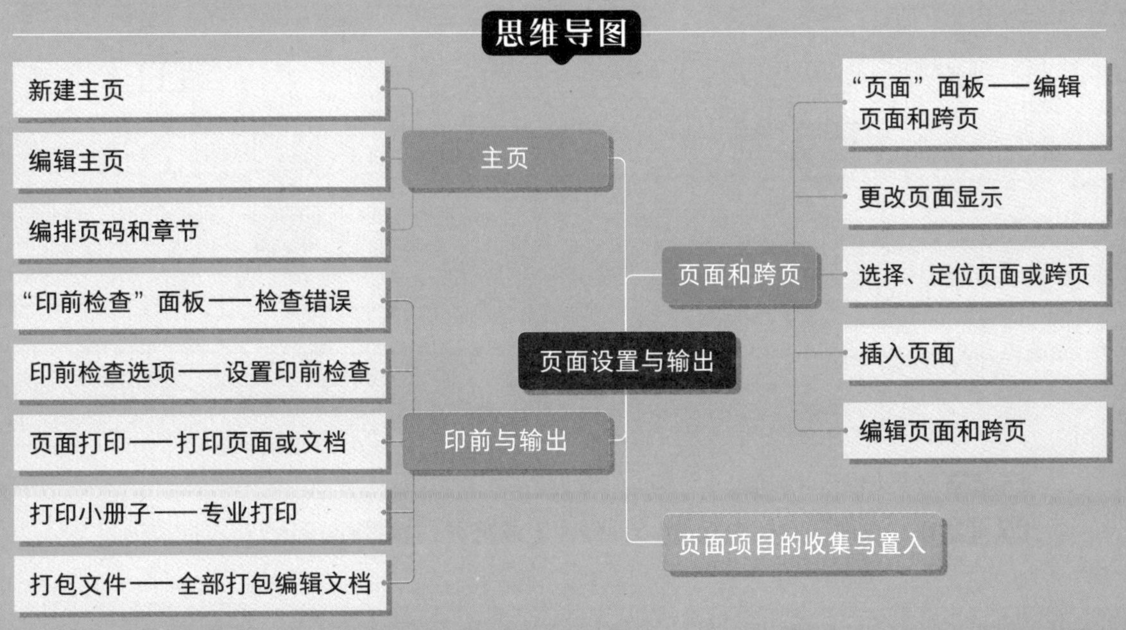

8.1 页面和跨页

在InDesign中，页面是指单独的页面，是文档的基本组成部分，跨页是一组可同时显示的页面，例如在打开书籍或杂志时可以同时看到的两个页面。

8.1.1 案例解析：编辑页面

在学习页面和跨页之前，可以跟随以下操作步骤进行了解并熟悉，复制跨页、串接文本、删除页面等。

步骤 01 打开素材文档，如图8-1所示。

图 8-1

步骤 02 执行“窗口”|“页面”命令，弹出“页面”面板，选择页面拖放至“新建页面”按钮⊞上，复制页面，如图8-2、图8-3所示。

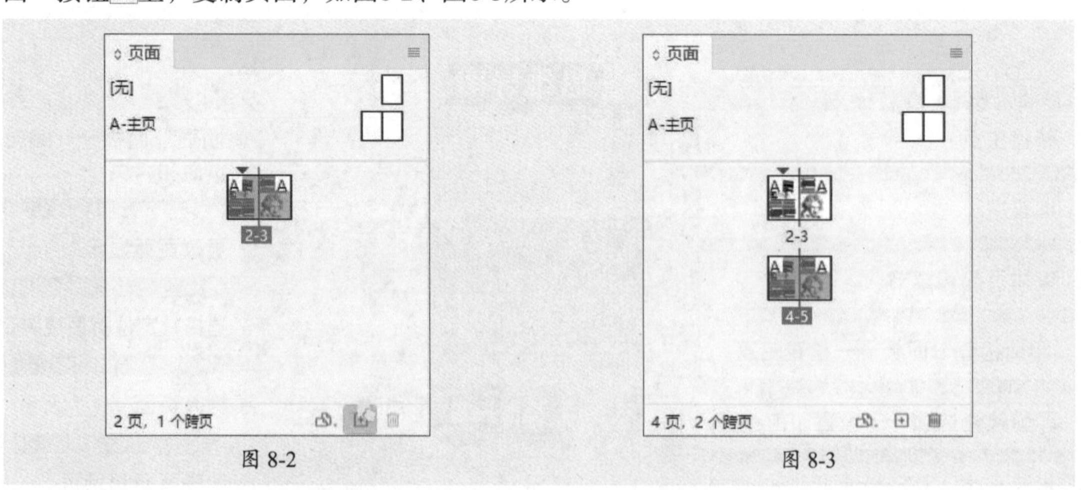

图 8-2　　图 8-3

步骤 03 效果如图8-4所示。

步骤 04 在“页面”面板中双击4-5页码，定位跨页，如图8-5所示。

图 8-4

图 8-5

步骤 05 删除页面中的部分内容，如图8-6所示。

步骤 06 单击页面3中的“溢流文本”⊞图标，如图8-7所示。

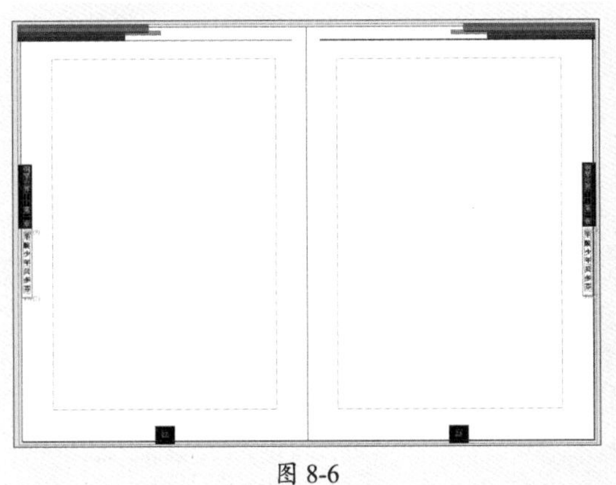

图 8-6

图 8-7

步骤 07 在页面4中拖动鼠标创建文本框，如图8-8所示。

步骤 08 继续单击“溢流文本”⊞图标，创建文本框，如图8-9所示。

图 8-8

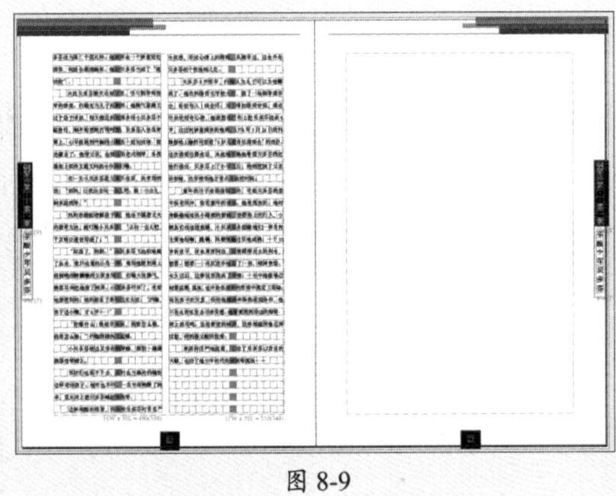

图 8-9

步骤 09 选择页面5拖动至“删除选中页面”按钮🗑，如图8-10所示。

步骤 10 单击“菜单”按钮☰，在弹出的下拉菜单中选择“允许页面随机排布”命令，拖动页面4至页面3右侧，如图8-11、图8-12所示。

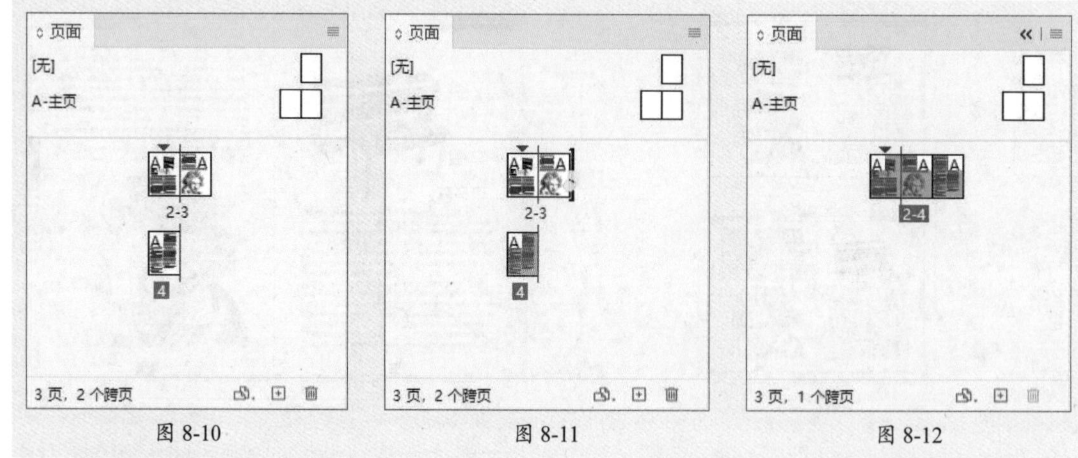

图 8-10　　图 8-11　　图 8-12

步骤 11 单击工具栏中的“预览”按钮，查看最终输出显示图稿，更改页码，如图8-13所示。

图 8-13

8.1.2 “页面”面板——编辑页面和跨页

执行“窗口”|“页面”命令，弹出“页面”面板，如图8-14所示。

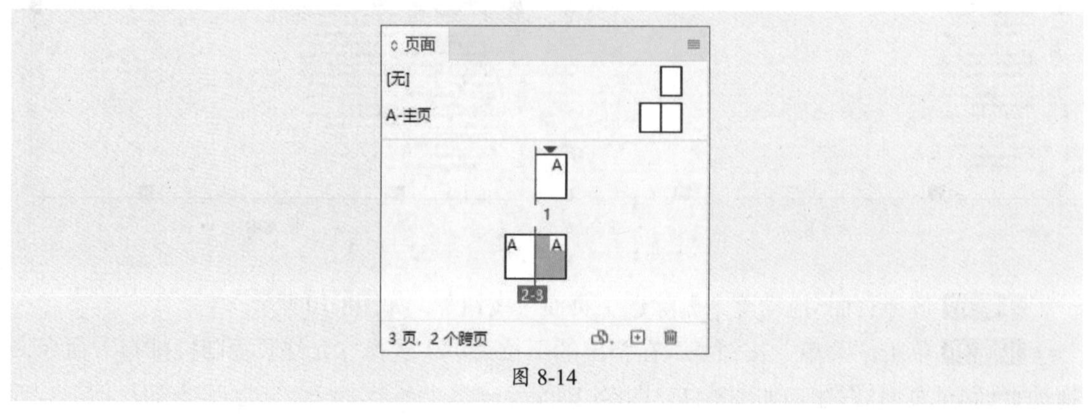

图 8-14

该面板中主要选项的功能介绍如下。

- **编辑页面大小**：单击该按钮，在弹出的下拉菜单中选择预设尺寸更改页面大小。
- **新建页面**：单击该按钮，新建一个页面。
- **删除选中页面**：选中要删除的页面，单击该按钮即可删除。

8.1.3 更改页面显示

"页面"面板中提供了关于页面、跨页和主页的相关信息，以及对于它们的控制。默认情况下，只显示每个页面内容的缩览图。单击"菜单"按钮，在弹出的下拉菜单中选择"面板选项"命令，弹出"面板选项"对话框，如图8-15所示。

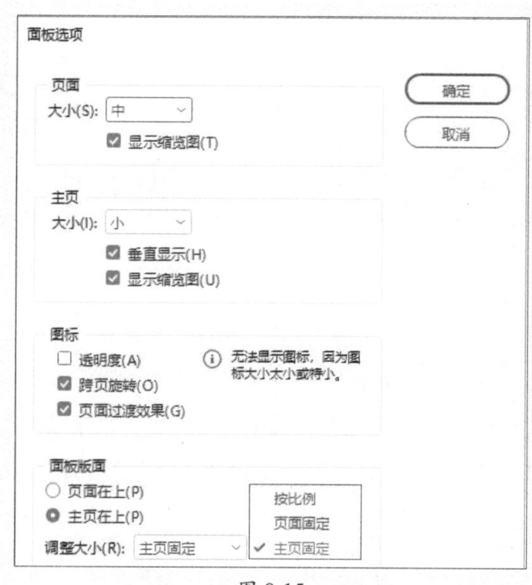

图 8-15

该对话框中各选项的功能介绍如下。

- **大小**：在下拉列表框中设置页面和主页缩览图的大小。
- **显示缩览图**：勾选该复选框，可显示每一页面或主页的内容缩览图。
- **垂直显示**：勾选该复选框，可在一个垂直列中显示跨页；取消选中该复选框可以使跨页并排显示。
- **图标**：在此选项组中可以对"透明度""跨页旋转"与"页面过渡效果"进行设置。
- **面板版面**：设置面板版面的显示方式，可以选择"页面在上"或"主页在上"。
- **调整大小**：在该下拉列表框中有3个选项。选择"按比例"选项，将同时调整面板的"页面"和"主页"部分的大小；选择"页面固定"选项，将保持"页面"部分的大小不变而只调整"主页"部分的大小；选择"主页固定"选项，将保持"主页"部分的大小不变而只调整"页面"部分的大小。

8.1.4 选择、定位页面或跨页

编辑页面或跨页在版面管理中是最基本也是最重要的一部分。选择、定位页面或跨页可以方便地对页面或跨页进行操作，还可以对页面或跨页中的对象进行编辑操作。

- 若要选择页面，则可在“页面”面板中单击某一页面，如图8-16所示。按住Shift键可加选页面。
- 若要选择跨页，则可在“页面”面板中按住Shift键单击页码，如图8-17所示。
- 若要定位页面所在视图，则可在“页面”面板中双击某一页面。
- 若要定位跨页所在视图，则可在“页面”面板中双击跨页下的页码。

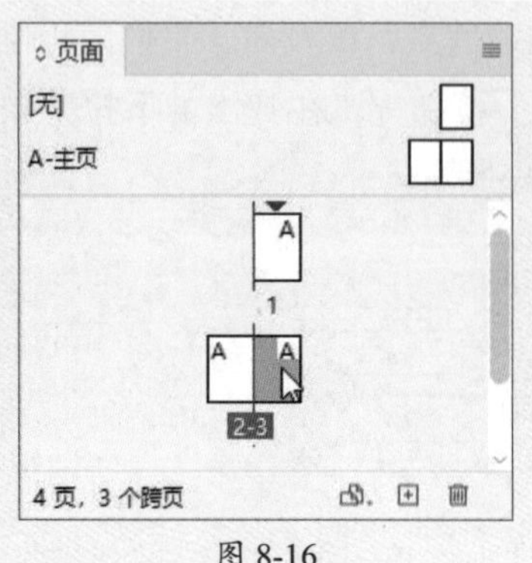

图 8-16

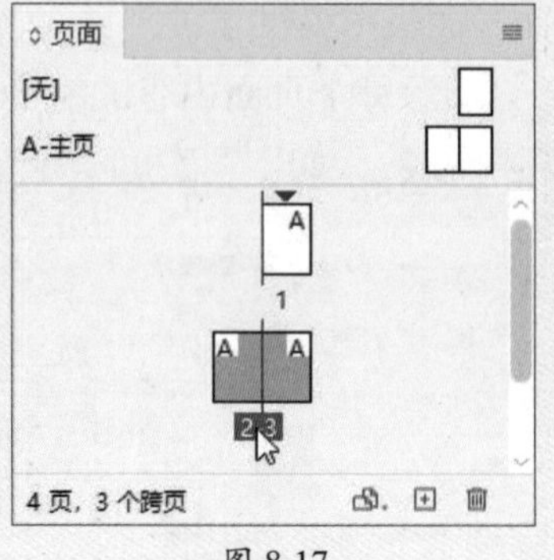

图 8-17

8.1.5 插入页面

若要在某一页面或跨页之后添加页面，可单击“页面”面板底部的“新建页面”按钮。

若要添加页面并制定文档主页，可右击鼠标，在弹出的快捷菜单中选择“插入页面”命令，弹出“插入页面”对话框，设置参数，如图8-18所示，效果如图8-19所示。

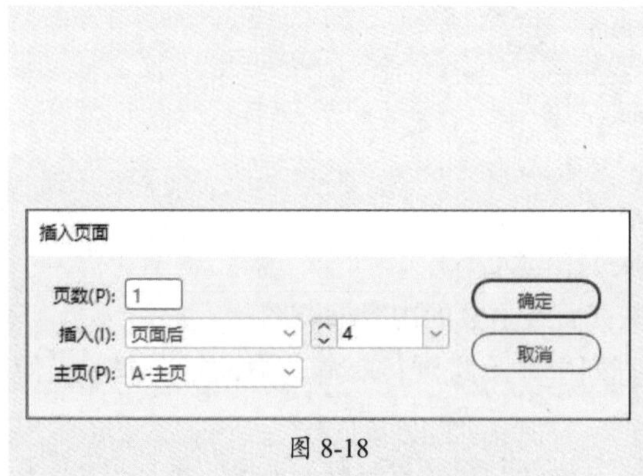

图 8-18

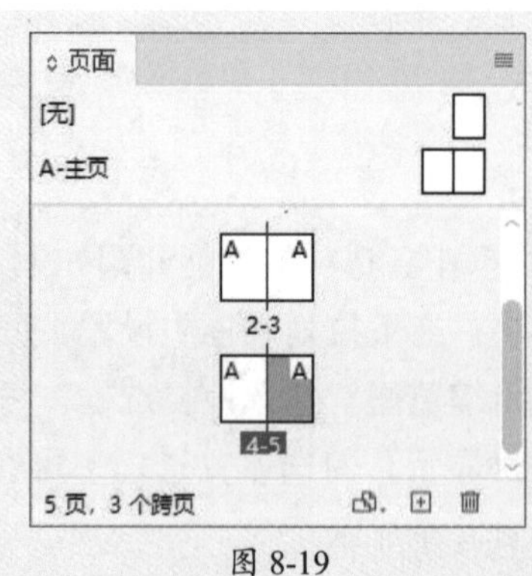

图 8-19

8.1.6 编辑页面和跨页

可以通过执行命令或手动移动、复制、删除页面或跨页。

1. 移动页面或跨页

选择目标页面或跨页，右击鼠标，在弹出的快捷菜单中选择“移动页面”命令，在弹出的“移动页面”对话框中设置参数，如图8-20所示。

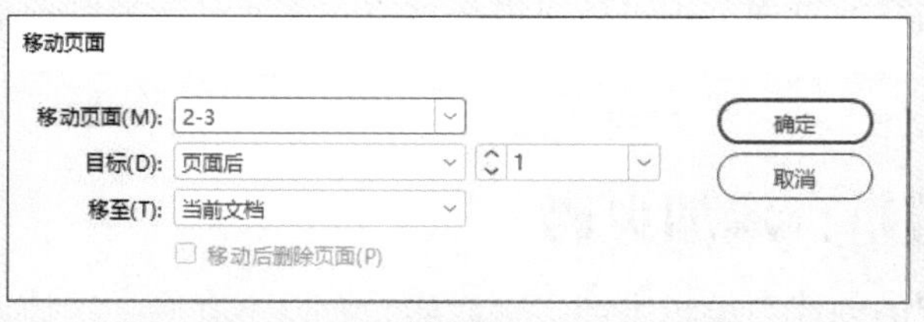

图 8-20

将选中的页面或跨页拖到所需位置即可。在拖动时，竖条将指示释放该图标时页面显示的位置，如图8-21、图8-22所示。若黑色竖条接触到跨页，页面将扩展该跨页，否则文档页面将重新分布。

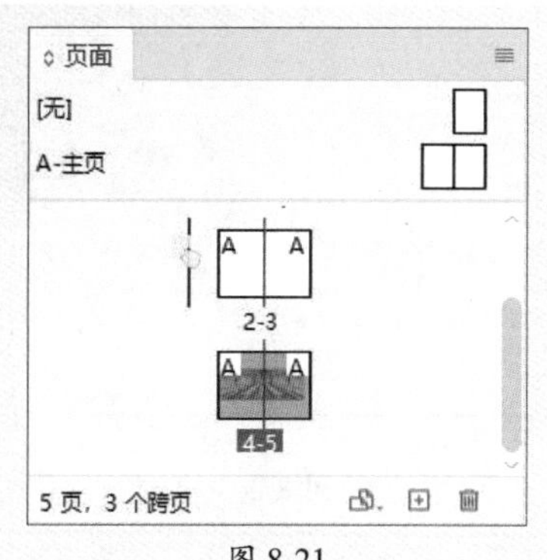

图 8-21

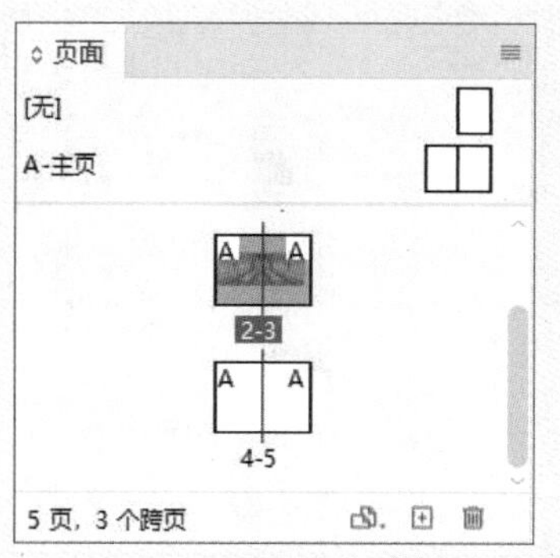

图 8-22

2. 复制页面或跨页

要复制页面或跨页，可以执行下列操作之一。

- 选择要复制的页面或跨页，将其拖动到“新建页面” 按钮⊞上，新建页面或跨页将显示在文档的末尾。
- 按住Alt键不放，并将页面图标或跨页下的页面范围号码拖动到新位置。
- 选择要复制的页面或跨页，右击鼠标，在弹出的快捷菜单中选择“复制页面”或“直接复制跨页”命令，新建页面或跨页将显示在文档的末尾。

3. 删除页面或跨页

删除页面或跨页有以下3种方法。

- 选择要删除的页面或跨页，单击“删除选定页面”按钮🗑。
- 选择要删除的页面或跨页，将其拖动到“删除选定页面”按钮🗑上。
- 选择要删除的页面或跨页，右击鼠标，在弹出的快捷菜单中选择“删除页面”或“删除跨页”命令。

8.2 主页

使用主页可以作为文档背景，并将相同内容快速应用到许多页面中。主页中的文本或图形对象，例如页码、标题、页脚等，将显示在应用该主页的所有页面上。对主页进行的更改将自动应用到关联的页面。主页还可以包含空的文本框架或图形框架，以作为页面上的占位符。

8.2.1 案例解析：添加页码

在学习图形框架的创建与编辑之前，可以先看看以下案例，即输入文字后创建文字轮廓，然后置入图像并按比例填充框架。

步骤 01 打开素材文档，在“页面”面板中单击“A-主页”，如图8-23所示。

步骤 02 选择“文字工具”，在文档左下角拖动鼠标绘制文本框，如图8-24所示。

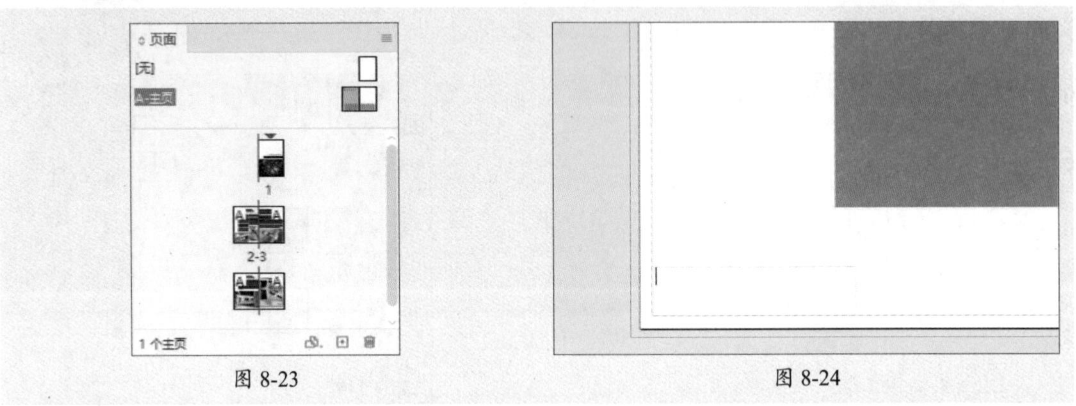

图 8-23　　图 8-24

步骤 03 执行“文字”|“插入特殊字符”|“标志符”|“当前页码”命令，如图8-25所示。

步骤 04 在“字符”面板中设置参数，如图8-26所示。

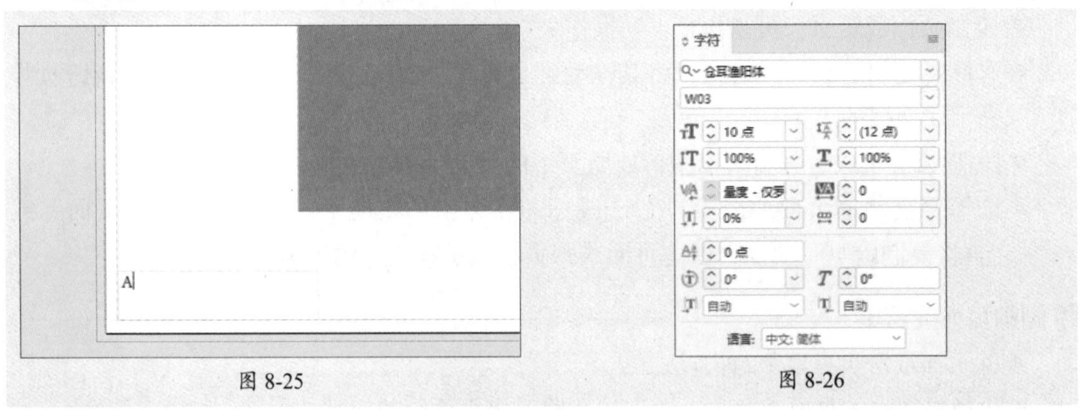

图 8-25　　图 8-26

步骤 05 调整文本框大小，如图8-27所示。

步骤 06 按住Alt键移动复制文本框至主页右端，如图8-28所示。

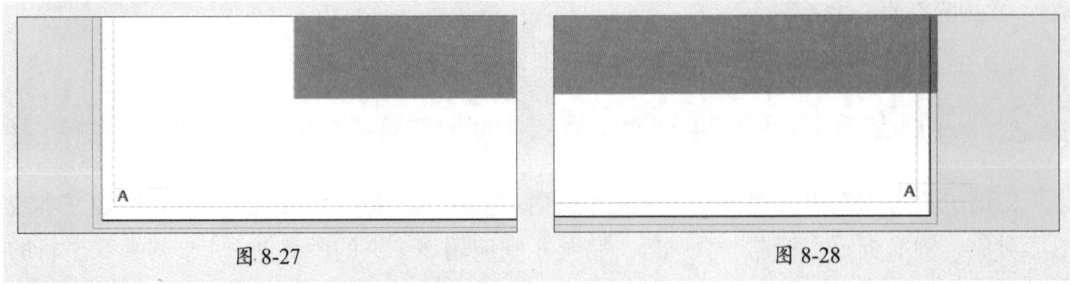

图 8-27　　图 8-28

步骤 07 在“页面”面板中，分别双击页面2、页面3，查看效果，如图8-29、图8-30所示。

图 8-29

图 8-30

8.2.2 新建主页

新建文档时，在“页面”面板的上方将出现两个默认主页，一个是名为“无”的空白主页，应用此主页的工作页面将不含有任何主页元素；另一个是名为“A-主页”的主页，该主页可以根据需要对其做更改，其页面上的内容将自动出现在各个工作页面上。

若有多个版式，可新建主页。在面板中单击“菜单”按钮，在弹出的下拉菜单中选择“新建主页”命令，弹出“新建主页”对话框，如图8-31所示。

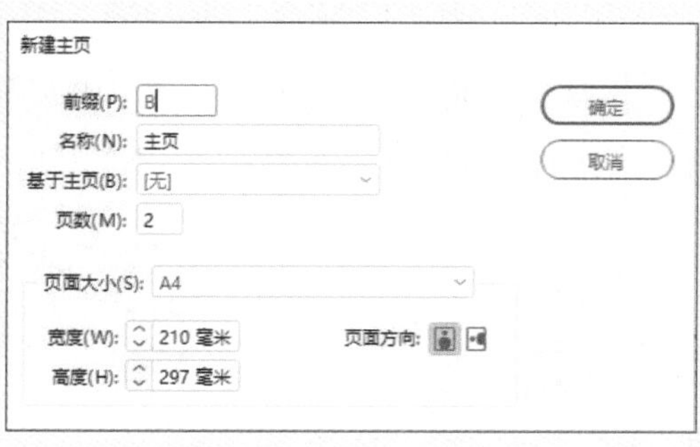

图 8-31

该对话框中主要选项的功能介绍如下。

- **前缀：** 设置一个前缀以标识“页面”面板中各个页面所应用的主页。最多可以输入4个字符。
- **名称：** 设置主页跨页的名称。
- **基于主页：** 在下拉列表框中选择一个要以其作为此主页跨页基础的现有主页跨页，或选择“无”选项。
- **页数：** 设置作为主页跨页中要包含的页数（最多为10页）。

操作提示

基于主页的页面图标将标有基础主页的前缀，基础主页的任何内容发生变化都将直接影响所有基于该主页所创建的主页。

8.2.3 编辑主页

在“页面”面板中，双击要编辑的主页图标，主页跨页将显示在文档编辑窗口中，可以对主页进行更改，如创建或编辑主页元素（如文字、图形、图像、参考线等），还可以更改主页的名称、前缀，将主页基于另一个主页或更改主页跨页中的页数等。

1. 将主页应用于文档页面或跨页

将主页应用于页面，只需将“页面”面板中的主页图标拖动到页面图标上，当黑色矩形框围绕所需页面时释放鼠标，如图8-32、图8-33所示。

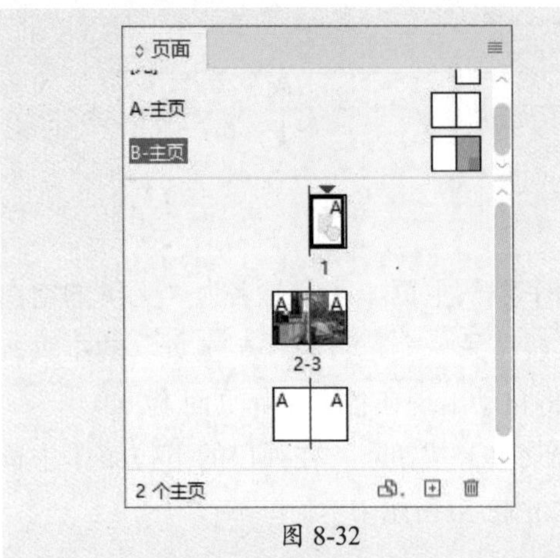

图 8-32

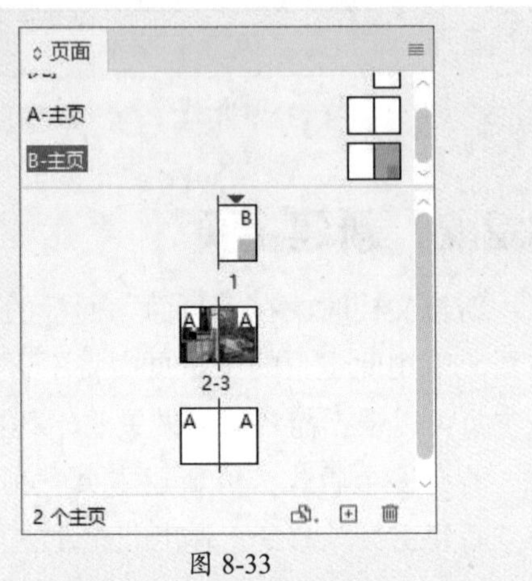

图 8-33

将主页应用于跨页，只需将“页面”面板中的主页图标拖动到跨页的角点上，当黑色矩形框围绕所需跨页中所有页面时释放鼠标，如图8-34、图8-35所示。

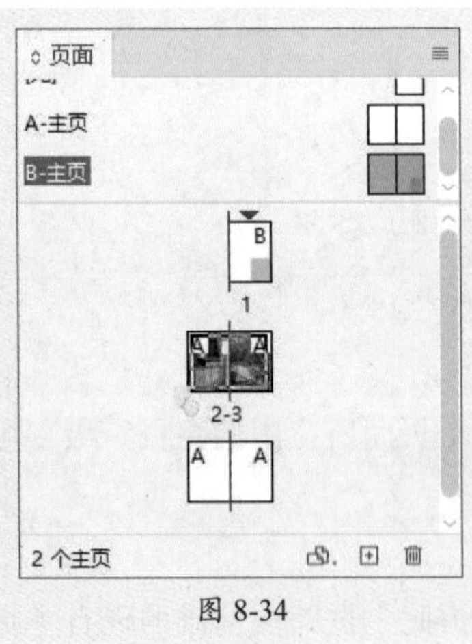

图 8-34

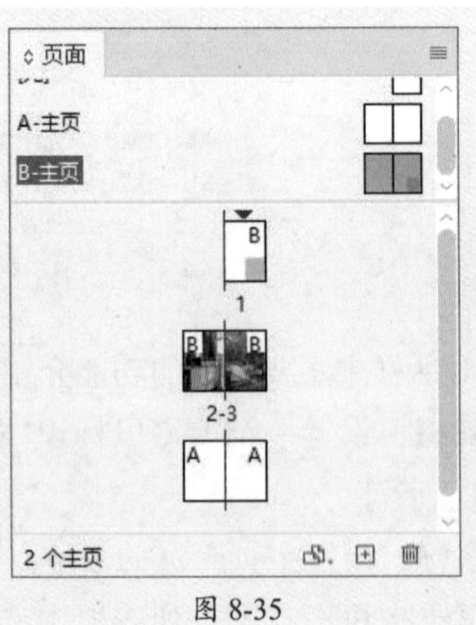

图 8-35

2. 将主页应用于多个页面

选择要应用的新主页的页面，按住Alt键并单击即可指定主页。

选择主页，右击鼠标，在弹出的快捷菜单中选择“将主页应用于页面”命令，弹出“应用主页”对话框，如图8-36所示，效果如图8-37所示。

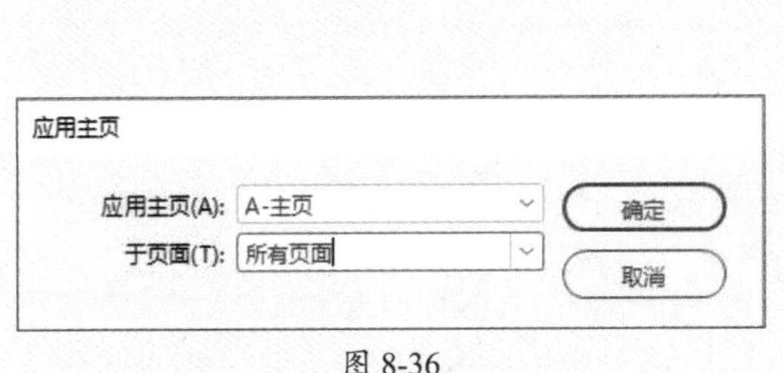

图 8-36

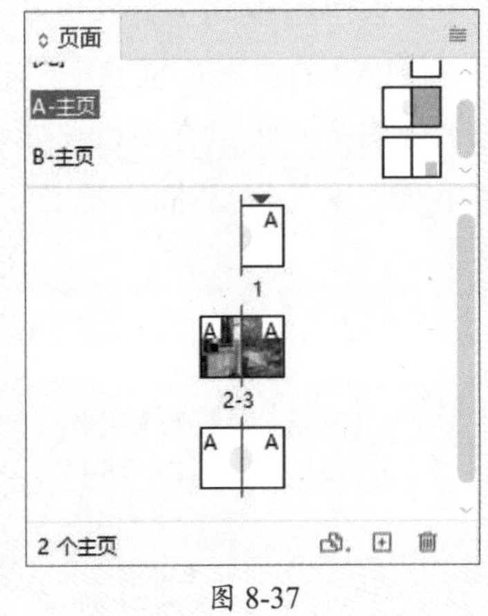

图 8-37

8.2.4 编排页码和章节

页码标志符通常会添加到主页。将主页应用于文档页面之后，会自动更新页码，类似于页眉和页脚。

在“页面”面板中，双击要为其添加页码的主页，使用“文字工具”创建文本框，执行“文字”|“插入特殊字符”|“标志符”|“当前页码”命令，此时页码不显示准确的数字，如图8-38所示。回到页面中可查看具体的数字页码，如图8-39所示。

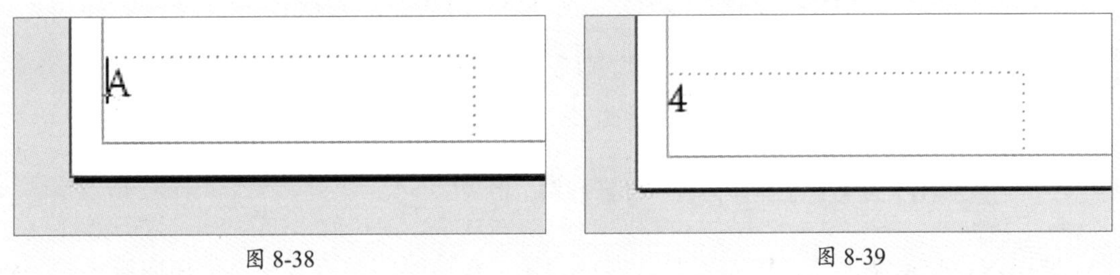

图 8-38　　图 8-39

对于页码的编号，在文档中可以制定不同页面的页码，例如一本书的目录部分可能使用罗马数字作为页码的编号，正文用阿拉伯数字编号，它们的页码都是从“1”开始的。InDesign可以提供多种编号在同一个文档中，在“页面”面板中选中要更改页码的页面，单击面板右上方的“菜单”按钮，在弹出的下拉菜单中选择“页码和章节选项”命令，弹出“新建章节”对话框，如图8-40所示。

该对话框中主要选项的功能介绍如下。

- **自动编排页码：** 当选中该单选按钮时，如果在该部分之前增加或减少页面，则这部分的页数将自动地按照前面的页码自动更新。
- **起始页码：** 选中该单选按钮，在文本框中输入页码，后续各页将按此页码编排，直到遇到另一个章节页码编排标识。
- **章节前缀：** 在右侧文本框中可输入该章节页码的前缀，这个前缀将出现在文档视窗左下角的快速页面导航器中，并且还会出现在目录中。
- **样式：** 通过该选项可以选择页码的编排样式，它是一个下拉列表，可以选择阿拉伯数字、大小写罗马字符、大小写英文字母等样式，如果使用的是支持中文排版的版本，可能还有大写中文页码等选项。

- **章节标志符：**可以在右侧文本框中输入该章节的标记文字，在以后的编辑中可以通过执行“文字”|“插入特殊字符”|“插入章节标记”命令，插入该处输入的标记文字。

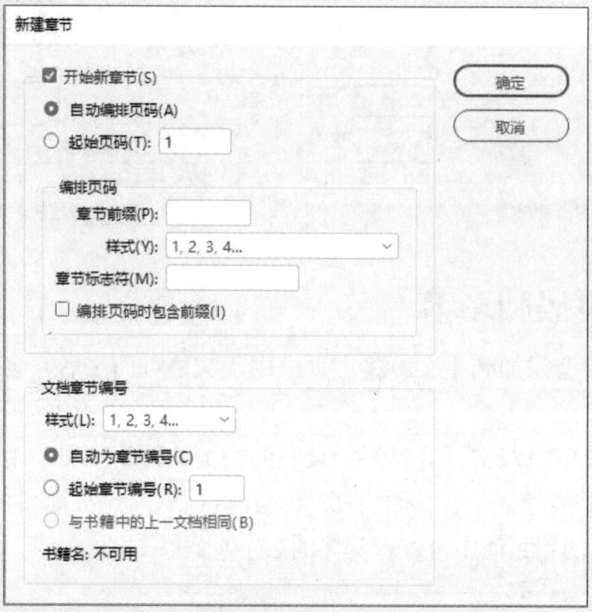

新建章节

☑ 开始新章节(S)

◉ 自动编排页码(A)

○ 起始页码(T): 1

编排页码

章节前缀(P):

样式(Y): 1, 2, 3, 4...

章节标志符(M):

☐ 编排页码时包含前缀(I)

文档章节编号

样式(L): 1, 2, 3, 4...

◉ 自动为章节编号(C)

○ 起始章节编号(R): 1

○ 与书籍中的上一文档相同(B)

书籍名: 不可用

确定

取消

图 8-40

8.3 页面项目的收集与置入

使用内容收集器工具收集内容时，内容会显示在内容传送装置中，使用内容传送装置可轻松快速地在打开的文档中或打开的文档间置入和链接多个页面项目。选择“内容收集器工具”，打开内容装置，如图8-41所示。

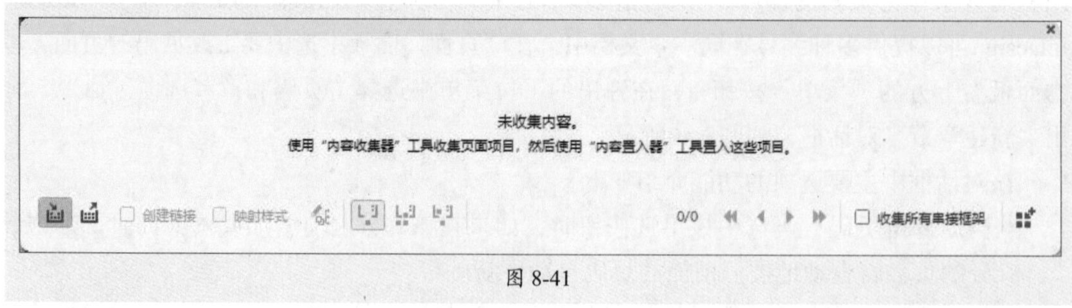

图 8-41

在页面中单击收集，置入至内容传送装置中，如图8-42所示。（若要复制版面，可以提前将页面编组）

在内容传送装置中单击“内容置入器工具”按钮，如图8-43所示。

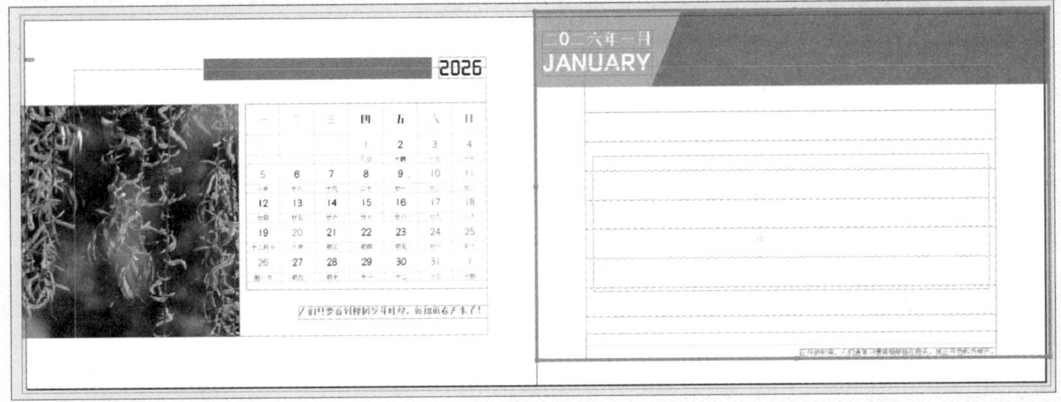

图 8-42

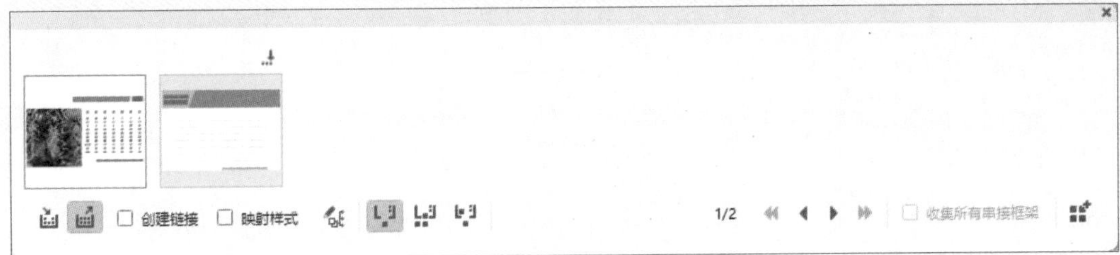

图 8-43

该内容传送装置中主要选项的功能介绍如下。

- **内容收集器工具**：使用内容收集器可以将页面项目添加到内容传送装置中。
- **内容置入器工具**：使用内容置入器可以将内容传送装置中的项目置入到文档中。当选择该工具时，当前项目会被添加到置入喷枪中，拖动即可应用，如图8-44所示。

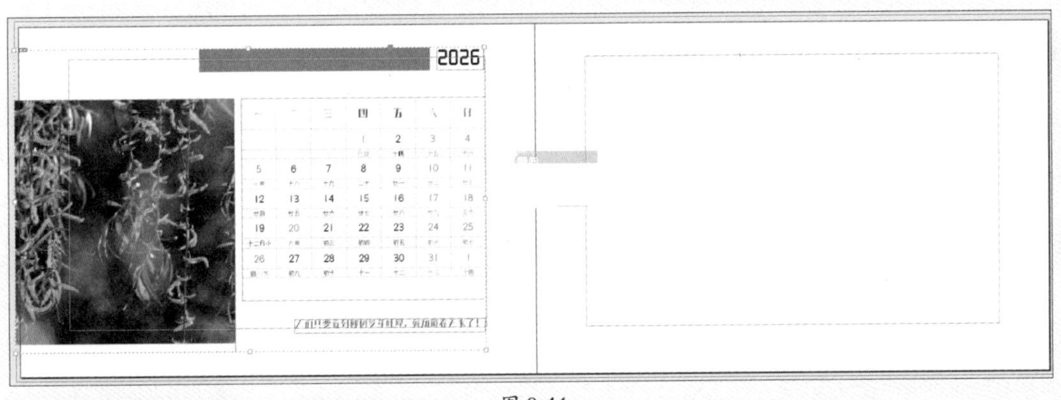

图 8-44

- **创建链接**：选中“创建链接”复选框，可将置入的项目链接到所收集项目的原始位置。也可以通过“链接”面板管理链接。
- **映射样式**：选中该复选框，可在原始项目与置入项目之间映射段落、字符、表格或单元格样式。默认情况下，映射时采用样式名称。
- **编辑自定样式映射**：定义原始项目和置入项目之间的自定样式映射。映射样式以便在置入项目中自动替换原始样式。

- **置入选项**：在置入项目时指定“传送装置”选项。单击按钮，从传送装置中删除，然后载入下一个；单击按钮，置入多个，保留在传送装置中；单击按钮，置入，保留在传送装置中，然后载入下一个。
- **浏览选项**：浏览传送装置中的项目内容。
- **收集所有串接框架**：选中该复选框可收集所有串接框架。如果取消选中该复选框，则仅收集单个框架中的文章。
- **载入传送装置**：单击该按钮，即可打开“载入传送装置”对话框，如图8-45所示。

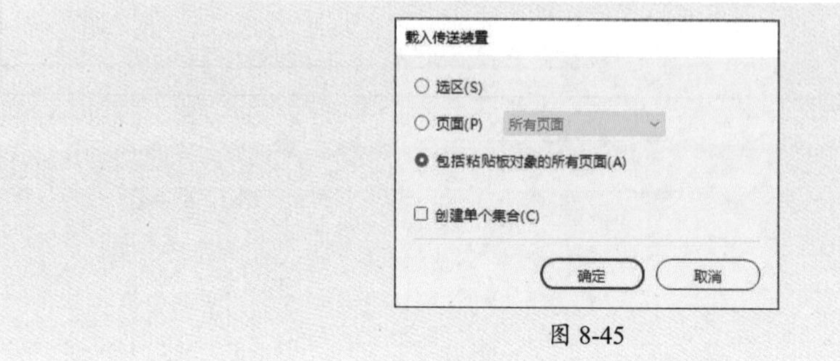

图 8-45

8.4 印前与输出

打印文档或将文档提交给服务提供商之前，可以对此文档进行品质检查。印前检查是此过程的行业标准术语。有些问题会使文档或书籍的打印或输出无法获得满意的效果。在编辑文档时，如果遇到这类问题，“印前检查”面板会发出警告。这些问题包括文件或字体缺失、图像分辨率低、文本溢流及其他一些问题。

8.4.1 “印前检查”面板——检查错误

在操作界面的状态栏中，单击“印前检查菜单”下拉按钮可设置是否进行印前检查，如图8-46所示。选择“印前检查面板”选项，在打开的“印前检查”面板中可查看文档内的错误内容，如图8-47所示。

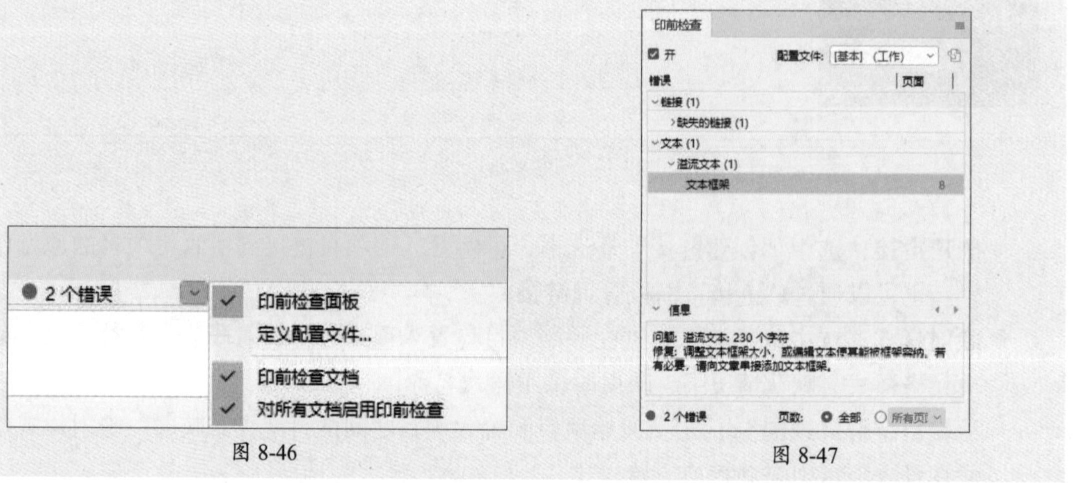

图 8-46　　图 8-47

若选择“定义配置文件”选项，弹出“印前检查配置文件”对话框，如图8-48所示。

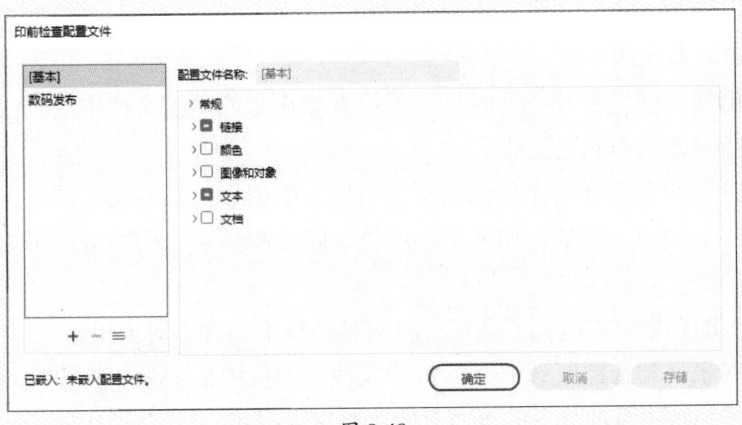

图 8-48

该对话框中各选项的功能介绍如下。

- **新建印前检查配置文件**[+]：单击该按钮，为配置文件指定名称。
- **链接**：确定缺失的链接和修改的链接是否显示为错误。
- **颜色**：确定需要何种透明混合空间，以及是否允许使用青版、洋红版或黄版印版，色彩空间，叠印等项。
- 图像和对象：指定图像分辨率、透明度、描边宽度等项要求。
- **文本**：“文本”类别显示缺失字体、溢流文本等项错误。
- **文档**：指定对页面大小和方向、页数、空白页面以及出血和辅助信息区设置要求。

8.4.2 印前检查选项——设置印前检查

在“印前检查”面板中单击“菜单”按钮☰，在弹出的下拉菜单中选择“印前检查选项”命令，弹出“印前检查选项”对话框，如图8-49所示。

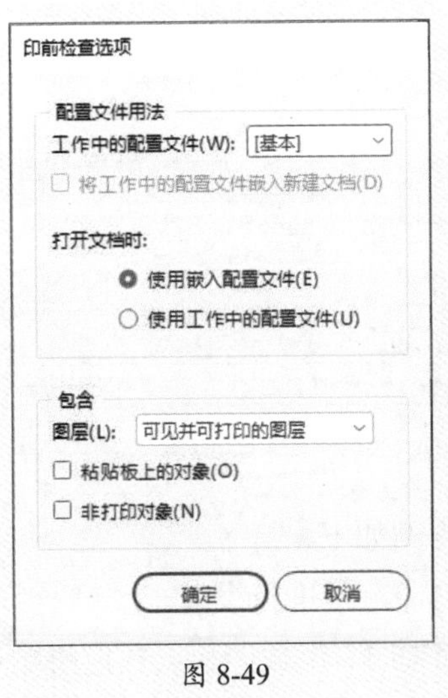

图 8-49

该对话框中各选项的功能介绍如下。

- **工作中的配置文件：** 选择用于新文档的默认配置文件。在该下拉列表框中选择“数码发布”选项，勾选“将工作中的配置文件嵌入新建文档”复选框，可以将工作配置文件嵌入新文档中。
- **打开文档时：** 确定打开文档时，印前检查操作是使用该文档中的嵌入配置文件，还是使用指定的工作配置文件。
- **图层：** 指定印前检查操作是包括所有图层上的项、可见图层上的项，还是可见且可打印图层上的项。例如，如果某个项位于隐藏图层上，用户可以阻止报告有关该项的错误。
- **粘贴板上的对象：** 勾选此复选框，将对粘贴板上的置入对象报错。
- **非打印对象：** 勾选此复选框，将对“属性”面板中标记为非打印的对象报错，或对应用了“隐藏主页项目”的页面上的主页对象报错。

8.4.3 页面打印——打印页面或文档

选择页面或跨页，在“页面”面板中，单击“菜单”按钮▤，在弹出的下拉菜单中可以选择“打印页面/打印跨页”命令，或执行“文件”|“打印”命令，弹出“打印”对话框，在该对话框中可以对打印机、打印份数、打印范围、输出选项等进行设置，如图8-50所示。

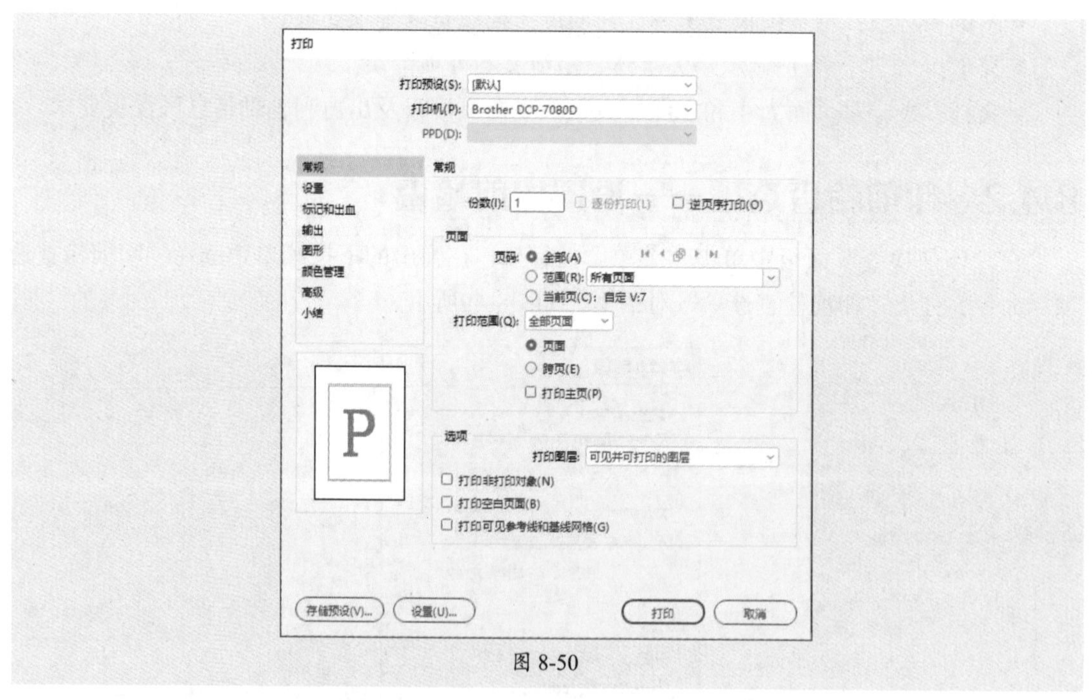

图 8-50

该对话框中各选项的功能介绍如下。

- **常规：** 对打印的份数、打印范围进行设置。
- **设置：** 对纸张大小、页面方向、缩放图稿、指定拼贴选项进行设置，如图8-51所示。
- **标记和出血：** 添加一些标记以帮助在生成样稿时确定在何处裁切纸张及套准分色片，或测量胶片以得到正确的校准数据及网点密布等，如图8-52所示。

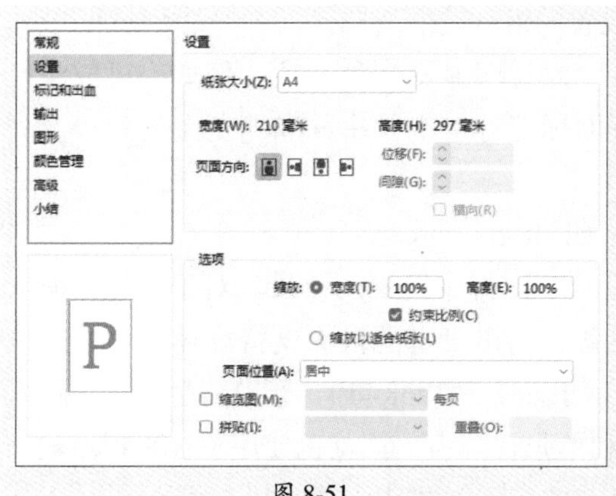

图 8-51

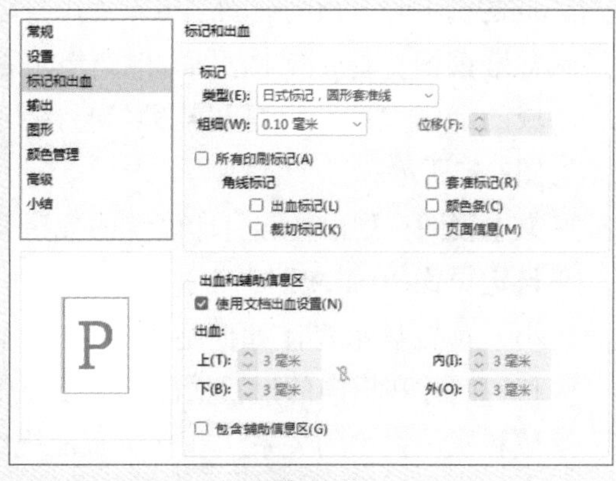

图 8-52

- **输出：** 创建分色，如图8-53所示。
- **图形：** 对图像、字体、PostScript文件、数据格式选项进行设置，如图8-54所示。

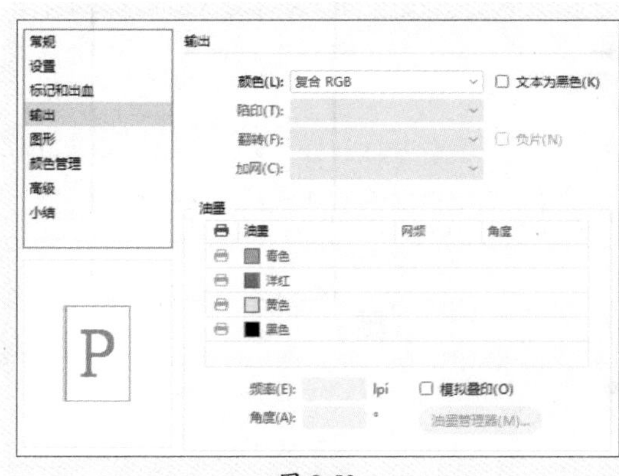

图 8-53

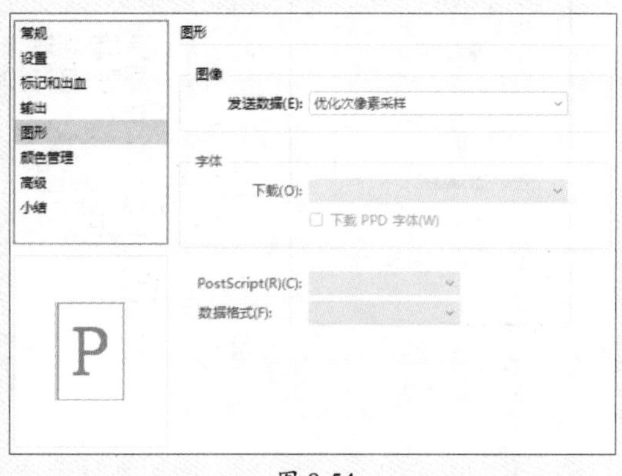

图 8-54

- **颜色管理：** 对打印颜色配置文件和渲染方法进行设置，如图8-55所示。
- **高级：** 控制打印期间的矢量图稿拼合分辨率。
- **小结：** 查看和存储打印设置的小结，如图8-56所示。

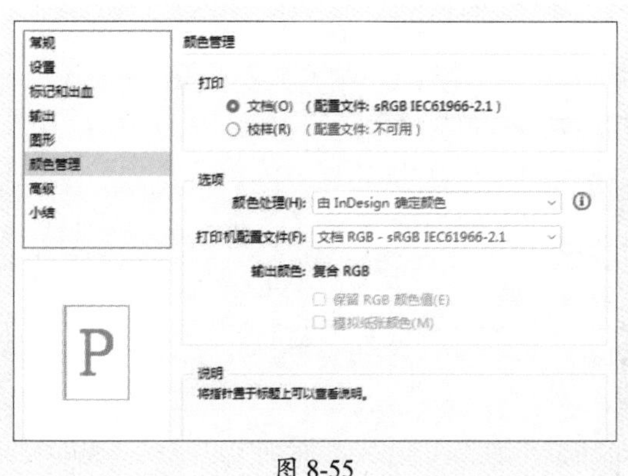

图 8-55

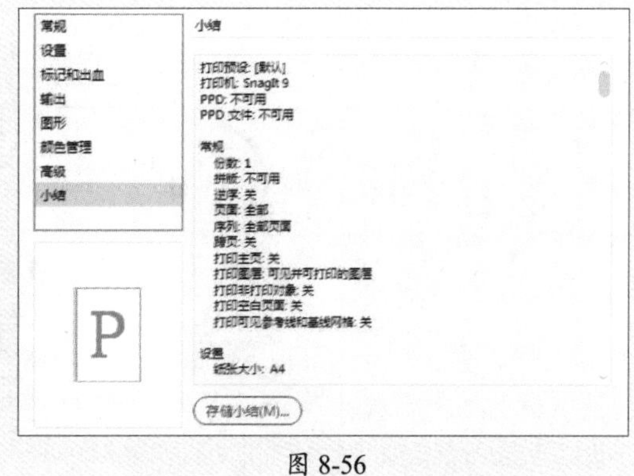

图 8-56

在使用PostScript打印之前，可以查看文档的页面是否与选择的纸张相匹配。在“打印”对话框左下方可以预览打印效果，查看纸张大小和页面方向的设置是否适用于页面。

选择不同的选项时，预览会动态更新使用打印设置的组合效果。

- **标准视图：** 显示文档页面和媒体的关系。此视图显示多种选项（例如，可成像区域的纸张大小、出血和辅助信息区、页面标记等）以及拼贴和缩览图的效果，如图8-57所示。
- **文本视图：** 列出特定打印设置的数字值，如图8-58所示。
- **自定页面/单张视图：** 根据页面大小，显示不同打印设置的效果。对于自定页面大小，预览显示媒体如何适合自定输出设备，输出设备的最大支持媒体尺寸以及位移、间隙和横向的设置情况。对于单张（如Letter和Tabloid），预览将显示可成像区域和媒体大小的关系。在自定页面视图和单张视图中，预览也使用图标来指示输出模式，如分色、复合灰度、复合CMYK或复合RGB，如图8-59所示。

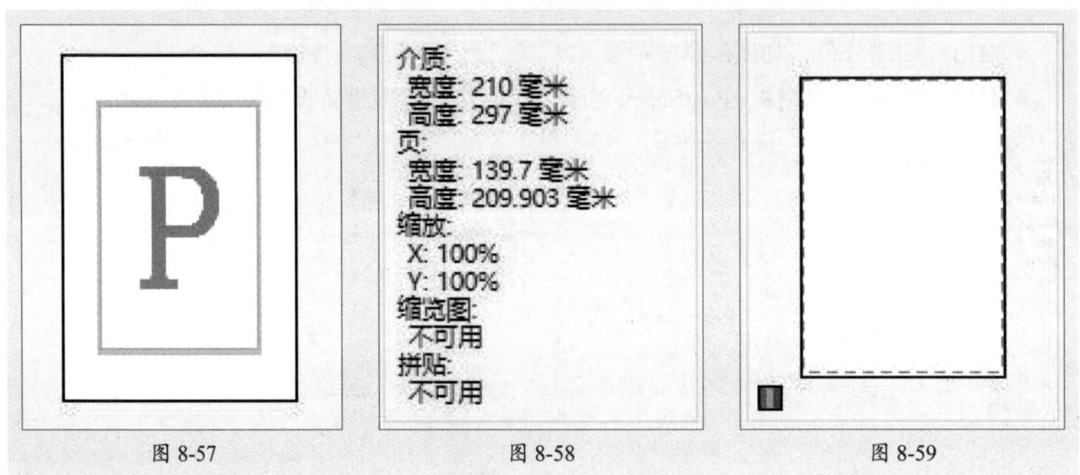

图 8-57　　图 8-58　　图 8-59

8.4.4　打印小册子——专业打印

使用“打印小册子”功能，可以创建打印机跨页以用于专业打印。例如，如果正在编辑一本8页的小册子，则页面按连续顺序显示在版面窗口中。但是，在打印机跨页中，页面2与页面7相邻，这样将两个页面打印在同一张纸上并对其折叠和拼版时，页面将以正确的顺序排列，如图8-60所示。

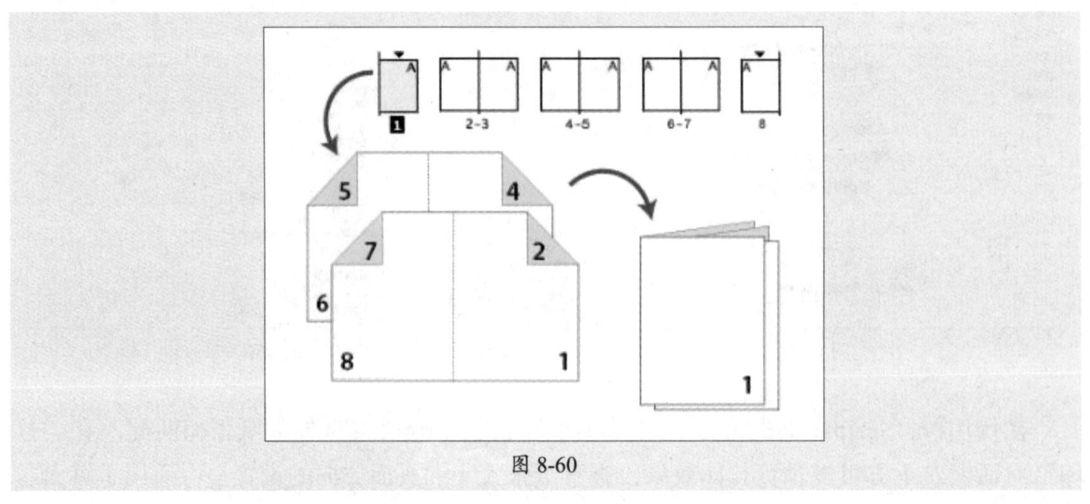

图 8-60

执行“文件”|“打印小册子”命令，弹出“打印小册子”对话框，如图8-61所示。

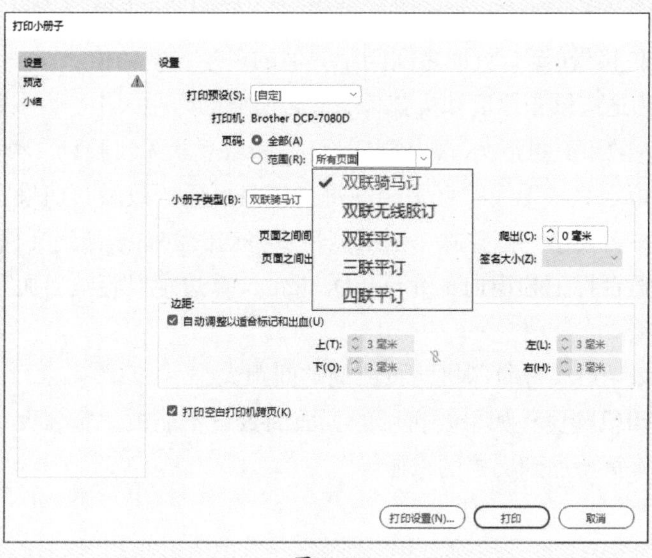

图 8-61

该对话框中各选项的功能介绍如下。

- **小册子类型：** 可以选择五种拼版类型，即双联骑马订、双联无线胶订、双联平订、三联平订和四联平订。
  - **双联骑马订：** 创建双页、逐页面的计算机跨页。这些计算机跨页适合于双面打印、逐份打印、折叠和装订，如图8-62所示。InDesign会根据需要将空白页面添加到完成文档的末尾。
  - **双联无线胶订：** 创建双页、逐页面的打印机跨页，它们适合指定签名大小，如图8-63所示。这些打印机跨页适合于双面打印、裁切和装订至具有粘合剂的封面。

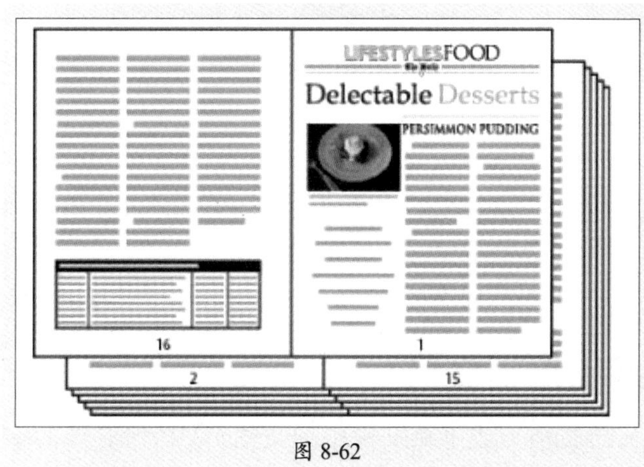

图 8-62

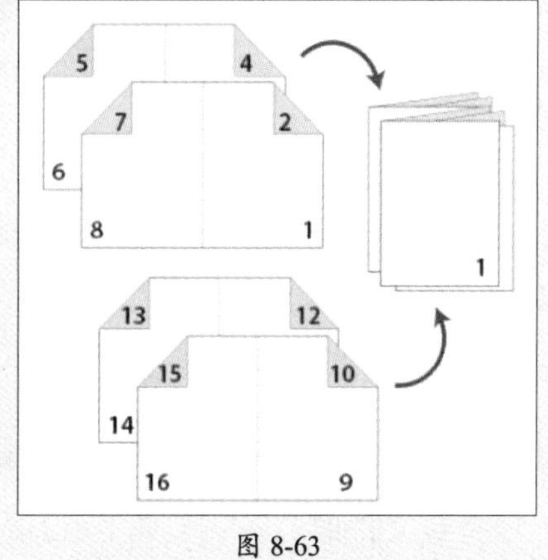

图 8-63

  - **平订：** 平订包括双联平订、三联平订和四联平订，适用于创建折叠的小册子或小册子的两页、三页或四页面版。
- **页面之间间距：** 指定页面之间的间隙（左侧页面的右边和右侧页面的左边）。可以为除“骑马订”外的所有小册子类型指定“页面之间间距”值。

- **页面之间出血：** 只有选择“双联无线胶订”选项时，此选项才可用。指定用于允许页面元素占用“无线胶订”打印机跨页样式之间间隙的间距大小。（此选项有时称为内出血）此栏接受0至“页面之间间距”值的一半之间的值。
- **爬出：** 指定为适应纸张厚度和折叠每个签名所需的间距大小。大多数情况下，指定负值来创建推入效果。可以为“双联骑马订”和“双联无线胶订”类型指定“爬出”。
- **签名大小：** 指定双联无线胶订文档的每个签名页面的数量。如果要拼版的页面的数量不能被“签名大小”值整除，则根据需要将空白页面添加到文档的末尾。
- **自动调整以适合标记和出血：** 允许InDesign 计算边距以容纳出血和当前设置的其他印刷标记选项。
- **边距：** 指定裁切后实际打印机跨页四周的间距大小。
- **打印空白打印机跨页：** 如果要拼版的页面的数量不能被“签名大小”值整除，则将空白页面或跨页添加到文档的末尾。

操作提示

在该对话框中单击“预览”按钮，效果出现图8-64所示这种情况，表明小册子尺寸不适合当前纸张大小，需单击“打印设置”按钮，重新设置纸张大小，或直接缩放小册子以适合纸张大小。

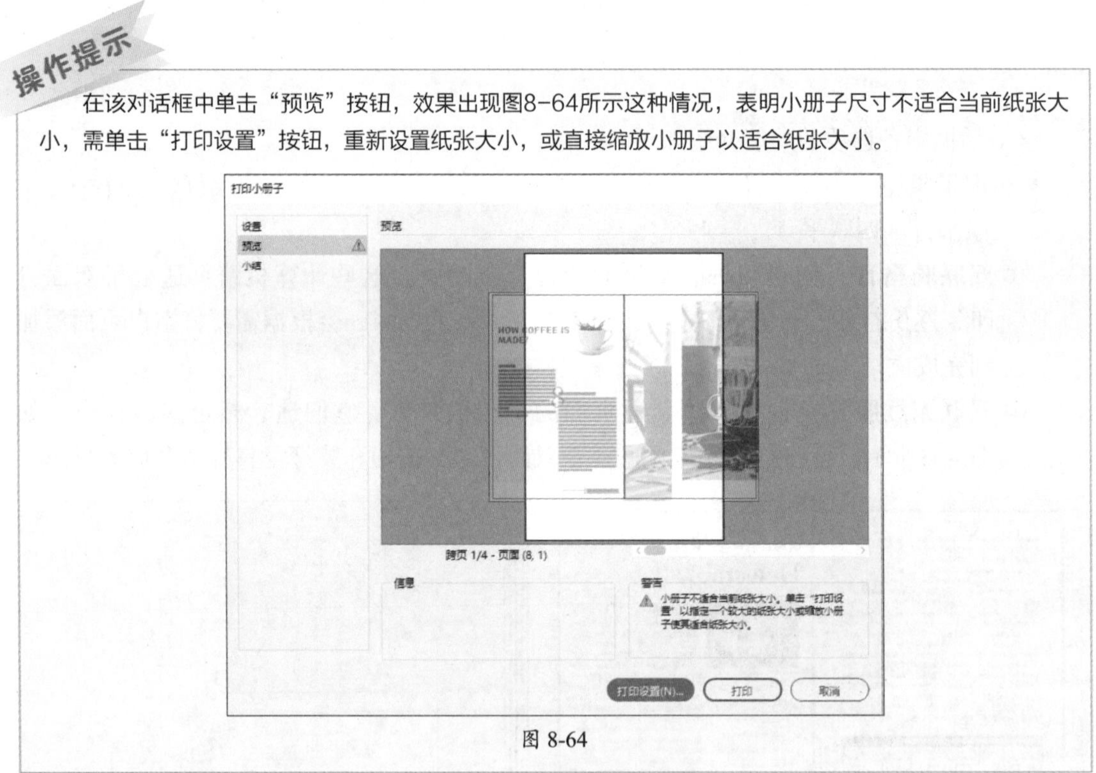

图 8-64

8.4.5 打包文件——全部打包编辑文档

打包文件时，可创建包含InDesign的文档（或书籍文件中的文档）、任何必要的字体、链接的图形、文本文件和自定报告的文件夹。此报告（存储为文本文件）包括“打印说明”对话框中的信息，打印文档需要的所有使用的字体、链接和油墨的列表以及打印设置。

执行“文件”|“打包”命令，弹出“打包”对话框，其中“警告图标”▲表示有问题的区域。在对话框中勾选“创建印刷说明”复选框，以创建打印说明文件，如图8-65所示。

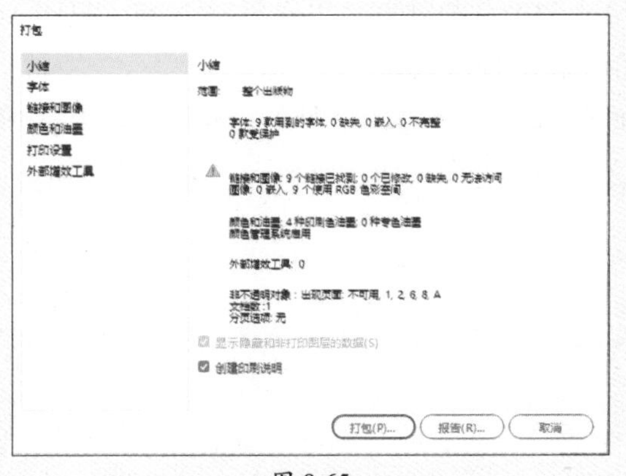

图 8-65

若勾选“创建印刷说明”复选框，单击“打包”按钮后，弹出“打印说明”对话框，填写打印说明，如图8-66所示。输入的文件名是附带所有其他打包文件的报告的名称。单击“继续”按钮，弹出“打包出版物”对话框，如图8-67所示。

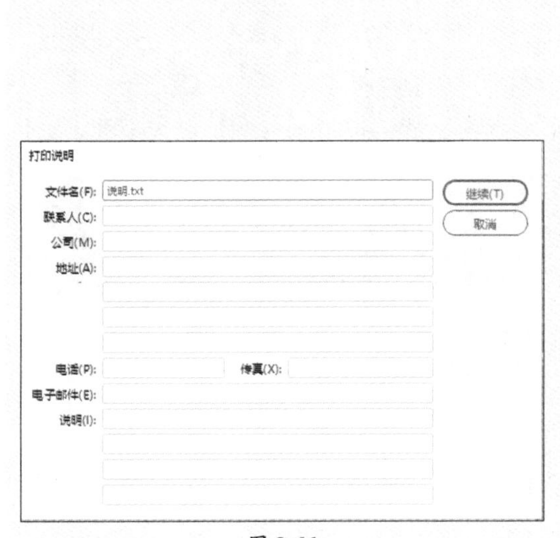

图 8-66

图 8-67

“打包出版物”对话框中各选项的功能介绍如下。

- **复制字体：**勾选此复选框，可复制所有必需的字体文件，而不是整个字体系列。
- **复制链接图形：**勾选此复选框，可将链接的图形文件复制到包文件夹位置。
- **更新包中的图形链接：**勾选此复选框，可将图形链接更改到打包文件夹位置。
- **仅使用文档连字例外项：**勾选此复选框，InDesign将标记此文档，这样当其他用户在具有其他连字和词典设置的计算机上打开或编辑此文档时，不会发生重排现象。可以在将文件发送给服务提供商时打开此选项。
- **包括隐藏和非打印内容的字体和链接：**勾选此复选框，可打包位于隐藏图层、隐藏条件和“打印图层”选项已关闭的图层上的对象。如果取消勾选此复选框，包中仅包含创建此包时，文档中可见且可打印的内容。
- **包括IDML：**勾选此复选框，可对包含此包的 IDML 文件进行打包。

- **包括PDF（打印）：** 勾选此复选框，可选择对 PDF（打印）进行打包。当前显示的所有PDF预设可在打包时使用。
- **查看报告：** 勾选此复选框，打包后立即在文本编辑器中打开打印说明报告。如果要在完成打包过程之前编辑打印说明，可单击“说明”按钮。

课堂实战 设计与制作企业宣传册

本章课堂练习制作企业宣传册，综合练习本章的知识点，以熟练掌握和巩固页面的调整、主页的应用等。下面介绍操作思路。

步骤 01 新建一个宽度为140mm、高度为210mm、页面为8、边距为3mm的文档，在“页面”面板中调整页面排布，如图8-68所示。

步骤 02 使用“矩形框架工具”绘制框架并置入素材，调整显示，如图8-69所示。

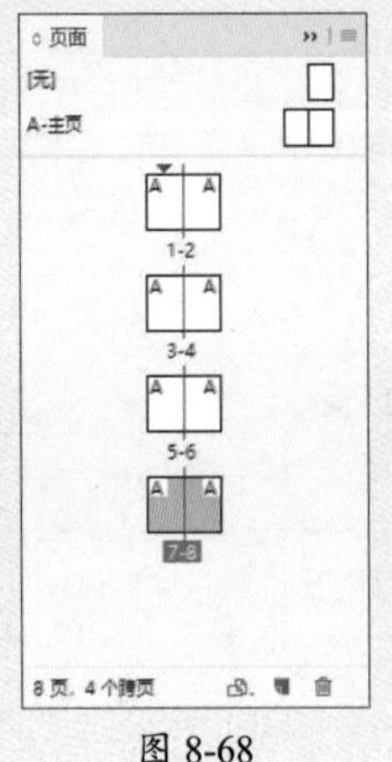

图 8-68

图 8-69

步骤 03 使用“矩形工具”绘制矩形并调整不透明度，使用“文字工具”绘制文本框架并输入文字，如图8-70所示。

步骤 04 双击“A-主页”，使用“钢笔工具”“矩形工具”“文字工具”等绘制模板样式，如图8-71所示。

图 8-70

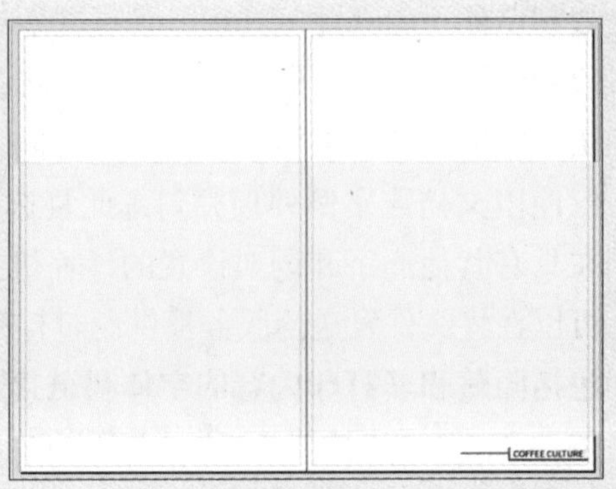

图 8-71

步骤 05 退出主页编辑，将“[无]”拖动至页面1-2，双击页面3-4，置入图像素材，输入文字，如图8-72所示。

步骤 06 双击页面5-6，置入图像素材，输入文字，如图8-73所示。

图 8-72

图 8-73

步骤 07 双击页面7-8，置入图像素材，输入文字，如图8-74所示。

步骤 08 此时“页面”面板效果如图8-75所示。

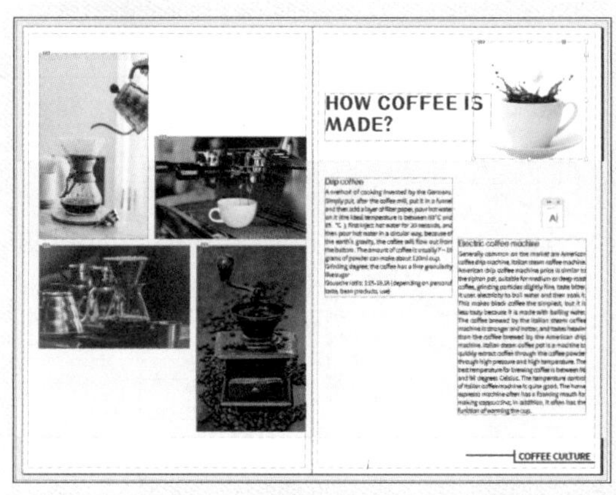

图 8-74

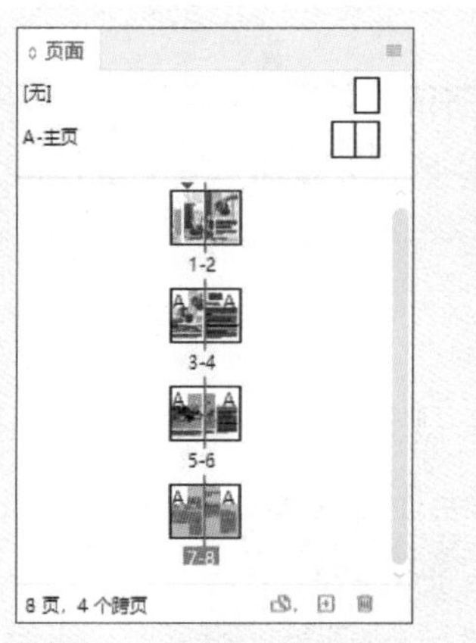

图 8-75

至此，企业宣传册制作完成，最终效果如图8-76所示。

图 8-76

课后练习 制作多页画册

下面将综合使用工具制作多页画册，效果如图8-77所示。

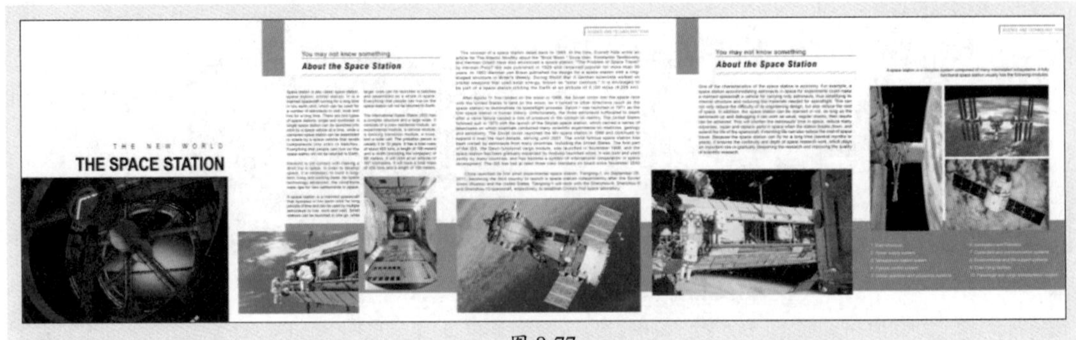

图 8-77

1. 技术要点

①使用“矩形框架工具”绘制框架，置入素材，调整显示。

②使用“矩形工具”绘制矩形，使用“文字工具”输入文字。

③编辑主页并应用至页面。

2. 分步演示

本案例的分步演示效果如图8-78所示。

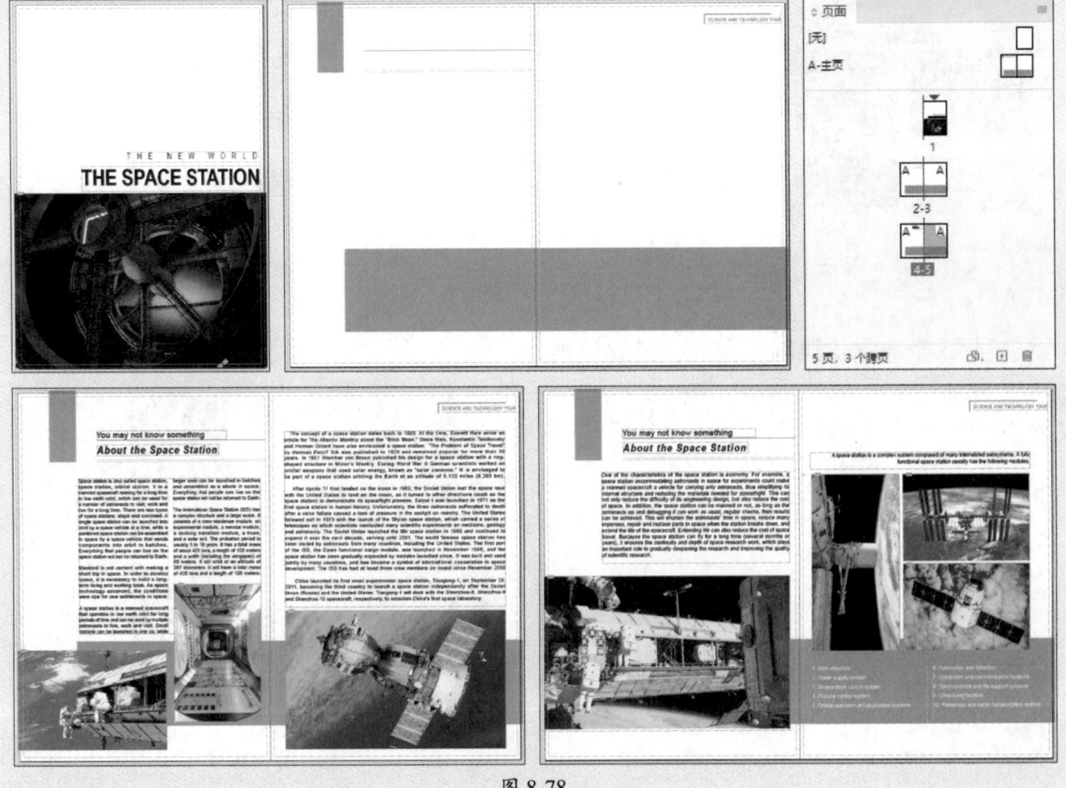

图 8-78

拓展赏析

留白在版式设计中的应用

留白是版式设计中不可或缺的一部分，留白的应用可以提升作品的传达效果，缓解视觉紧张感。常用的留白方式如下：

- **对角留白：**使用对角构图时，可以将其中的两角做空白处理，此版式可以在保证版面的平衡性有不失设计感，如图8-79所示。
- **天空留白：**若是以天空作为背景，可以最大程度地保持其完整性，文字部分放置边缘和角落，可以给人干净、开阔的感觉，充满想象的空间。
- **单侧留白：**在排版时，有一侧做留白处理，可以完全留白，在视觉上产生对比。也可以添加文字和线条作为点缀丰富画面，如图8-80所示。

图 8-79

图 8-80

- **填充留白：**除了必要的文字内容，可以将字母、图形或文字主题做填充处理，可以使画面更加有趣。
- **对称留白：**对称设计有均匀、协调、对齐的视觉美感，将主体放在版心位置，留白空间对称分布，可以使画面更加平和，如图8-81所示。
- **区隔留白：**利用留白将不同类型的信息区隔开来，例如标题与正文、正文与图片，大面积的留白，可以是版面更加有呼吸空间。
- **对比留白：**将文字集中在一个区域，其他的区域可以零散排列少量文字，形成一轻一重、一多一少的强烈对比，种、多的一部分放在版面下方，视觉上更加平衡。
- **突出主体：**在排版时，将文字和图片作为主体，并尽量留多一点的独立空间。
- **正负形：**利用留白空间成为正行的负形，使留白空间不是一个空白，而是图形的一部分，如图8-82所示。

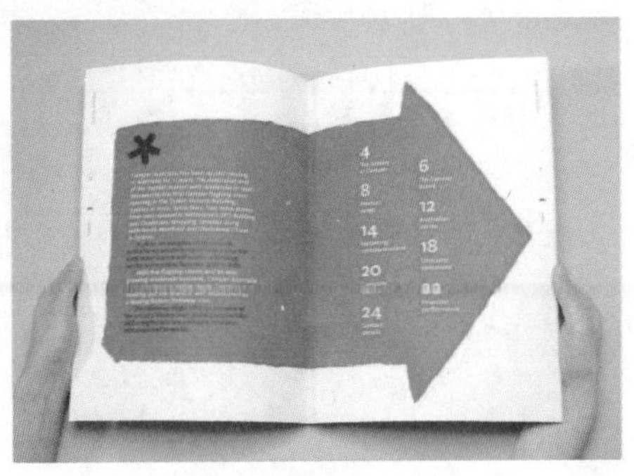

图 8-81

图 8-82

第9章

软件协同之Photoshop图像处理

内容导读

本章将对联合软件Photoshop进行讲解，包括工作界面、调整图像、图像的选择变换等基础知识，使用工具、执行命令抠图，使用通道、蒙版合成图像，使用色阶、曲线、色相饱和度等命令调整图像色彩，使用不透明度、图层样式以及滤镜添加图像特效。

思维导图

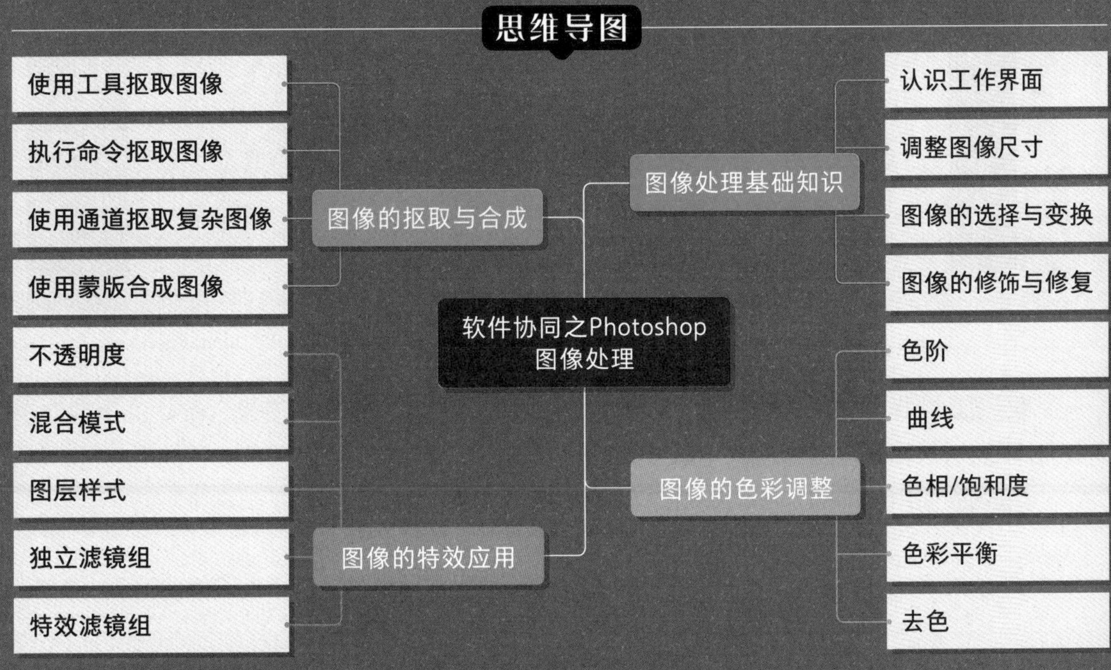

9.1 图像处理基础知识

本节将对图像的基础知识进行讲解，包括认识图像处理软件的工作界面、调整图像尺寸、图像的选择与变换以及图像的修饰与修复。

9.1.1 案例解析：调整图像显示比例

在学习图像处理基础知识之前，可以先看看以下案例，即裁剪图像、变换图像等。

步骤01 将素材文件拖曳至Photoshop中，如图9-1所示。

步骤02 按C键切换至“裁剪工具”，在选项栏中设置约束比例为2：3（4：6），如图9-2所示。

图 9-1

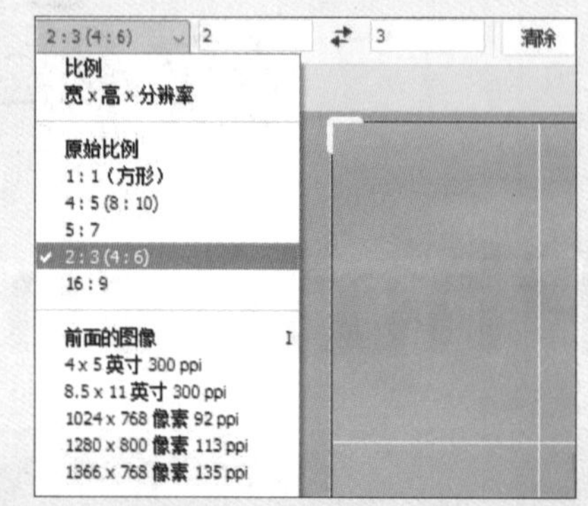

图 9-2

步骤03 单击“高度和宽度互换”按钮⇄，将比例切换至3：2，拖动裁剪框至合适大小，如图9-3所示。

步骤04 按Enter键完成调整，如图9-4所示。

图 9-3

图 9-4

步骤05 选择“矩形选框工具”绘制选区，按Ctrl+T组合键自由变换，按住Shift键向左拉伸调整，按Enter键完成调整，按Ctrl+D组合键取消选区，如图9-5所示。

步骤06 使用相同的方法调整图像右侧区域，如图9-6所示。

图 9-5

图 9-6

步骤 07 选择“海绵工具”，在选项栏中设置模式为“加色”，涂抹画面，如图9-7所示。

步骤 08 选择“混合器工具”，在选项栏中设置参数，涂抹背景部分，如图9-8所示。

图 9-7

图 9-8

9.1.2 认识工作界面

安装Photoshop后双击图标，显示Photoshop主页界面。打开任意一个图像或文件，进入到工作界面，如图9-9所示。

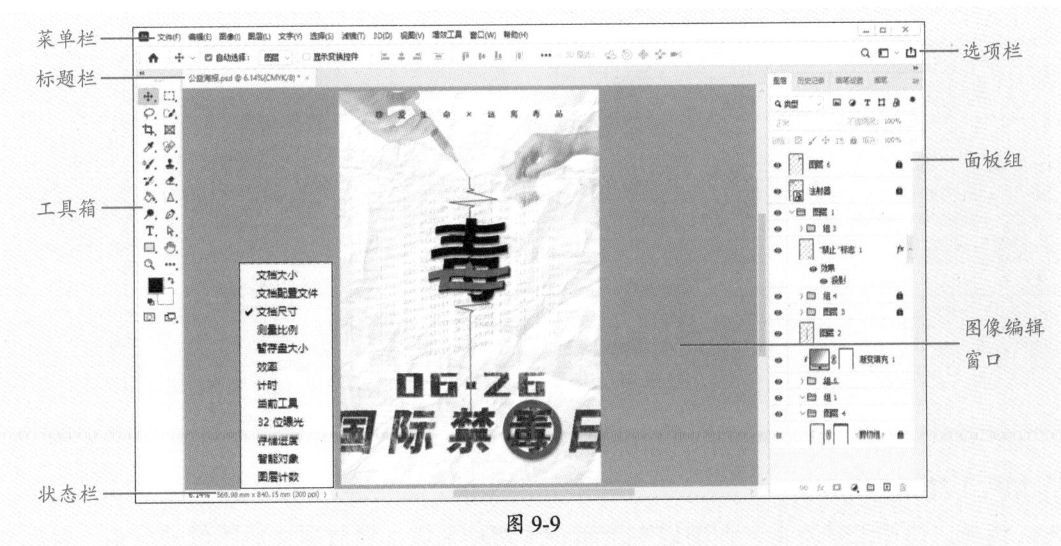

图 9-9

9.1.3 调整图像尺寸

使用裁剪工具、透视裁剪工具可以自定义裁剪图像，使用切片工具可以对图像裁切任意大小，使用变换与变形工具以及命令可以调整图像显示。

1. 裁剪工具

选择“裁剪工具”，拖动裁剪框自定义图像大小，也可以在该工具的选项栏中设置图像的约束方式以及比例参数精确裁剪，如图9-10所示。

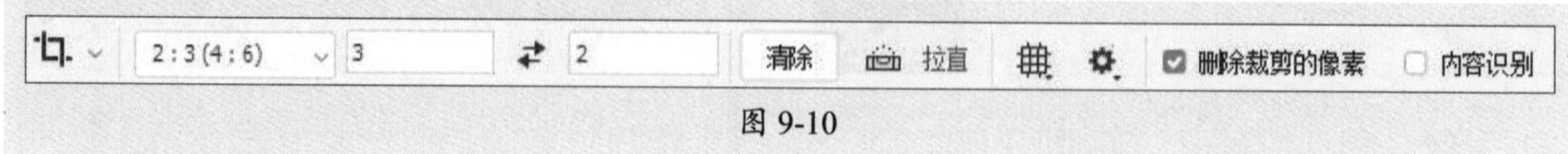

图 9-10

裁剪框的周围有8个控制点，裁剪框内是要保留的区域，裁剪框外被删除的区域会变暗，拖动裁剪框至合适大小，如图9-11所示，按Enter键完成裁剪操作，如图9-12所示。

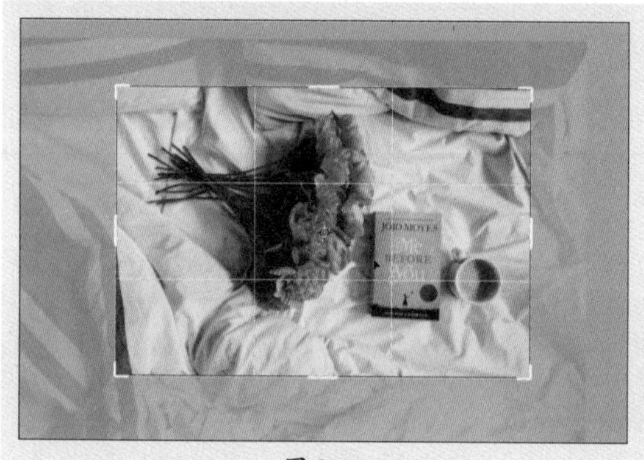

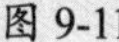
图 9-11

图 9-12

2. 透视裁剪工具

透视裁剪工具在裁剪时可变换图像的透视。选择“透视裁剪工具”，鼠标指针变成形状时，在图像上拖动裁剪区域绘制透视裁剪框，如图9-13所示，按Enter键完成裁剪操作，如图9-14所示。

图 9-13

图 9-14

3. 切片工具

选择“切片工具”，在图像中绘制一个切片区域，释放鼠标后图像被分割，每部分图像的左上角都显示序号。在任意一个切片区域内单击鼠标右键，在弹出的快捷菜单中选择“划分切片”命令，在弹出的“划分切片”对话框中设置切片参数，如图9-15、图9-16所示。如果需要变换切片的位置和大小，可以使用切片选择工具，对切片进行选择和编辑等操作。

图 9-15

图 9-16

操作提示

在使用切片工具时可以先调出参考线，使用参考线划分出区域，单击上方的“基于参考线的切片”按钮就可以按参考线进行切片。

9.1.4 图像的选择与变换

使用选择工具或执行变换命令，可以对图像进行移动、旋转、缩放、扭曲、斜切等操作调整。

1. 选择工具

使用选择工具可以选择、移动、复制图像，选择“移动工具”，在选项栏中勾选“自动选择”复选框，单击即可选中要移动的图层/图层组。

若要复制图像，可使用“移动工具”选中图像，按Ctrl+C组合键复制图像，按Ctrl+V组合键粘贴图像，同时产生一个新的图层，按Shift+Ctrl+V组合键可原位粘贴图像，如图9-17、图9-18所示。

图 9-17

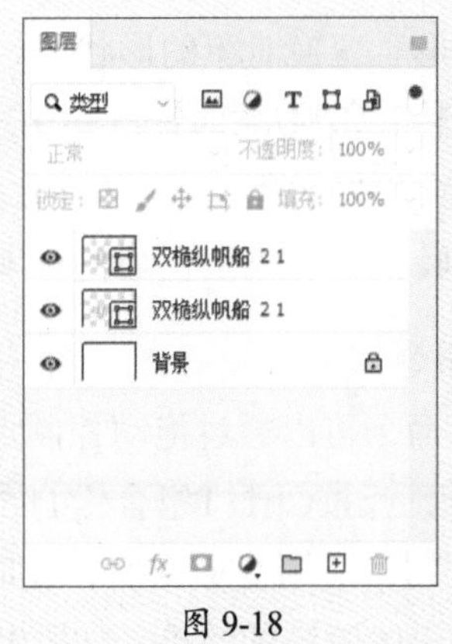

图 9-18

操作提示

除了使用快捷键复制粘贴图像外，还可以在使用“移动工具”移动图像时，按住Alt键拖动自由复制图像。

2. 自由变换命令

执行“编辑”|“自由变换”命令，或按Ctrl+T组合键，图像周围显示定界框，拖动任意控制点可以放大、缩小图像，如图9-19所示。将鼠标指针置于控制点，当鼠标指针变为↰形状时，可旋转图像，如图9-20所示。按住Ctrl键的同时拖动四周的控制点可以透视调整，拖动中心控制点可以斜切图像。

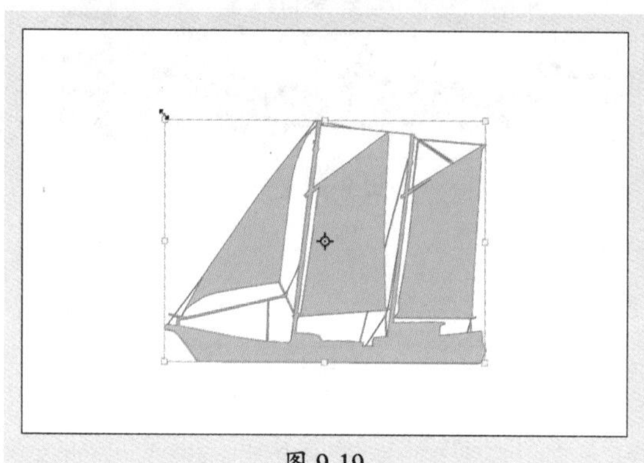

图 9-19

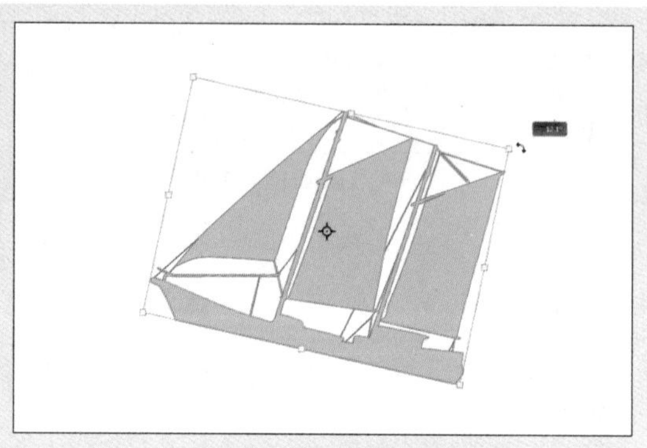

图 9-20

3. 变换命令

使用变换命令可以给选区中的图像、整个图层、多个图层/图层蒙版、路径、矢量形状、矢量蒙版、选区边界或Alpha通道应用变换。选中目标对象，执行“编辑”|“变换”命令，在弹出的子菜单中可以选择以下命令进行变换。

- **缩放：** 相对于对象的参考点（围绕其执行变换的固定点）增大或缩小对象，可以水平、垂直或同时沿这两个方向缩放。
- **旋转：** 围绕参考点转动对象。
- **斜切：** 垂直或水平倾斜对象。
- **扭曲：** 将对象向各个方向伸展。
- **透视：** 对对象应用单点透视。
- **变形：** 变换对象的形状。
- **旋转180度/顺时针旋转90度/逆时针旋转90度：** 通过指定度数，沿顺时针或逆时针方向旋转对象。
- **翻转：** 水平或垂直翻转对象。

4. 变形命令

变形命令可以通过拖动控制点变换图像的形状、路径等。执行“编辑”|“变换”|“变形”命令，或按Ctrl+T组合键自由变换后，在选项栏中单击“在自由变换和变形模式之间切换”按钮应用变形变换，此时画面显示网格，如图9-21所示，拖动网格点可以使图像产生类似于哈哈镜的效果，如图9-22所示。

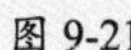

图 9-21

图 9-22

9.1.5 图像的修饰与修复

不管是针对图像明暗色调的调整，还是去除图像中的杂点，以及复制局部图像等操作，都可以通过工具箱中的不同工具来实现。

1. 修饰工具组

使用修饰工具可以对图像的颜色进行一些细致的调整，如模糊图像、锐化图像、加深或减淡图像颜色等。

（1）模糊工具

选择“模糊工具”，在选项栏中设置参数后，将鼠标移动到需要模糊的地方涂抹即可，强度数值越大，模糊效果越明显，如图9-23、图9-24所示。

图 9-23

图 9-24

（2）锐化工具

选择“锐化工具”，在选项栏中设置参数后，将鼠标移动到需要锐化的地方涂抹即可，强度数值越大，锐化效果越明显，如图9-25、图9-26所示。

（3）涂抹工具

选择“涂抹工具”，在选项栏中设置参数，若勾选“手指绘画”复选框，单击并拖动鼠标时，则使用前景色与图像中的颜色相融合；若取消勾选该复选框，则使用开始拖动时的图像颜色显示，如图9-27、图9-28所示。

图 9-25　图 9-26

图 9-27　图 9-28

（4）减淡工具

选择“减淡工具”，在选项栏中设置参数后，将鼠标移动到需要处理的位置，单击并拖动鼠标进行涂抹即可使该区域变亮，如图9-29、图9-30所示。

图 9-29　图 9-30

（5）加深工具

选择“加深工具”，在选项栏中设置参数，将鼠标移动到需要处理的位置，单击并拖动鼠标进行涂抹即可使该区域变暗，如图9-31、图9-32所示。

（6）海绵工具

海绵工具用于改变图像局部的色彩饱和度，可用来增加或减少一种颜色的饱和度或浓度。选择“海绵工具”，在选项栏中设置参数，将鼠标移动到需要处理的位置，单击并拖动鼠标进行涂抹即可。图9-33、图9-34所示为“去色”前后的效果。

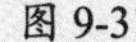
图 9-31

图 9-32

图 9-33

图 9-34

2. 修复工具组

使用修复工具组可以修复图像中的缺陷，使修复的结果自然融入周围的图像，并保持其纹理、亮度和层次与所修复的像素相匹配。

（1）仿制图章工具

选择“仿制图章工具”，在选项栏中设置参数后，按住Alt键先对源区域进行取样，如图9-35所示，在文件的目标区域里单击并拖动鼠标，松开Alt键后在需要修复的图像区域单击即可仿制出取样处的图像，如图9-36所示。

图 9-35

图 9-36

（2）污点修复画笔工具

选择“污点修复画笔工具”，在选项栏中设置参数后，将鼠标移动到需要修复的区域进行涂抹，如图9-37所示，释放鼠标后系统自动修复，如图9-38所示。

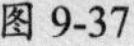
图 9-37

图 9-38

（3）修复画笔工具

选择“修复画笔工具”，在选项栏中设置参数后，按住Alt键在无瑕疵的位置进行取样，如图9-39所示，松开Alt键后在需要清除的图像区域单击即可修复，如图9-40所示。

图 9-39

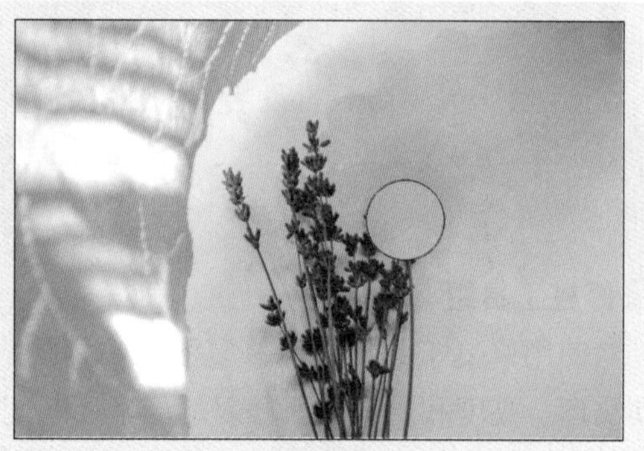
图 9-40

（4）修补工具

选择“修补工具”，在选项栏中设置参数后，沿需要修补的部分绘制出一个随意性的选区，如图9-41所示，拖动选区到其他空白区域处，释放鼠标即可用其他区域的图像修补有缺陷的图像区域，如图9-42所示。

图 9-41

图 9-42

9.2 图像的抠取与合成

本小节将对图像的抠取与合成进行讲解，主要包括使用工具抠取图像，执行命令抠取图像，使用通道面板抠取图像以及使用蒙版合成图像。

9.2.1 案例解析：抠取白色耳机

在学习图像的抠图与合成之前，可以先看看以下案例，即使用钢笔工具抠取主体与背景区分不明显的图像。

步骤01 将素材文件拖曳至Photoshop中，如图9-43所示。

步骤02 选择“钢笔工具”，在选项栏中设置“羽化”为80像素，在选项栏中将模式更改为“路径”，沿主体边缘绘制路径，如图9-44所示。

图 9-43

图 9-44

步骤03 按Ctrl+Shift+Enter组合键创建选区，如图9-45所示。

步骤04 按Ctrl+J组合键复制选区，隐藏背景图层，如图9-46所示。

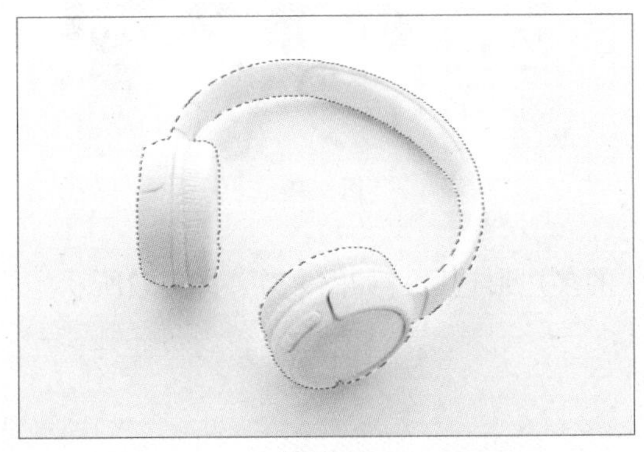

图 9-45

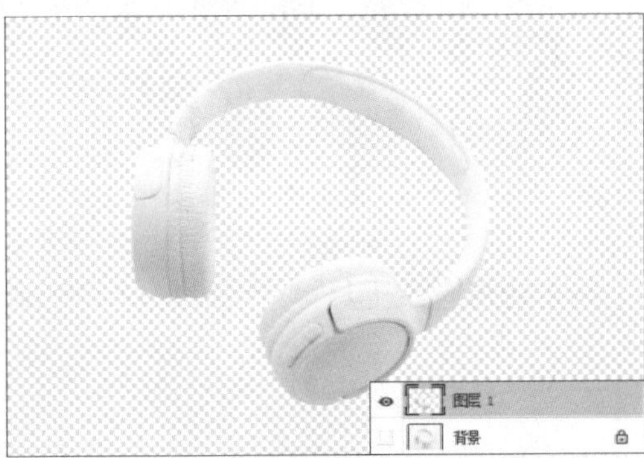

图 9-46

9.2.2 使用工具抠取图像

使用选框工具组、套索工具组、钢笔工具组以及橡皮擦工具组的工具，可以为不同类型的图形进行抠取擦除操作。

1. 选框工具组

在选框工具组中可以使用矩形选框工具和椭圆选框工具抠取简单的规则图像。以矩形选框为例，选择“矩形选框工具”，按住鼠标左键拖动，释放鼠标即可创建一个矩形选区，如图9-47所示。右击鼠标，在弹出的快捷菜单中选择“变换选区”命令，出现调整框，按住Ctrl键调整选区，按Enter键完成调整，如图9-48所示。

图 9-47

图 9-48

2. 套索工具组

在套索工具组中可以使用套索工具、多边形套索工具以及磁性套索工具抠取不规则图像，具体使用区别如下。

- **套索工具**：可以创建任意形状的选区，如图9-49、图9-50所示。

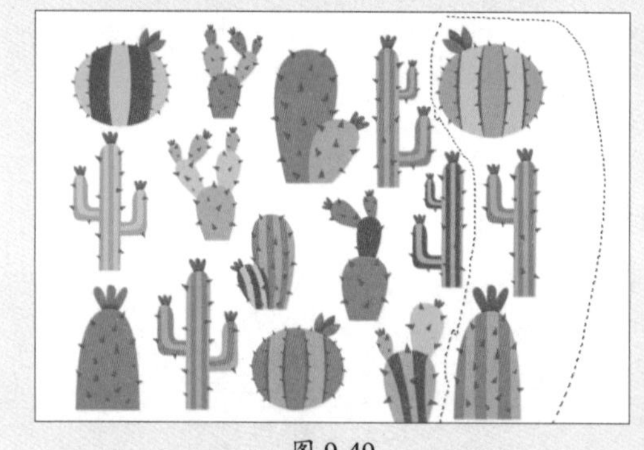

图 9-49

图 9-50

- **多边形套索工具**：可以创建不规则形状的多边形选区，如图9-51、图9-52所示。

图 9-51

图 9-52

- **磁性套索工具**：适用于快速选择与背景对比强烈且边缘复杂的对象，如图9-53、图9-54所示。

图 9-53

图 9-54

3. 魔棒工具组

在魔棒工具组中可以使用对象选择工具、快速选择工具以及魔棒工具快速抠取图像，具体使用区别如下。

- **对象选择工具**：可简化在图像中选择对象或区域的过程，自动检测并选择图像或区域，如图9-55、图9-56所示。

图 9-55

图 9-56

- **快速选择工具**：利用可调整的圆形画笔笔尖快速创建选区，拖动时，选区会向外扩展并自动查找和跟随图像中定义的边缘，如图9-57、图9-58所示。

图 9-57

图 9-58

- **魔棒工具**：可以选择颜色一致的区域，而不必跟踪其轮廓，只需在图像中颜色相近区域单击即可快速选择色彩差异大的图像区域，如图9-59、图9-60所示。

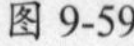

图 9-59

图 9-60

4. 钢笔工具组

钢笔工具组中的钢笔工具和弯度钢笔工具不仅可以绘制矢量图形，也可以对图像进行细致的抠取。以钢笔工具为例，选择“钢笔工具”，在选项栏中将模式更改为“路径”，沿主体边缘绘制路径后创建选区，如图9-61所示，按Ctrl+Shift+I组合键反选选区，按Delete键删除选区，按Ctrl+D组合键取消选区，如图9-62所示。

图 9-61

图 9-62

5. 橡皮擦工具组

使用橡皮擦工具组中的橡皮擦工具、背景橡皮擦工具以及魔术橡皮擦工具可以对整幅图像中的部分区域进行擦除，具体使用区别如下。

- **橡皮擦工具**：可以使像素变透明或者使像素与图像背景色相匹配。图9-63、图9-64所示为背景图层和普通图层的擦除效果。
- **背景橡皮擦工具**：可用于擦除指定颜色，并将被擦除的区域以透明色填充，如图9-65、图9-66所示。
- **魔术橡皮擦工具**：可以将一定容差范围内的背景颜色全部清除而得到透明区域，如图9-67、图9-68所示。

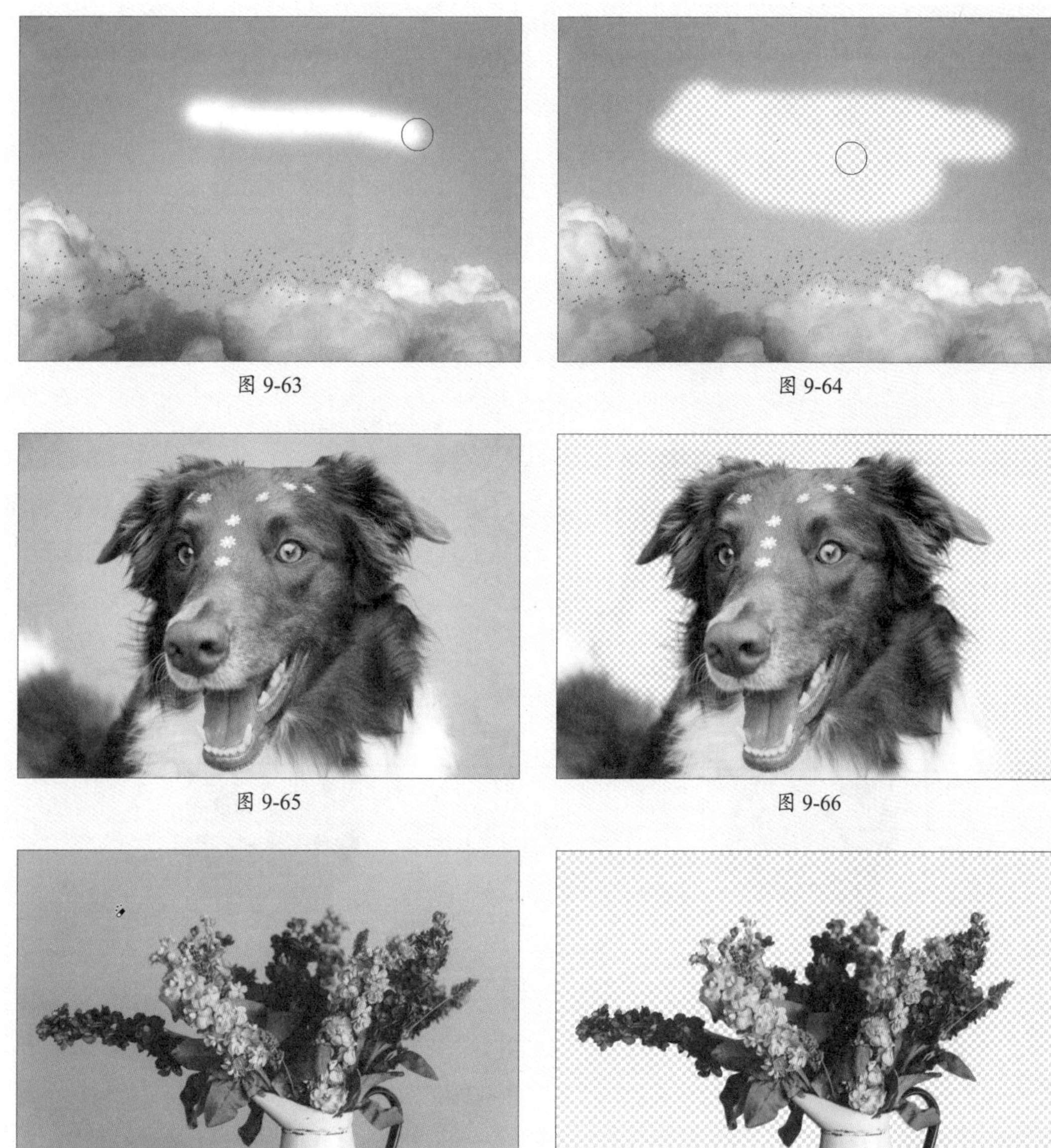

图 9-63　图 9-64

图 9-65　图 9-66

图 9-67　图 9-68

9.2.3 执行命令抠取图像

执行色彩范围、主体、选择并遮住以及天空替换命令，可以为不同类型的图形进行抠取操作。

1. 色彩范围

色彩范围命令的原理是根据色彩范围创建选区，主要针对色彩进行操作。执行“选择”|“色彩范围”命令，移动鼠标到图像文件中，鼠标指针变为吸管工具，此时可在需要选取的图像颜色上单击，单击“确定”按钮，效果如图9-69所示。按Shift+F5组合键可填充选定的选区。图9-70所示为填充白色的效果。

图 9-69

图 9-70

2. 主体

主体命令可自动选择图像中最突出的主体。执行“选择”|“主体”命令，可快速选择主体，如图9-71、图9-72所示。也可以在对象选择工具、快速选择工具或魔棒工具的选项栏中单击“选择主体”按钮。

图 9-71

图 9-72

3. 选择并遮住

选择并遮住功能可以创建细致的选区范围，从而更好地将图像从繁杂的背景中抠取出来。在Photoshop中打开一幅图像，执行以下任意一种操作可进入到“选择并遮住”工作区。

- 执行“选择”|“选择并遮住”命令。
- 选择任意创建选区的工具，在对应的选项栏中单击“选择并遮住”按钮。
- 当前图层若添加了图层蒙版，选中图层蒙版缩略图，在“属性”面板中单击“选择并遮住”按钮。

执行以上操作弹出“选择并遮住”工作区，左侧为工具栏，中间为图像编辑区域，右侧为可调整的选项设置区域，如图9-73所示。

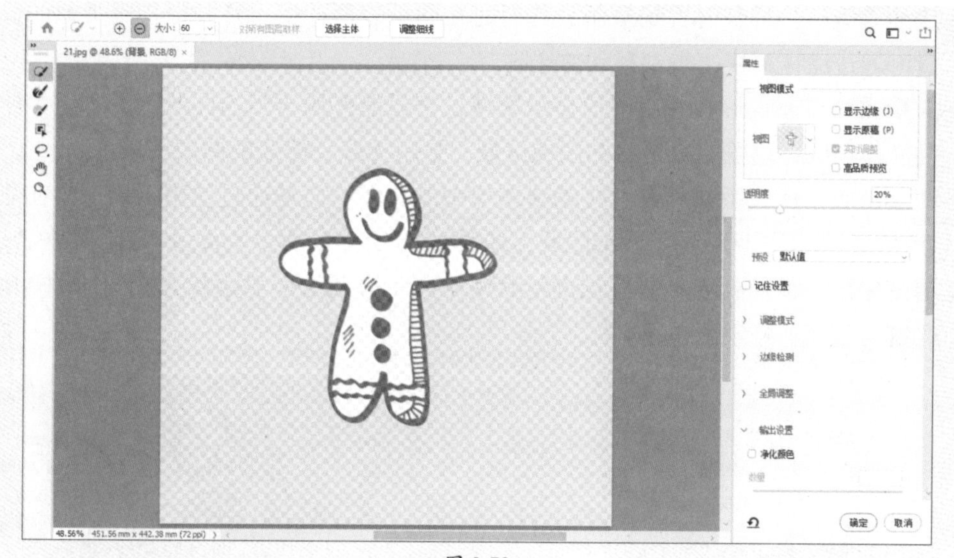

图 9-73

9.2.4 使用通道抠取复杂图像

通道面板主要用于创建、存储、编辑和管理通道。不管哪种图像模式，都有属于自己的通道，图像模式不同，通道的数量也不同。通道主要分为颜色通道、专色通道、Alpha通道和临时通道。比较常用的是Alpha通道，主要用于对选区进行存储、编辑与调用。

创建选区后，可直接单击“将选区存储为通道”按钮快速创建带有选区的Alpha通道，如图9-74所示。将选区保存为Alpha通道时，选择区域被保存为白色，非选择区域保存为黑色，单击Alpha1进入该通道，如图9-75所示。使用白色涂抹Alpha通道可以扩大选区范围，使用黑色涂抹会收缩选区，使用灰色涂抹则可增加羽化范围。

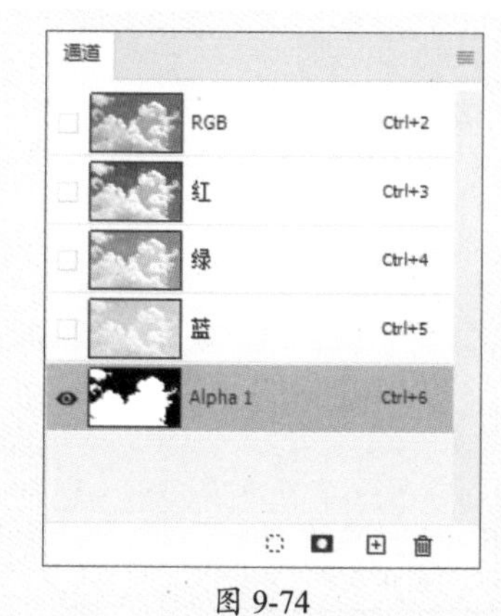

图 9-74

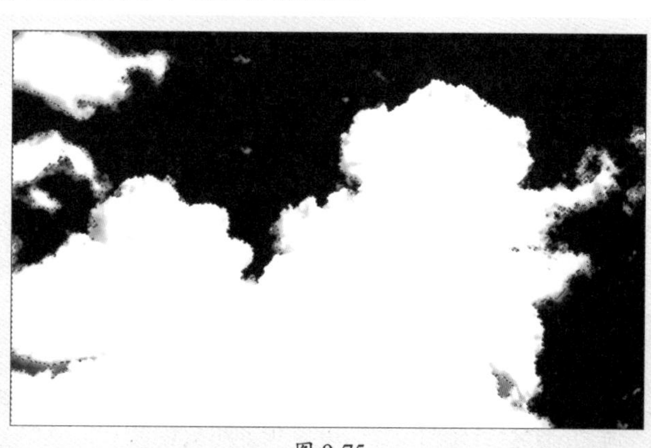

图 9-75

9.2.5 使用蒙版合成图像

蒙版又称“遮罩”，是一种特殊的图像处理方式，其作用就像一张布，可以遮盖住处理区域中的一部分，对处理区域内的整个图像进行模糊、上色等操作时，被蒙版遮盖起来的部分就不会受到改变。在Photoshop中蒙版分为以下4类。

- **快速蒙版：**一种临时性的蒙版，是暂时在图像表面产生一种与保护膜类似的保护装置，通过涂抹可快速得到精确的选区。
- **矢量蒙版：**通过形状控制图像显示区域，它只能作用于当前图层。其本质为使用路径制作蒙版，遮盖路径覆盖的图像区域，显示无路径覆盖的图像区域。
- **图层蒙版：**该蒙版并不是直接编辑图层中的图像，而是通过使用画笔工具在蒙版上涂抹，控制图层区域的显示或隐藏，如图9-76、图9-77所示。常用于制作图像合成。
- **剪贴蒙版：**使用处于下方图层的形状来限制上方图层的显示状态。按Ctrl+Alt+G组合键可创建剪贴蒙版。

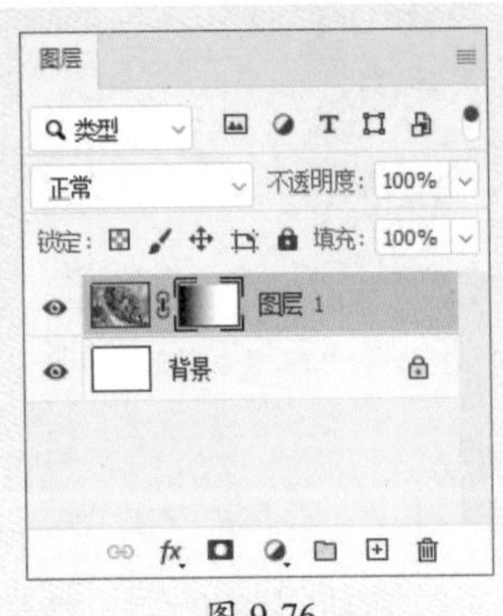

图 9-76

图 9-77

9.3 图像的色彩调整

本小节将对图像的色彩调整进行讲解，包括执行色阶、曲线命令可以调整图像的色调；执行色相/饱和度、色彩平衡、去色命令可以调整图像的色彩。

9.3.1 案例解析：调整偏色图像

在学习图像的色彩调整之前，可以跟随以下操作步骤进行了解并熟悉，使用曲线命令调整图像的明暗对比度。

步骤 01 将素材文件拖曳至Photoshop中，如图9-78所示。

步骤 02 按Ctrl+J组合键复制图层，如图9-79所示。

图 9-78

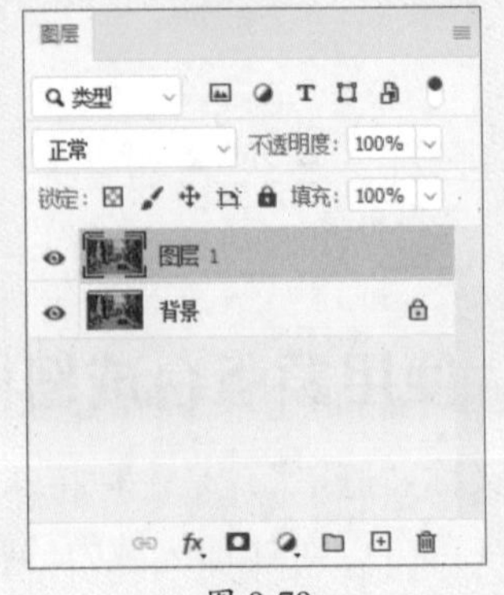

图 9-79

步骤 03 按Ctrl+M组合键，在弹出的“曲线”对话框中设置参数，如图9-80所示。

步骤 04 单击“确定”按钮，效果如图9-81所示。

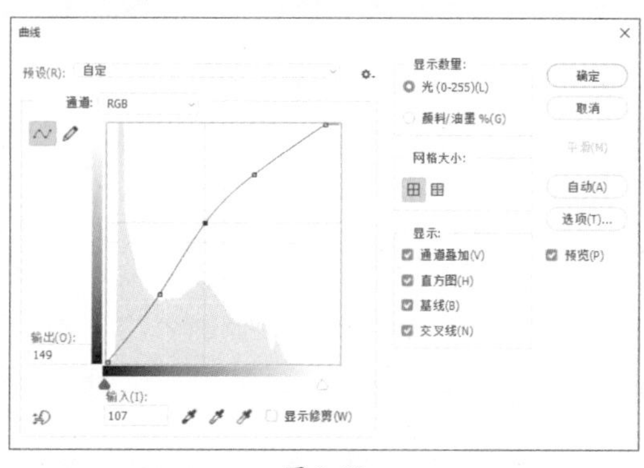

图 9-80

图 9-81

9.3.2 色阶

色阶命令可以调整图像的暗调、中间调和高光等颜色范围。执行“图像”|“调整”|“色阶”命令或按Ctrl+L组合键，弹出“色阶”对话框，如图9-82所示。

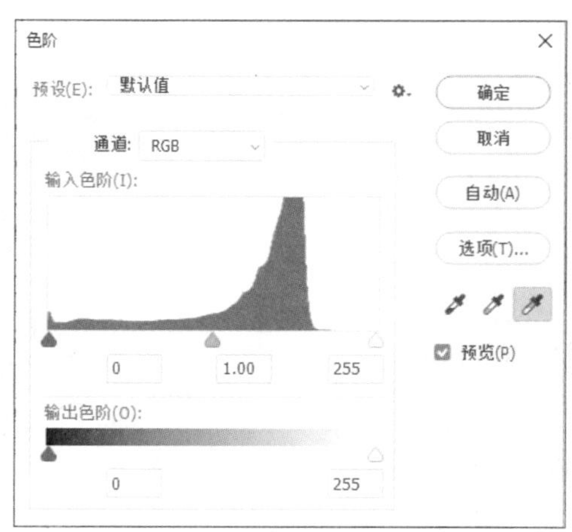

图 9-82

图9-83、图9-84所示为调整色阶前后的效果。

图 9-83

图 9-84

9.3.3 曲线

曲线命令可以调整图像的明暗度。执行“图像”|“调整”|“曲线”命令或按Ctrl+M组合键，弹出“曲线”对话框，如图9-85所示。

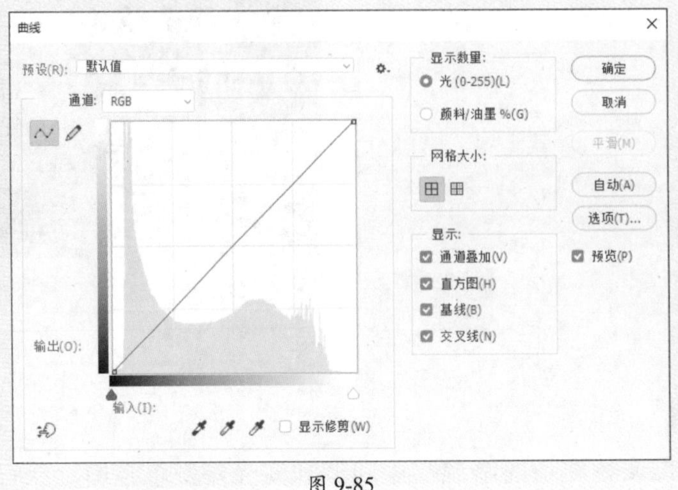

图 9-85

图9-86、图9-87所示为调整曲线中各通道前后的效果。

图 9-86

图 9-87

9.3.4 色相/饱和度

色相/饱和度命令可以调整整个图像或者局部的色相、饱和度和亮度，实现图像色彩的改变。执行“图像”|“调整”|“色相/饱和度”命令或按Ctrl+U组合键，弹出“色相/饱和度”对话框，如图9-88所示。

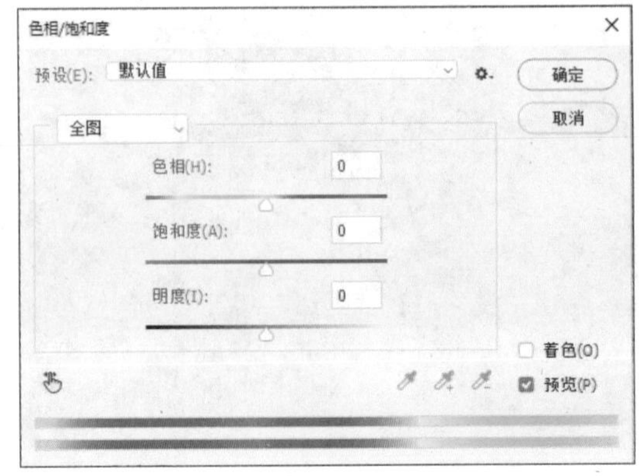

图 9-88

图9-89、图9-90所示为勾选“着色”复选框前后的效果。

图 9-89

图 9-90

9.3.5 色彩平衡

色彩平衡命令可以增加或减少图像的颜色，使图层的整体色调更加平衡。执行“图像”|“调整”|“色彩平衡”命令或按Ctrl+B组合键，弹出“色彩平衡”对话框，如图9-91所示。

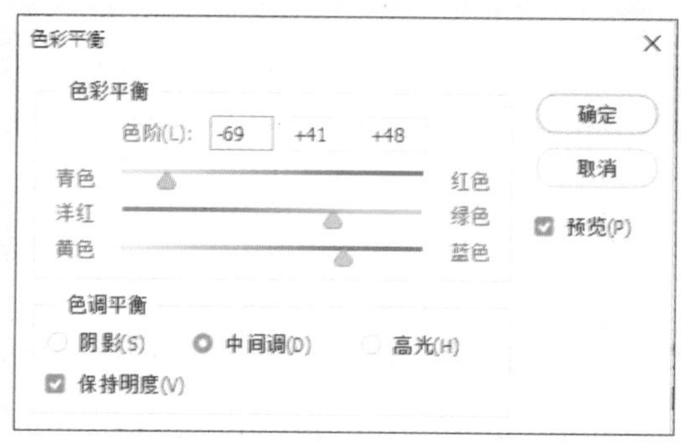

图 9-91

图9-92、图9-93所示为调整色彩平衡前后的效果。

图 9-92

图 9-93

9.3.6 去色

去色命令可以去除图像的色彩，将图像中所有颜色的饱和度变为0，使图像显示为灰度，每个像素的亮度值不会改变。执行“图像”|“调整”|“去色”命令或按Shift+Ctrl+U组合键即可去除图像的色彩。图9-94、图9-95所示为应用去色命令前后的效果。

图 9-94

图 9-95

操作提示

黑白命令可以将彩色图像轻松转换为层次丰富的灰度图像，也可以通过对图像应用色调来将彩色图像转换为单色图像。

9.4 图像的特效应用

本小节将对图像的特效应用进行讲解，包括图层面板中的图层样式、滤镜菜单中的独立滤镜以及特效滤镜组。

9.4.1 案例解析：制作极坐标全景效果

在学习图像的特效应用之前，可以跟随以下操作步骤进行了解并熟悉，通过裁剪工具、扭曲滤镜、混合器画笔工具制作极坐标全景效果。

步骤 01 将素材文件拖曳至Photoshop中，如图9-96所示。

图 9-96

步骤02 按C键切换至“裁剪工具”，在选项栏中设置裁剪比例为1：1，调整裁剪比例，如图9-97所示。

步骤03 执行“滤镜”|“扭曲”|“切变”命令，弹出“切变”对话框，设置参数，如图9-98、图9-99所示。

图 9-97

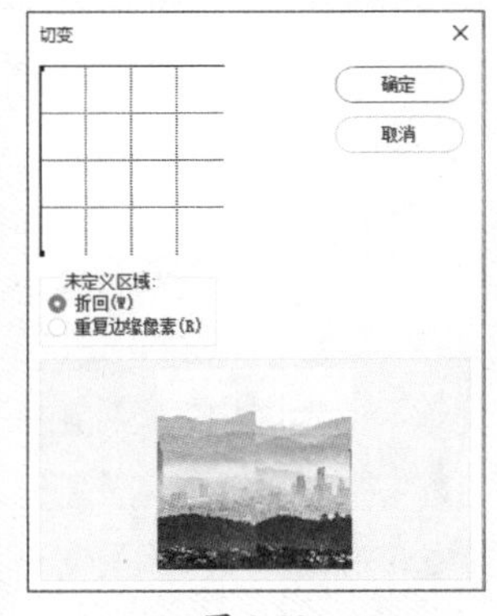

图 9-98

图 9-99

步骤04 执行“图像”|“图像旋转”|“垂直翻转画布”命令，如图9-100所示。

步骤05 使用“污点修复画笔工具”修复中间图像衔接部分，如图9-101所示。

图 9-100

图 9-101

步骤06 执行“滤镜”|“扭曲”|“极坐标”命令，弹出“极坐标”对话框，设置参数，如图9-102、图9-103所示。

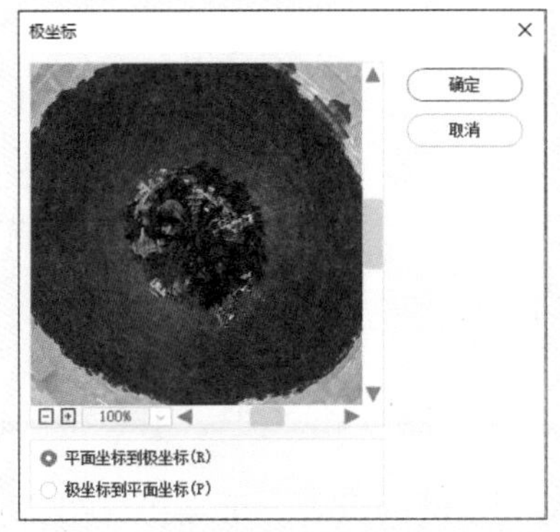

图 9-102

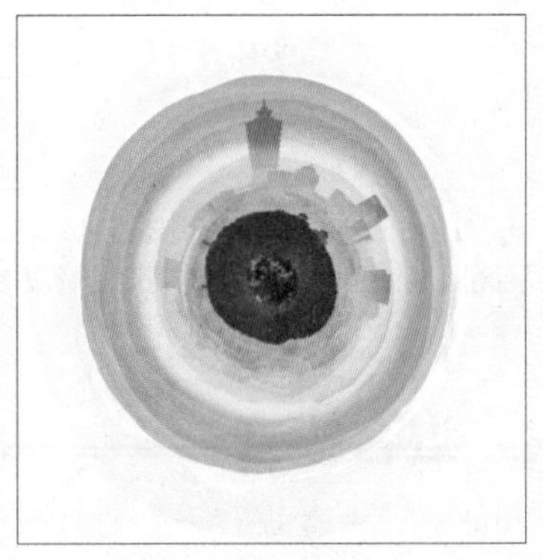
图 9-103

9.4.2 不透明度

图层面板中的不透明度和填充两个选项都可用于设置图层的不透明度。

1. 图层不透明度

不透明度选项可调整整个图层的透明属性，包括图层中的形状、像素以及图层样式。在默认状态下，图层的不透明度为0%，即完全不透明。调整图层的不透明度后，可以透过该图层看到其下面图层上的图像，如图9-104、图9-105所示。

图 9-104

图 9-105

2. 填充不透明度

填充不透明度仅影响图层中的像素、形状或文本，而不影响图层效果（例如投影）的不透明度。调整上层图像的大小，并添加描边样式，如图9-106所示，将填充不透明度调整为0，效果如图9-107所示。

图 9-106

图 9-107

操作提示

背景图层或锁定图层的不透明度是无法更改的。

9.4.3 混合模式

在“图层”面板中，选择不同的混合模式将会得到不同的效果。下面将介绍最常用的几种模式。

- **正片叠底：**查看每个通道中的颜色信息，并将基色与混合色进行正片叠底。适用于浅色背景和素材。
- **颜色加深：**查看每个通道中的颜色信息，并通过增加二者之间的对比度使基色变暗以反映出混合色。
- **滤色：**查看每个通道的颜色信息，并将混合色的互补色与基色进行正片叠底。适用于深色背景和素材。
- **颜色减淡：**查看每个通道中的颜色信息，并通过减小二者之间的对比度使基色变亮以反映出混合色。
- **叠加：**对颜色进行正片叠底或过滤，具体取决于基色。图案或颜色在现有像素上叠加，同时保留基色的明暗对比。
- **柔光：**使颜色变暗或变亮，具体取决于混合色。若混合色（光源）比50%灰色亮，则图像变亮；若混合色（光源）比50%灰色暗，则图像加深。
- **线性光：**通过减小或增加亮度来加深或减淡颜色，具体取决于混合色。若混合色（光源）比50%灰色亮，则通过增加亮度使图像变亮，否则就会变暗。

操作提示

- **基色：**图像中的原稿颜色。
- **混合色：**通过绘画或编辑工具应用的颜色。
- **结果色：**混合后得到的颜色。

9.4.4 图层样式

使用图层样式功能，可以简单快捷地为图像添加斜面和浮雕、描边、内阴影、内发光、外发光、光泽以及投影等效果。

添加图层样式主要有以下3种方法。

- 单击“图层”面板底部的“添加图层样式”按钮fx，从弹出的下拉菜单中选择任意一种样式，如图9-108所示。

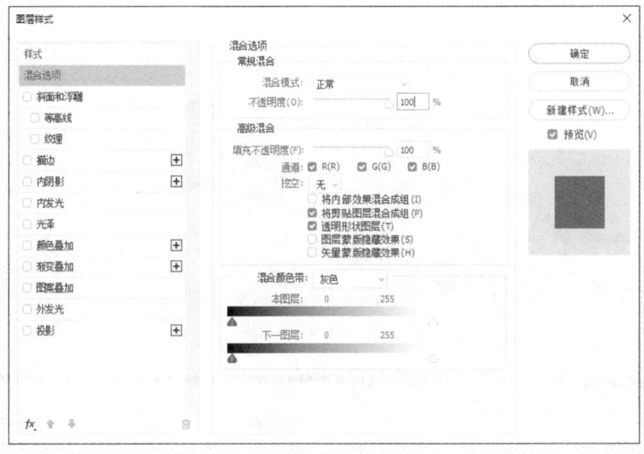

图 9-108

- 执行“图层”|“图层样式”菜单中的相应的命令。
- 双击需要添加图层样式的图层缩览图或图层。

该对话框中各选项的功能介绍如下。

- **混合选项**：设置图像的混合模式与不透明度、设置图像的填充不透明度，指定通道的混合范围，以及设置混合像素的亮度范围。
- **斜面与浮雕**：可以添加不同组合方式的浮雕效果，从而增加图像的立体感。
- **描边**：可以使用颜色、渐变以及图案来描绘图像的轮廓边缘。
- **内阴影**：可以在紧靠图层内容的边缘向内添加阴影，使图层呈现凹陷的效果。
- **内发光**：沿图层内容的边缘向内创建发光效果。
- **光泽**：可以为图像添加光滑的且具有光泽的内部阴影。
- **颜色叠加**：可以在图像上叠加指定的颜色，通过混合模式的修改调整图像与颜色的混合效果。
- **渐变叠加**：可以在图像上叠加指定的渐变色。
- **图案叠加**：可以在图像上叠加图案。通过混合模式的设置使叠加的图案与原图进行混合。
- **外发光**：可以沿图层内容的边缘向外创建发光效果。
- **投影**：可以为图层模拟出向后的投影效果，增强某部分的层次感以及立体感。

9.4.5 独立滤镜组

独立滤镜不包含任何滤镜子菜单，直接执行即可应用效果，包括滤镜库、自适应广角滤镜、Camera Raw滤镜、镜头校正滤镜、液化滤镜以及消失点滤镜。下面将介绍比较常用的三种滤镜。

1. 滤镜库

滤镜库中包含了风格化、画笔描边、扭曲、素描、纹理以及艺术效果六组滤镜，可以非常方便、直观地为图像添加滤镜。执行“滤镜”|“滤镜库”命令，单击不同的缩略图，即可在左侧的预览框中看到应用不同滤镜后的效果，如图9-109所示。

图 9-109

2. Camera Raw 滤镜

Camera Raw滤镜不但提供了导入和处理相机原始数据的功能，也可以用来处理JPEG和TIFF格式文件。执行“滤镜”|“Camera Raw滤镜”命令，弹出Camera Raw滤镜对话框，如图9-110所示。

图 9-110

3. 液化滤镜

液化滤镜是修饰图像和艺术效果的首选工具，可以创建推、拉、旋转、扭曲、折叠和膨胀等变形效果。执行“滤镜”|“液化”命令，弹出“液化”对话框，如图9-111所示。

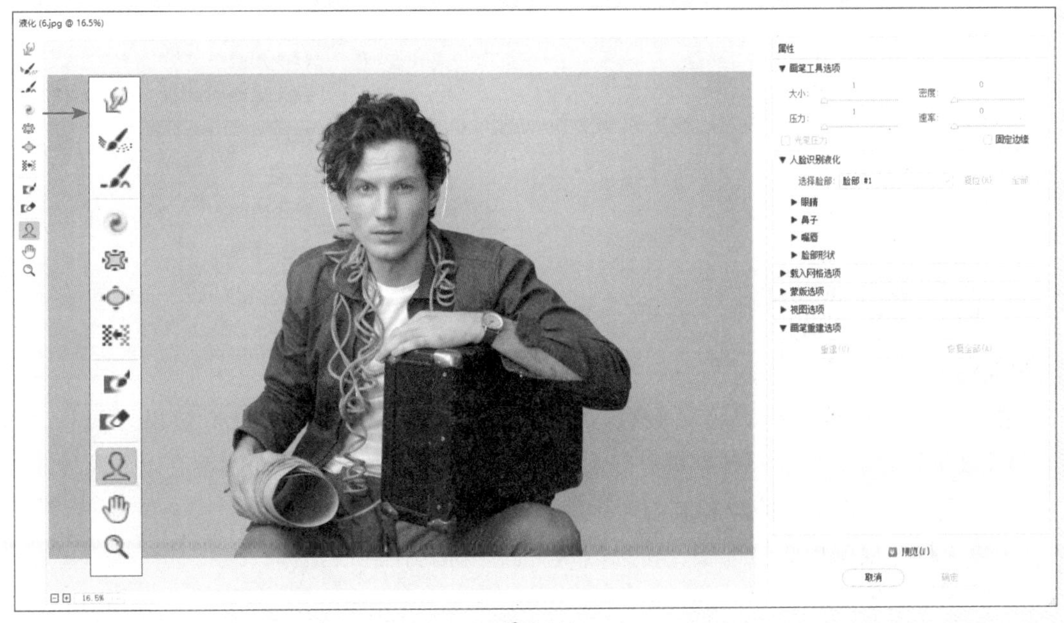

图 9-111

9.4.6 特效滤镜组

特效滤镜组主要包括风格化、模糊滤镜、扭曲、锐化、像素化、渲染、杂色和其它等滤镜组，每个滤镜组中又包含多种滤镜效果，根据需要可自行选择想要的图像效果。

1. 风格化滤镜

风格化滤镜组的滤镜通过置换像素和查找来增加图像的对比度，在选区中生成绘画或印象派的效果。执行“滤镜”|“风格化”命令，弹出其子菜单，如图9-112所示。比较常用的风格化滤镜有以下几种。

- **风：** 该滤镜可将图像的边缘进行位移，创建出水平线用于模拟风的动感效果。
- **拼贴：** 该滤镜可将图像分解为一系列的块状，并使其偏离原来的位置，进而产生不规则的拼砖效果。
- **油画：** 该滤镜可将普通图像添加油画效果。

2. 模糊滤镜

模糊滤镜组的滤镜可以不同程度地柔化选区或整个图像。执行“滤镜”|“模糊”命令，弹出其子菜单，如图9-113所示。比较常用的模糊滤镜有以下几种。

- **动感模糊：** 沿指定方向以指定强度进行模糊，类似于以固定的曝光时间给一个移动的对象拍照。
- **高斯模糊：** 该滤镜可以向图像中添加低频细节，使产生朦胧效果。
- **径向模糊：** 模拟缩放或旋转的相机所产生的模糊，产生一种柔化的模糊效果。

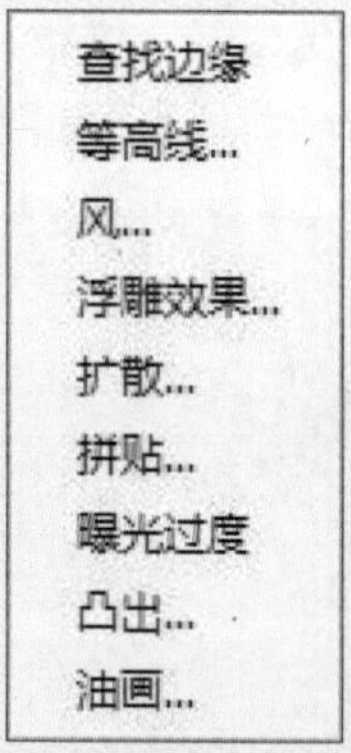

图 9-112

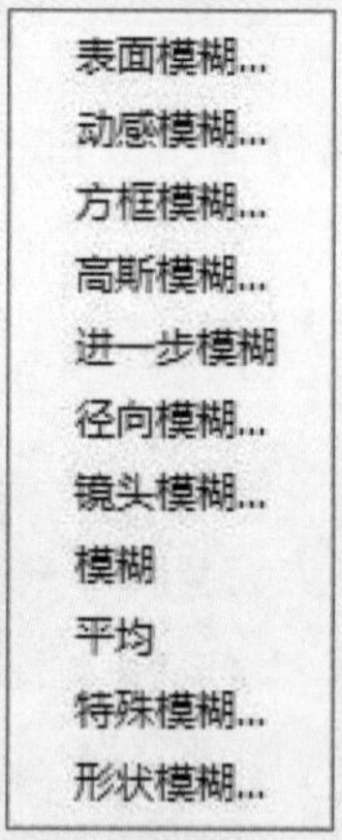

图 9-113

3. 扭曲滤镜

扭曲滤镜组的滤镜可以将图像进行几何扭曲，创建3D或其他整形效果。执行“滤镜”|“扭曲”命令，弹出其子菜单，如图9-114所示。比较常用的扭曲滤镜有以下几种。

- **波浪：** 根据设定的波长和波幅产生波浪效果。
- **极坐标：** 根据选中的选项，将选区从平面坐标转换到极坐标，或将选区从极坐标转换到平面坐标。
- **挤压：** 使全部图像或选区产生向外或向内挤压的变形效果。

- **切变：** 通过拖动框中的线条来指定曲线，沿所设曲线扭曲图像。
- **置换：** 使用名为置换图的图像确定如何扭曲选区。

4. 像素化滤镜

像素化滤镜组的滤镜可通过使单元格中颜色值相近的像素结成块来清晰地定义一个选区。执行“滤镜”|“像素化”命令，弹出其子菜单，如图9-115所示。比较常用的像素化滤镜有以下几种。

- **彩色半调：** 模拟在图像的每个通道上使用半调网屏的效果。
- **马赛克：** 使像素结为方形块。给定块中的像素颜色相同，块颜色代表选区中的颜色。
- **铜版雕刻：** 将图像转换为黑白区域的随机图案或彩色图像中完全饱和颜色的随机图案。

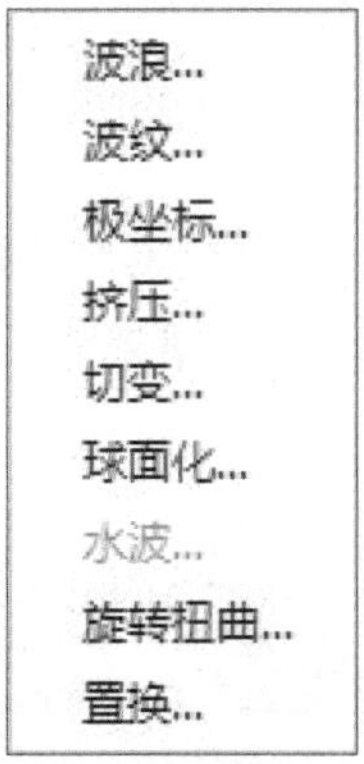

波浪...
波纹...
极坐标...
挤压...
切变...
球面化...
水波...
旋转扭曲...
置换...

图 9-114

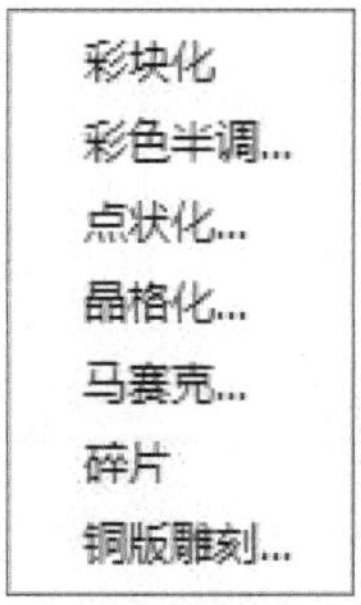

彩块化
彩色半调...
点状化...
晶格化...
马赛克...
碎片
铜版雕刻...

图 9-115

5. 渲染滤镜

渲染滤镜能够在图像中产生光线照明的效果，通过渲染滤镜，还可以制作云彩效果。执行“滤镜”|“渲染”命令，弹出其子菜单，如图9-116所示。比较常用的渲染滤镜有以下几种。

- **光照效果：** 该滤镜包括17种不同的光照风格、3种光照类型和4组光照属性，可在RGB图像上制作出各种光照效果。
- **镜头光晕：** 模拟亮光照射到相机镜头所产生的折射。
- **云彩：** 使用介于前景色与背景色之间的随机值，生成柔和的云彩图案。通常用于制作天空、云彩、烟雾等效果。

6. 杂色滤镜

杂色滤镜组的滤镜可以添加或移去杂色或带有随机分布色阶的像素，有助于将选区混合到周围的像素中，还可以创建与众不同的纹理或移去有问题的区域，如灰尘、划痕。执行“滤镜”|“杂色”命令，弹出其子菜单，如图9-117所示。比较常用的杂色滤镜有以下几种。

- **减少杂色：** 去除扫描照片和数码相机拍摄照片上产生的杂色。
- **蒙尘与划痕：** 通过更改相异的像素减少杂色。
- **添加杂色：** 将随机像素应用于图像，模拟在高速胶片上拍照的效果。
- **中间值：** 通过混合选区中像素的亮度来减少图像的杂色。

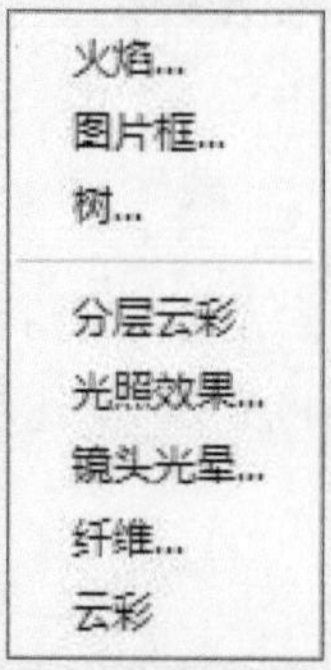

火焰...
图片框...
树...
分层云彩
光照效果...
镜头光晕...
纤维...
云彩

图 9-116

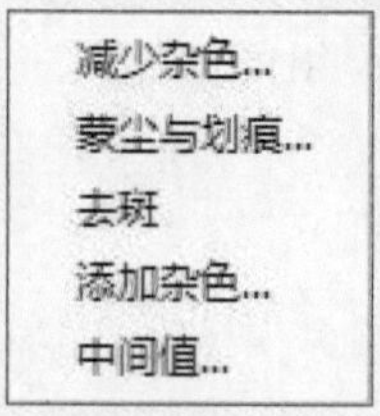

减少杂色...
蒙尘与划痕...
去斑
添加杂色...
中间值...

图 9-117

课堂实战 制作千图成像效果

本章课堂练习制作千图成像效果，综合练习本章的知识点，以熟练掌握和巩固页面的调整、主页的应用等。下面介绍操作思路。

步骤 01 准备60张1：1图像，如图9-118所示。

图 9-118

步骤02 执行“文件”|“自动”|“联系表Ⅱ”命令，在弹出的“联系表Ⅱ”对话框中设置参数，自动生成图像，调整显示，裁剪多余部分，按Ctrl+Shift+U组合键去色，如图9-119所示。

图 9-119

步骤03 打开背景素材，复制图层后分别执行“高斯模糊”“马赛克”命令，设置不透明度为60%，如图9-120所示。

步骤04 创建图案调整图层，设置缩放大小，设置混合模式为“柔光”，如图9-121所示。

图 9-120

图 9-121

课后练习 替换宠物背景

下面将综合使用工具抠取毛绒宠物并替换背景，如图9-122、图9-123所示。

图 9-122

图 9-123

1. 技术要点

①在“选择并遮住”工作区中抠取主体。

②置入素材并调整图层顺序。

③调整主体图像大小。

2. 分步演示

本案例的分步演示效果如图9-124所示。

图 9-124

拓展赏析

文字叠图在版式设计中的应用

文字叠图，顾名思义就是直接将文字叠放在图片上，不需要其他元素的辅助，所以必须要保持文字的可识别性。文字叠放在图片上，在视觉上营造一前一后的感觉，可以使画面变得具有活力，如图9-125所示。

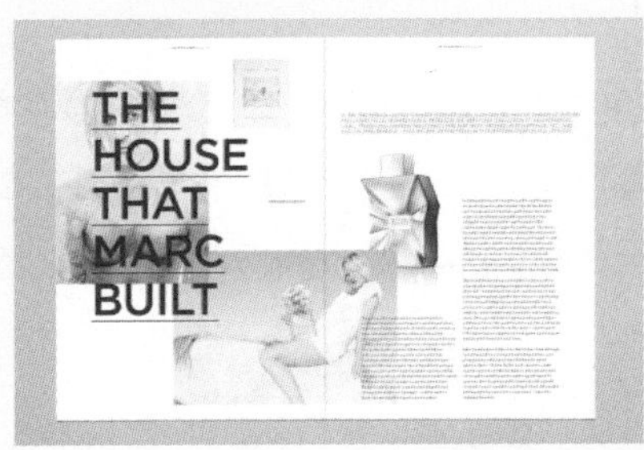

图 9-125

将文字叠放在图像上时，不要将所有的文字都放在图像内，可以只放一部分，与图片形成紧密的联系，并形成强烈的对比，如图9-126所示。

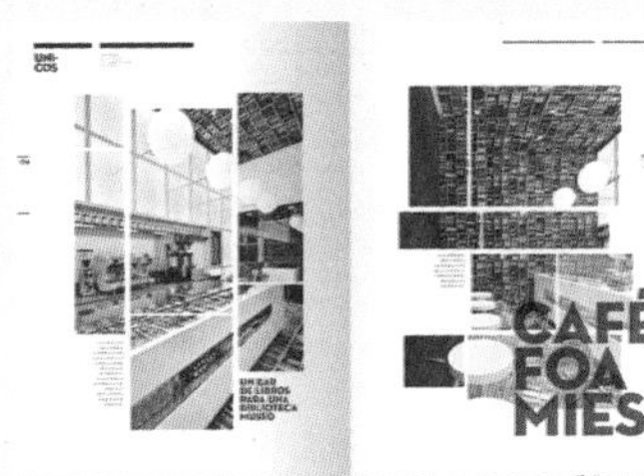

图 9-126

整齐的文字与矩形的图片交叉叠加，既可以营造平稳协调的感觉，又可以营造冲破束缚的感觉。采用不规则的异型图片来处理效果也不错，图片的颜色最好不要太多太艳，如图9-127所示。

图 9-127

参考文献

[1] 姜侠，张楠楠．Photoshop CC图形图像处理标准教程[M]．北京：人民邮电出版社，2016.

[2] 周建国．Photoshop CC图形图像处理标准教程[M]．北京：人民邮电出版社，2016.

[3] 孔翠，杨东宇，朱兆曦．平面设计制作标准教程Photoshop CC+Illustrator CC[M]．北京：人民邮电出版社，2016.

[4] 沿铭洋，聂清彬．Illustrator CC平面设计标准教程[M]．北京：人民邮电出版社，2016.